Spencer Wells

Die Wege der Menschheit

Eine Reise auf den Spuren der genetischen Evolution

Aus dem Englischen von
Sebastian Vogel

S. Fischer

Die englische Originalausgabe erschien 2002
unter dem Titel »The Journey of Man. A Genetic Odyssey«
im Verlag Allen Lane/The Penguin Press, London

Satz: Fotosatz Otto Gutfreund GmbH, Darmstadt
Druck und Bindung: Clausen & Bosse, Leck
Printed in Germany 2003
ISBN 3-10-089430-8

Für meine Frau Trendell und unsere Töchter Margot und Sasha (Y-Chromosomen werden sowieso überbewertet …)

Inhalt

Vorwort

Es ist nicht ihr [der Wissenschaft] Ziel,
der unendlichen Weisheit eine Tür zu öffnen,
sondern eine Grenze zu setzen dem unendlichen Irrtum.
Bertolt Brecht
Leben des Galilei

Die meisten Menschen können die Namen ihrer Großeltern nennen, viele auch die der Urgroßeltern und manche sogar die der Ururgroßeltern. Jenseits davon begeben wir uns in jene nicht mehr direkt nachvollziehbare Zeit, die wir als Geschichte bezeichnen; in ihrem Reich finden wir uns nur mit zögernden Schritten zurecht. Wer waren die Menschen, die früher existierten? Wo lebten sie? Wie sah ihr Leben aus?

In diesem Buch werde ich darlegen, dass wir die Antworten auf solche Fragen in unserem genetischen Code finden können, der uns als Einzige zu Menschen macht – und jeden von uns zu einem einzigartigen Individuum. In der Kette ihrer einfachen Bausteine verborgen, trägt unsere DNA ein historisches Dokument, das von der Gegenwart über unsere amöbenähnlichen Vorfahren bis zum Ursprung des Lebens und den ersten selbstverdoppelnden Molekülen zurückreicht. Wir sind das Endprodukt einer Evolution, die seit über einer Milliarde Jahren herumprobiert, und unsere Gene tragen die Spuren, an denen der Ablauf deutlich wird.

Die Erkenntnisse liegen nicht im genetischen Code als solchem, sondern in den Unterschieden, die beim Vergleich der DNA mehrerer Individuen zu erkennen sind. Diese Unterschiede sind die historische Sprache der Gene. Genau wie man die Bezeichnung »Wasserbewohner« nicht für eine Unterteilung der Fische verwenden würde, weil alle Fische im Wasser leben, so sagen auch die identischen Teile unserer genetischen Information nichts über unsere Vergangenheit aus.

Interessant sind die Unterschiede, und mit denen befassen wir uns.

Dies ist kein Buch über den Ursprung des Menschen, sondern es handelt von dem Weg, den unsere Spezies vom Ort ihrer Entstehung in Afrika bis in alle Winkel der Erde zurückgelegt hat, sowie von den ersten Spuren der Jetztmenschen bis heute – und auch darüber hinaus. Die zugrunde liegende Argumentation ist immer die gleiche: Die Genetik liefert uns eine Landkarte unserer Wanderungen und eine ungefähre Vorstellung von den Zeitpunkten – an uns selbst liegt es dann, diese Befunde mit archäologischen und klimatologischen Erkenntnissen in Einklang zu bringen und so das Bild zu vervollständigen. Natürlich hat jede Reise einen Anfang, und auch diese macht da keine Ausnahme. Sie beginnt mit den wissenschaftlichen Bemühungen, in der Vielfalt der Menschen einen Sinn zu finden, und das führt uns zum Entstehungsort unserer Spezies. Auf unsere afrikanischen Ursprünge schließen wir mit genau den gleichen Methoden, die wir auch anwenden, um die weltweiten Wanderungen der Menschen nachzuzeichnen. Diese Wanderungen sind das zentrale Thema des vorliegenden Buches, und deshalb wurde auf eine detaillierte Beschreibung unserer Vorfahren zum größten Teil verzichtet.

Ursprünglich war dieses Buch als Teil eines Dokumentarfilmprojektes mit dem gleichen Titel gedacht. Seither hat es aber ein Eigenleben entwickelt, und nun ist es etwas Selbstständiges. Am wichtigsten an diesem Unternehmen war, dass es mir die Chance bot, meine eigene »Wanderung des Menschen« nachzuvollziehen. Ich hatte die Gelegenheit, mit Menschen aus der ganzen Welt zusammenzutreffen, ihre Lebensweise kennen zu lernen und mich mit ihnen über die wissenschaftlichen Befunde zu unterhalten – all das waren unglaublich schöne Erlebnisse. Ich hoffe, das Buch lässt sie ein wenig spürbar werden.

Ich muss hinzufügen, dass der englische Titel (*The Journey of Man*) aus einem ganz bestimmten Grund gewählt wurde – und der hatte nichts mit Sexismus zu tun. Die Wanderungen, die wir verfolgen, waren vor allem Wanderungen von Männern, denn das Y-Chromosom, das seit Adam in der männlichen Linie weitervererbt wurde, ist unser leistungsfähigstes Hilfsmittel zur Aufklärung der Wanderungsrouten. Besser als jeder andere Teil unserer genetischen Information hilft es uns, die Steine, Knochen und Sprachen in den richtigen Zusammenhang einzuordnen, und letztlich liefert es uns die genetischen Antworten, nach denen wir suchen. Damit diese ersten Menschengruppen Nachkommen hervorbringen konnten, mussten sie natürlich auch Frauen umfassen. Auf dem Weg, den wir hier nachzeichnen, werden vielleicht einige spezifisch weibliche Einzelheiten weggelassen, aber die Erkenntnisse, die wir nur durch Verfolgen der männlichen Abstammungslinie gewinnen können, sind die Auslassung wert.

Die Handlung des Buches ist wie eine wissenschaftliche Detektivgeschichte aufgebaut, Leitlinie ist aber die zeitliche Reihenfolge der Ereignisse. Am Anfang steht eine nur scheinbar einfache Frage: Wie können wir entscheiden, ob der Begriff der »Menschenrassen« eine Berechtigung hat? Gehören wir tatsächlich alle zu einer einzigen Spezies, oder gibt es zwischen den verschiedenen Menschengruppen eindeutige Abgrenzungen? Immerhin sehen wir doch sehr unterschiedlich aus. Der Erste, der eine Antwort gab, war Richard Lewontin, mein Doktorvater an der Harvard University; er lieferte uns ein Indiz, dass die Wanderung stattgefunden hat – aber seine Befunde besagen nichts über die entscheidenden Einzelheiten.

Die zweite wichtige Frage betrifft unsere geographische Verbreitung. Wie kam es dazu, dass wir heute alle Winkel unseres Planeten besiedeln? Hier liefern DNA-Marker wichtige Aufschlüsse über die Einzelheiten. Die dazu notwendigen Methoden wurden in über fünfzigjähriger Arbeit entwickelt und stark von Luca Cavalli-Sforza beeinflusst – in den neunziger

Jahren hatte ich das Glück, dass ich als Postdoc in Stanford bei ihm arbeiten konnte. Luca Cavalli-Sforza, ein Genetiker mit einer Leidenschaft für Geschichte und großer mathematischer Begabung, schuf mit seinen Befunden gewissermaßen eine Zeitmaschine, mit der wir anhand der heute lebenden Menschen die Vorgänge aus der Vergangenheit wieder aufleben lassen können. Ohne seine geistige Vorarbeit hätte dieses Buch nicht entstehen können, und man muss schlicht und einfach Demut empfinden, wenn man die Dinge auf der Grundlage seiner Erkenntnisse betrachtet.

Zu den überzeugendsten Aspekten archäologischer Ausgrabungen gehört das Gefühl, dass man tatsächlich Gerätschaften sieht und in die Hand nimmt, die das letzte Mal vor Jahrhunderten oder Jahrtausenden von Menschen berührt wurden. Oft ist dieser Eindruck so stark, dass man eine Art Déjà-vu-Erlebnis hat, und es ist, als sei man in eine andere Zeit zurückversetzt. Beim Anblick der Schätze von Tutenchamun, die in meiner Kindheit einmal an vielen Orten der USA gezeigt wurden, fiel mir vor allem die Kombination aus moderner Technik und alten Inhalten auf. Es war, als seien die Stücke trotz aller Fremdartigkeit erst eine Woche zuvor von einem geschickten Goldschmied angefertigt worden. Dass sie rund viertausend Jahre alt waren, erschien mir fast unglaublich, und es weckte in mir eine Neugier auf die Vergangenheit, die bis heute andauert.

Genetik – oder zumindest das Teilgebiet, das sich mit Ursprung und Wanderungen der Menschen beschäftigt – ist visuell zwangsläufig weniger eindrucksvoll als die Archäologie, obwohl sie ebenfalls faszinierende Geschichten erzählt. Unsere Kenntnisse über die genetische Vergangenheit gewinnen wir aus dem Blut unserer Zeitgenossen – ihre *lebenden* Genome liefern uns unsere Anhaltspunkte. Jeder von uns trägt sein ganz persönliches Geschichtsbuch mit sich herum – wir müssen nur lernen, darin zu lesen.

Die australischen Ureinwohner fühlen sich bis heute stark mit ihren Vorfahren und ihrer Heimat verbunden; das Bindeglied ist eine musikalische Geschichte, die Bruce Chatwin und andere als *songlines* oder »Traumpfade« bezeichnen. In den *songlines* spiegelt sich die Wanderung wider, die ihre Vorfahren in der Traumzeit tatsächlich vollzogen haben, einer Zeit in der entfernten Vergangenheit vor Beginn der kollektiven Erinnerung. Genau das Gleiche tun wir in einem gewissen Sinn auch bei unseren DNA-Untersuchungen: Wir zeichnen den Traumpfad für alle heute lebenden Menschen nach; wir beschreiben, wie sie an ihren heutigen Ort gelangt sind und wie die Wanderung ausgesehen hat. Als säkularisierte Europäer (und Amerikaner) haben wir unsere traditionellen Traumpfade in größerem Umfang verloren als andere Völker der Erde, und deshalb ist es vielleicht nur folgerichtig, dass wir die wissenschaftlichen Methoden zu ihrer Wiederentdeckung entwickelt haben. Aber unsere Forschung findet nicht im luftleeren Raum statt, und Wissenschaft setzt sich manchmal rücksichtslos über traditionelle Überzeugungen hinweg. Ich hoffe, dieses Buch führt das Fachgebiet ein klein wenig näher an seine eigentliche Bestimmung heran – das gemeinsame Interesse aller an unserer gemeinsamen Geschichte.

Beginnen wir also nach diesem Überblick mit unseren genetischen Ausgrabungen. Die Vergangenheit wartet …

Die Wege der Menschheit

Kapitel 1

Der vielgestaltige Affe

Gott schuf also den Menschen als sein Abbild;
als Abbild Gottes schuf er ihn. Als Mann und Frau schuf er sie.
Gott segnete sie und Gott sprach zu ihnen: Seid fruchtbar
und vermehrt euch ...

1. Mose 1, 27–28

Schöpfungsmythen bilden ein Kernstück aller Religionen. Meist wollen sie eine Antwort auf die alte Frage geben: Woher kommen wir? Sie sind der Versuch, unser Dasein und unseren Platz in der Welt knapp und prägnant zu erklären. Aber wenn die Schöpfungsmythen auch etwas über unseren Ursprung besagen, so liefern sie doch keine Begründung für das breite Spektrum der Kulturen, Körperformen, Größen und Hautfarben, die wir an den Menschen der Erde beobachten. Warum sehen wir so unterschiedlich aus, und wie kommt es, dass wir auch die abgelegensten Orte bewohnen?

Der griechische Historiker Herodot, der im fünften Jahrhundert v. Chr. lebte, hinterließ der Nachwelt weit mehr als nur einen detaillierten Bericht über die Kriege zwischen Griechen und Persern. Von ihm stammen auch die ersten eindeutigen Beschreibungen über die Vielgestaltigkeit der Menschen, die er allerdings durch die Brille seines zeitgenössischen Weltbildes sah. Von ihm erfahren wir etwas über die dunklen, rätselhaften Libyer, die Menschen fressenden Barbaren im Norden Russlands, und über Menschen, die Türken oder Mongolen zu ähneln scheinen. Fantasievoll schildert er, wie Greifen in den Bergen Asiens kostbare Schätze hüten, und exotische Beschreibungen sprechen von Stämmen in Nordindien, die Gold aus Ameisenbauten gewinnen. Insgesamt ist es eine *tour de force* – die erste ethnografische Abhandlung der abendländischen Literatur, die trotz ihrer offenkundigen Fehler eine wertvolle Momentaufnahme der zu jener Zeit bekannten Welt darstellt.

Schlüpfen wir einmal in die Rolle eines naiven, modernen Herodot, und fliegen wir am Äquator rund um die Welt: Dabei treffen wir auf eine verblüffende Vielfalt von Menschen und Orten. Stellen wir uns beispielsweise vor, dass wir das Flugzeug genau im Zentrum des cartesianischen Globus besteigen, bei 0 Grad geographischer Breite und 0 Grad geographischer Länge, also etwa 1000 Kilometer westlich der Stadt Libreville im westafrikanischen Gabun. Nun fliegen wir nach Osten. Auf diese Weise erhalten wir eine kleine Stichprobe von der Vielfalt der Menschen.

Als Erstes begegnen uns die Afrikaner, genauer gesagt die Zentralafrikaner, die Bantusprachen sprechen. Sie haben sehr dunkle Haut und leben vorwiegend in kleinen, dem Urwald abgerungenen Dörfern. Weiter östlich treffen wir immer noch auf dunkelhäutige Menschen, aber sie sehen ein wenig anders aus: die nilotischen Völker Ostafrikas, die zu den größten und schlanksten Menschen der Erde gehören. Sie wohnen in der Grassavanne und leben fast ausschließlich von der Rinderzucht. Zwischen ihnen leben vereinzelte Gruppen der Hadza, die wiederum eine andere Sprache sprechen, und diese wiederum unterscheiden sich von Bantu und Nilotisch ebenso stark wie diese beiden voneinander, obwohl alle dicht benachbart sind.

Nun überqueren wir auf unserem Weg nach Osten eine riesige Wassermasse – sie ist so groß, dass man das andere Ufer nicht sehen kann, und es scheint eine Ewigkeit zu dauern, bis wir die Inselgruppe der Malediven erreichen. Hier wirken die Menschen ganz anders als in Afrika, und sie sprechen auch eine andere Sprache. Ihre Haut ist wie bei den Afrikanern recht dunkel, aber das Gesicht – Nasenform, Haar und andere Einzelheiten – unterscheidet sich stark. Sie sind eindeutig mit den Afrikanern verwandt, aber auch offenkundig anders.

Nachdem uns unsere Reise erneut über die gleiche riesige Wasserfläche geführt hat, taucht vor uns eine große Insel auf. Wir haben Sumatra erreicht, und wieder begegnet uns ein anderer Menschentypus: ein wenig kleiner als Afrikaner und Malediver, wiederum mit anderer Gesichtsform, sehr glatten Haaren, hellerer Haut und einer dickeren Falte über den Augen. Wenn wir weiter nach Osten unzählige Inseln überqueren, stoßen wir auf die Melanesier, deren Haut wiederum sehr dunkel ist. In vielen anderen Eigenschaften unterscheiden sie sich aber stark von den Afrikanern – ist ihre dunkle Hautfarbe also während der Evolution in dieser Region entstanden? Oder ist sie ein Indiz für eine enge Verbindung zu Afrika?

Weiter nach Osten begegnen uns die Polynesier. Sie leben auf kleinen Korallenatollen, zwischen denen viele tausend Kilometer offenes Meer liegen. Irgendwie ähneln sie ein wenig den Bewohnern Sumatras, die wir zuvor bereits kennen gelernt haben, aber wiederum sind sie auch in vielfacher Hinsicht anders. Bei ihnen stellt sich vor allem die Frage, warum sie an so abgelegenen Orten leben – wie sind sie dorthin gelangt?

Auf dem weiteren Weg kreuzen wir die Küste Ecuadors an der südamerikanischen Westküste. In der Hauptstadt Quito finden wir ein seltsames Menschengemisch vor. Insbesondere zwei Typen fallen auf: jene, die in mancherlei Hinsicht den Bewohnern der Malediven ähneln, aber eine hellere Haut haben, und dann diejenigen, die an die Bewohner Sumatras und Polynesiens erinnern. Es erscheint seltsam, dass man an demselben Ort so unterschiedliche Menschentypen findet, denn in den zuvor besuchten Gegenden zeigte sich ein einheitlicheres Bild. Warum ist es in Ecuador anders? Weiter östlich ist der Mischmasch noch größer, und an der Ostküste Brasiliens, weit weg von Afrika, finden wir wieder Afrikaner! Auf dem langen Weg zum Ausgangspunkt wundern wir uns über das Mosaik, das wir gerade gesehen haben, und wir versuchen eine Erklärung für diese Verteilung der Vielfalt zu finden.

Unsere kurze Weltumrundung war ein Gedankenexperiment; ganz ähnlich muss es aber auch den Menschen vor ein paar hundert Jahren während der ersten europäischen »Entdeckungsreisen« ergangen sein. Wenn wir uns unwissend stellen, können wir einfache Fragen formulieren, die uns heute angesichts unserer historischen Kenntnisse banal erscheinen. Interessant ist das Gedankenexperiment vor allem deshalb, weil es bis vor kurzem für die beobachtete Verteilung – mit Ausnahme der Afrikaner und Europäer, die uns in Südamerika begegnet sind – tatsächlich keine Erklärung gab.

Eine Spezies ...

Am 30. Juni 1860 erklomm ein verärgerter Geistlicher namens Samuel Wilberforce in der Museumsbibliothek der Universität Oxford das Rednerpult. Er war auf Streit aus – und er wollte nicht nur für sich selbst kämpfen, sondern für etwas viel Wichtigeres: seine Weltanschauung. Wilberforce war überzeugt, er müsse die Zukunft des Christentums verteidigen. Der Anlass war eine Podiumsdiskussion über die Stellung des Menschen in der Natur, ein Thema, das bis vor kurzem die Domäne von Philosophen und Kirche gewesen war. Der gute Bischof nahm die Heilige Schrift wörtlich: Nach seiner Überzeugung war die Erde 6000 Jahre alt, weil Gott sie am 23. Oktober 4004 v. Chr. erschaffen hatte – zu diesem Datum war man gelangt, indem man die biblischen Stammbäume zurückverfolgt hatte. In seinem Vortrag stellte er eine zugespitzte Frage, die auch viele Zuhörer bewegte. Ob es wirklich denkbar sei, dass er von einem Affen abstamme? Das sei doch völlig absurd!

Wilberforce war ein gewandter Redner, und für viele im Publikum hörte seine Argumentation sich überzeugend an. Aber auch wenn er sich in der Bibliothek an jenem Tag behaupten konnte, war er auf lange Sicht zum Scheitern verdammt. Die veränderte Sichtweise für unseren Platz in der Natur warf bereits ihre Schatten voraus: Die Drachentöter waren weder Philosophen noch Geistliche, sondern Naturwissenschaftler. Joseph Hooker und Thomas Henry Huxley, beide der Inbegriff des viktorianischen Zeitalters, setzten sich energisch für Charles Darwins neue Theorie der Evolution durch natürliche Selektion ein. Huxley, Dozent für Biologie an der Londoner Bergbauschule, wurde später als »Darwins Kettenhund« bekannt. Hooker war ein angesehener Botaniker und stellvertretender Leiter der königlichen botanischen Gärten in Kew. Als die beiden sich am Ende von Wilberforces Vortrag erhoben, um seine emotionalen Argumente zu widerlegen, hörte es sich an wie der Todesschuss für die alte Ansicht über den Ursprung des Menschen. Die Wissenschaft ebnete den Weg in eine neue Welt.

Die Diskussion zwischen Wilberforce, Hooker und Huxley führte nicht nur dazu, dass der Evolutionsgedanke sich in der Öffentlichkeit stärker durchsetzte – die meisten gebildeten Menschen sahen die Welt bereits unter diesem Gesichtspunkt –, sondern sie hatte auch zur Folge, dass der Platz des Menschen darin neu bestimmt wurde. Solange wir uns für die Geschöpfe eines allmächtigen Gottes hielten, war die Abgrenzung von der übrigen Welt des Lebendigen leicht zu rechtfertigen. Herren, Eroberer, vielleicht auch Lieblingskinder – aber auf jeden Fall etwas Besonderes.

Das alles änderte sich durch Darwins Erkenntnisse. Der mürrische Beinahe-Einsiedler stieß die Menschen mit ein paar Federstrichen (und nachdem er sich etwa zwanzig Jahre lang mit Tauben und Rankenfußkrebsen herumgeschlagen hatte) vom Thron der göttlichen Geschöpfe und machte sie zu Produkten biologischen Ausprobierens. Das Seltsame daran ist, dass er eigentlich gar nicht darauf aus war. Darwin, der Sprössling einer wohlhabenden viktorianischen Familie – seine Frau stammte aus der Familie Wedgwood, sein Vater war ein gut verdienender Arzt, und Darwin selbst verbrachte jeden Tag einen Teil der Zeit mit der Verwaltung seiner Geldanlagen – hatte nicht die Absicht, alles umzukrempeln, als er 1831 an Bord der *Beagle* seine lange Reise antrat. Mit Sicherheit war er abenteuerlustig, und er brauchte eine Möglichkeit, dem zwangsläufig drohenden Posten in einer langweiligen Landpfarrei zu entgehen – was für einen Cambridge-Absolventen jener Zeit die übliche Karriere war. Aber er strebte auch nach etwas anderem.

Wie viele seiner Zeitgenossen, so hatte auch Darwin sich schon in seiner Kindheit brennend für Naturforschung interessiert. Insbesondere zusammen mit seinem älteren Bruder Erasmus erlebte er die üblichen Chemieunfälle – einmal flog ihr Behelfslabor im Gartenhaus bei einem missglückten Experiment in die Luft –, vor allem aber interessierte er sich für die freie Natur. Er begeisterte sich besonders für Käfer und suchte im Freiland stundenlang nach ausgefallenen Exemplaren. Den größten Einfluss auf seine späteren Arbeiten hatte jedoch sein Hang zu Geologie, der sich während der Studienjahre in Cambridge entwickelte.

Die Geologie erlebte Anfang des 19. Jahrhunderts eine Revolution, die das gesamte auf die biblische Überlieferung gegründete Geschichtsverständnis infrage stellte. Darwin war Anhänger einer Denkschule, die von Charles Lyell begründet und später als Uniformitarianismus bezeichnet wurde. Lyell glaubte, alle Kräfte und Materialien der heutigen Welt hätten sich immer im Wesentlichen gleich verhalten, auch in entfernter Vergangenheit. Den Gegenpol zu dieser Vorstellung bildete die Katastrophentheorie – einer ihrer führenden Vertreter war Louis Agassiz, ein nach Amerika ausgewanderter Schweizer, der das naturhistorische Museum der Harvard University gründete. Nach Ansicht der Katastrophentheoretiker erlebte die Erde lange Phasen der »Stasis«, in denen sich so gut wie nichts veränderte, und nur gelegentlich kam es zu Umwälzungen. Bei diesen Katastrophen konnte es sich um die biblische Sintflut, Eiszeiten oder umfangreiche Verschiebungen der Erdkruste handeln. Alle großen Veränderungen – der Erde wie auch der Lebewesen – waren demnach auf solche seltenen Ereignisse zurückzuführen. Die Verteilung der Tier- und Pflanzenarten auf dem Globus sollte ihre Ursache in einer Reihe katastrophaler Ereignisse während ihrer Geschichte haben.

Die Katastrophentheorie warf jedoch ein Problem auf: Sie berief sich in so großem Umfang auf seltsame Ereignisse, dass sie keinerlei Nutzen brachte – dazu hatten sich zu viele Veränderungen ganz offensichtlich ohne derart drastische Auslöser abgespielt. Wenn Wandel möglich war, ohne dass man einschneidende Ereignisse als Ursache unterstellen musste, warum sollte man sie dann überhaupt bemühen? Warum nahm man nicht einfach an, dass die Erde sich ständig langsam verändert und dass diese kleinen Schritte über lange Zeiträume zu spürbaren Ergebnissen führen? Das, so Lyell, sei doch mit den tatsächlichen Beobachtungen viel leichter zu vereinbaren.

Alle diese Gedanken gingen dem jungen Darwin durch den Kopf, als er sich auf der *Beagle* einschiffte, angeheuert als »begleitender Gentleman« für den Kapitän FitzRoy. Diese ungewöhnliche Stellung hatte mit den Sitten im viktorianischen England zu tun: Der Kapitän war von so hohem gesellschaftlichem Rang, dass er keinen Umgang mit der Mannschaft pflegen konnte. Es gab an Bord sogar einen offiziellen Naturforscher – den Schiffsarzt –, aber der ging in Brasilien von Bord, nachdem er sich mit FitzRoy überworfen hatte. Ohnehin war Darwin der eigentliche Naturforscher auf der Reise, und da er offiziell keinen Rang bekleidete, blieb ihm viel Spielraum für seine eigenen Studien.

Sein Tagebuch der fünfjährigen Reise mit dem Titel *The*

Voyage of the Beagle ist ein Klassiker der Reiseliteratur aus dem 19. Jahrhundert. Darwin machte unterwegs mehrere wichtige Entdeckungen – unter anderem fand er eine vernünftige Erklärung für die runde Form der Korallenatolle (sie hat mit untergegangenen Vulkanen zu tun), und er gelangte auch zu der Erkenntnis, dass die Tahitianer sehr attraktive Menschen sind. Die bedeutsamste Idee – seine Erkenntnis, dass die natürliche Selektion für Entstehung und Evolution der biologischen Arten eine entscheidende Rolle spielt – ist so oft erläutert worden, dass sie hier nicht wiederholt werden muss. Deshalb nur so viel: Huxley und Wilberforce wären 1860 nicht aneinander geraten, und Sie würden heute dieses Buch nicht lesen, wenn Darwin nicht in der natürlichen Selektion die Triebkraft der Evolution erkannt hätte.

Hier soll uns aber ein anderes Thema interessieren, das sich in Darwins ersten Werken ebenfalls bereits abzeichnet. Er befasste sich damit auf eine zurückhaltendere Weise als mit der biologischen Evolution und zeigte schon damals die zögerliche Haltung, die ihn auch dreißig Jahre später davon abhielt, sich in der *Entstehung der Arten* ausdrücklich damit auseinander zu setzen. Dieses Thema ist die Menschheit, oder genauer gesagt: die große Vielgestaltigkeit der Menschen. Darwin sah sie durch die Brille des viktorianischen Wissenschaftlers und verspürte den starken Drang, die beobachteten Gesetzmäßigkeiten zu erklären. Warum bestehen zwischen den Menschen rund um die Welt so große Unterschiede?

Die *Beagle* stach am 27. Dezember 1831 im englischen Devonport in See. Ihre Stationen waren die Kapverdischen Inseln, Brasilien, Argentinien, Feuerland, Chile, Ecuador, die Galapagos-Inseln, Tahiti, Neuseeland, Australien, Mauritius und noch einmal Brasilien; am 2. Oktober 1836 war sie schließlich wieder zu Hause. Auf dieser großartigen Weltumsegelung hatte Darwin die Gelegenheit, zahlreiche Menschengruppen kennen zu lernen. Er erkundete Brasilien, sah den

Gauchos bei ihrer Tätigkeit in der argentinischen Pampa zu und wanderte mit chilenischen Bergführern durch die Anden. Aber die vielleicht eigenartigsten Menschen, denen er begegnete, waren die einheimischen Bewohner von Feuerland.

Darwin beschrieb die Feuerländer so: »... von untersetzter Statur, die dunklen Gesichter mit weißer Farbe beschmiert, die Haut schmutzig und schmierig, die Haare verfilzt, die Stimme misstönend und die Gesten gewalttätig. Wenn man solche Menschen sieht, mag man kaum glauben, dass sie unsere Mitgeschöpfe sind ...« Sie waren ganz eindeutig nicht das, was man zu jener Zeit unter »edlen Wilden« verstand. Aber in Darwins Begleitung waren sogar drei Feuerländer, die FitzRoy fünf Jahre zuvor mit nach London gebracht hatte. Ihre Entführer hatten sie auf die fantasievollen Namen Fuegia Basket, Jemmy Button und York Minster getauft, in Wirklichkeit hießen sie aber Yokcushlu, Orundellico und El'leparu. Die Seeleute auf der früheren Reise hatten sie als eine Art Faustpfand mitgenommen, nachdem man ihnen ein kleines Boot gestohlen hatte. Die Feuerländer waren im viktorianischen Großbritannien natürlich entwurzelt. Dennoch hatten sie einige Brocken Englisch gelernt und sich sogar ein wenig die Affektiertheit der englischen Mittelschicht angeeignet. Jemmy beispielsweise rief ständig »armer, armer Bursche«, wenn Darwin seekrank war – was mit entmutigender Regelmäßigkeit eintrat. Obwohl die Feuerländer ihm in ihrer Heimat so fremdartig erschienen, sah Darwin in ihnen Angehörige seiner eigenen Spezies, allerdings mit dem vom viktorianischen Klassendenken beeinflussten Menschenbild. In einer Diskussion über Aberglauben hebt er sie sogar gegenüber den Seeleuten der *Beagle* positiv hervor, und ihren allgemein niedrigeren materiellen Standard führte er auf die Gleichmacherei in ihrem politischen System zurück. Politisch mag Darwin ein wenig naiv gewesen sein, aber wissenschaftlich war er seiner Zeit weit voraus.

Wichtig ist auch, dass Darwin damit in der Debatte um Veranlagung und Umwelt eindeutig Partei bezog. Sogar die Feuerländer gehörten trotz ihrer angeblich schrecklichen äußeren Erscheinung derselben Spezies an wie die Besatzungsmitglieder der *Beagle*. Im letzten Kapitel seiner Tagebücher verteilt er einen Seitenhieb gegen den barbarischen Sklavenhandel, der damals in Nord- und Südamerika weit verbreitet war, und formulierte dazu einen der bissigsten Sätze, die jemals über die Gleichheit aller Menschen geschrieben wurden: »Es wird oft versucht, die Sklaverei dadurch zu verharmlosen, dass man den Zustand der Sklaven mit dem unserer ärmeren Landsleute vergleicht: wenn das Elend unserer Armen nicht durch die Naturgesetze, sondern durch unsere Institutionen verursacht wird, haben wir große Schuld auf uns geladen ...«

Aber wenn alle Menschen derselben Spezies angehörten, wie war dann die atemberaubende Vielfalt der Farben, Formen, Größen und Kulturen zu erklären? Wo hatte diese Spezies ihren Ursprung – und wie waren unsere Vorfahren in die abgelegensten Winkel der Erde gelangt, nach Kapstadt, Sibirien und Feuerland? Eine Antwort auf solche Fragen ließ noch 150 Jahre auf sich warten, und der Weg dahin führte über Knochen, Blut und DNA.

... oder viele?

Was ist eine Spezies? Nach einer Definition, die sich seit Mitte des 20. Jahrhunderts allgemein durchgesetzt hat, handelt es sich um eine Gruppe von Lebewesen, die sich untereinander kreuzen (oder, bei weit verbreiteten Arten, kreuzen könnten). Mit anderen Worten: Damit zwei Individuen zusammen Nachkommen haben können, müssen sie derselben Art angehören. Auch für Darwin, der seine Schriften vor der Entstehung dieser heute anerkannten Definition verfasste, bestand kein Zweifel an der Zusammengehörigkeit aller Menschen. Der Aufruf am Ende seiner Tagebücher kam von Herzen, und in Großbritannien hatte man die Sklaverei bereits verboten; in den Vereinigten Staaten dagegen gab es noch hitzige Auseinandersetzungen. Viele Autoren vertraten damals aber ganz andere Ansichten und behaupteten nachdrücklich, die Menschheit gliedere sich eindeutig in verschiedene biologische Arten oder Unterarten. Exakt formuliert wurde diese Haltung erstmals Anfang des 18. Jahrhunderts von dem schwedischen Botaniker Carl von Linné, der sich darangemacht hatte, alle Lebewesen der Erde in ein System einzuordnen. Diese wahrhaft gewaltige Aufgabe bewältigte er recht gut. Neben anderen Neuerungen schuf er die Binominalnomenklatur, das System der zweiteiligen Namen für Lebewesen, das in der Biologie bis heute in Gebrauch ist – wir alle kennen aus der Schule die Kombination *Gattung spezies*, beispielsweise *Homo sapiens*.

Auch Linné erkannte, dass alle Menschen derselben Spezies angehören, aber für die Gruppen, die in seinen Augen Rassen oder Unterarten waren, formulierte er eine zusätzliche Unterteilung mit Namen wie *afer* (Afrikaner), *americanus* (Indianer), *asiaticus* (Ostasiaten) und einer unscharf definierten, empörend rassistischen Kategorie namens *monstrosus*, zu der neben anderen Gruppen auch Darwins Feuerländer gehören sollten. In Linnés Augen waren die Unterschiede zwischen den Menschen so groß, dass sie eine solche zusätzliche Abgrenzung rechtfertigten.

Darwin, stets objektiver Wissenschaftler, bemerkte, dass das äußere Erscheinungsbild bei der Klassifikation der Menschen überbewertet wird. In dem Buch *Die Abstammung des Menschen*, das er in hohem Alter verfasste, schrieb er: »Was den Betrag an Verschiedenheit zwischen den Rassen betrifft, so müssen wir unserem feinen Unterscheidungsvermögen etwas zugute rechnen, welches wir durch die lange Übung der Selbstbeobachtung gewonnen haben.« Diese wichtige Erkenntnis bietet eine Erklärung für große Teile der späteren Diskussion über den Ursprung des Menschen.

Die amerikanische Sklavenhalterlobby machte sich im 19. Jahrhundert eine extreme Form von Linnés Ansicht zu Eigen. Mit der Behauptung, die Menschenrassen seien getrennte, von Natur aus ungleiche Gruppen, war die brutale Unterdrückung, wie sie in den Vereinigten Staaten praktiziert wurde, leichter zu rechtfertigen. Die Theorie, Menschenrassen seien verschiedene, eigens erschaffene Gebilde, wird nach den griechischen Begriffen für »viele Ursprünge« als Polygenie bezeichnet. Sie widersprach eindeutig dem biblischen Bericht vom Paradies, in dem ein einziger Adam und eine einzige Eva lebten, und rief deshalb die Kirche auf den Plan. Auch viele Biologen widersprachen der Vorstellung von der Polygenie und wiesen auf die umfangreiche Mischlingsbildung zwischen den Rassen hin. Die Anhänger der Polygenie, unter ihnen unser Schweizer Katastrophentheoretiker Agassiz, hielten solche Einwände für wenig stichhaltig. Wie Stephen Jay Gould berichtet, glaubte Agassiz, die Autoren der Bibel hätten die verschiedenen Menschentypen nicht gekannt und deshalb nur über einen Adam aus dem Mittelmeerraum geschrieben. Er war fest überzeugt, es müsse ebenso einen negroiden, einen mongoliden und vermutlich auch einen amerikanischen Adam gegeben haben.

Die meisten Biologen schlossen sich dieser Ansicht nicht an, aber sie findet sich bis heute in manchen Werken der anthropologischen Literatur. Das liegt hauptsächlich daran, dass die körperlichen Unterschiede zwischen den Menschen und auch manche Befunde an Fossilien sich nur sehr schwer erklären lassen. Der vielleicht bekannteste Anhänger der Polygenie war in neuerer Zeit der amerikanische Anthropologe Carleton Coon, der in den fünfziger und sechziger Jahren des 20. Jahrhunderts zwei sehr einflussreiche Bücher mit den Titeln *The Origin of Races* und *The Living Races of Man* schrieb. Darin vertrat er die Theorie, es gebe fünf Unterarten der Menschen (Australoide, Kapoide, Kaukasoide, Kongoide und Mongolide), die sich in ihrem heutigen Verbreitungsgebiet aus Hominidenvorfahren zu ihrer jetzigen Form entwickelt hätten. Interessanterweise äußert er dabei die Vermutung, die einzelnen Rassen könnten sich zu unterschiedlichen Zeiten entwickelt haben, wobei die afrikanischen Kongoiden als Erste entstanden und bis heute in einer Sackgasse der Evolution stecken geblieben seien. Die Vorherrschaft der Europäer ist nach seiner Behauptung eine natürliche Folge ihrer in der Evolution entstandenen genetischen Überlegenheit, und sogar für jene, denen die Sorge um Rassenvermischung schlaflose Nächte bereitet, hat er einen Trost parat:

Die Rassenvermischung kann sowohl das genetische als auch das soziale Gleichgewicht in einer Gruppe durcheinander bringen. Deshalb neigen neu eingeschleppte Gene zum Verschwinden, oder sie werden auf einen sehr geringen Prozentsatz reduziert, es sei denn, sie vermitteln gegenüber ihrem eingesessenen Gegenstück einen Selektionsvorteil. Diese Behauptungen stelle ich nicht zu irgendeinem politischen oder sozialen Zweck auf, sondern ich möchte damit nur zeigen, dass die Menschen ohne die zuvor erwähnten Mechanismen nicht schwarz, weiß, gelb oder braun wären.

Solche Äußerungen waren nicht auf die leichte Schulter zu nehmen: Immerhin war ihr Urheber Präsident der amerikanischen Gesellschaft für physische Anthropologie (der größten und einflussreichsten anthropologischen Organisation der Welt), Professor an der University of Pennsylvania, Kurator für Ethnologie des Universitätsmuseums und regelmäßiger Gast in einer beliebten amerikanischen Fernsehsendung.

Interessant ist dabei, welche Anstrengungen Coon unternahm, um politische Motive von sich zu weisen. Dazu sah er sich veranlasst, weil die physische Anthropologie sich gerade erst von einer dunklen Phase erholte, in der sie tatsächlich ausdrücklich politisch gewesen war. Ales Hrdlicka, einer ihrer führenden Vertreter, hatte 1917 in der Erstausgabe des *American Journal of Physical Anthropology* erklärt, die physische Anthropologie solle die Menschheit nicht nur studieren, sondern ihr auch dienen – sie war eben keine »reine« Wissenschaft. Hrdlicka betonte ihren Nutzen zur Formulierung von Eugenikprogrammen und zur Festlegung der Einwanderungspolitik. Damit versuchte er wohl auch, Finanzierungsinstitutionen den praktischen Nutzen dieser als abgelegen geltenden Wissenschaftsdisziplin zu beweisen, aber es war ganz klar, dass bestimmte Kreise ganz genau zuhörten – und bald darauf handelten sie auch, beraten von einigen pragmatischen, politisch gewieften Anthropologen.

Heraus aus dem Elfenbeinturm

Die Anthropologie entwickelte sich im 19. Jahrhundert als »Wissenschaft, deren Studiengegenstand die Menschheit als Ganzes, in ihren Teilen und im Verhältnis zur übrigen Natur ist«. Als Schöpfer der modernen physischen Anthropologie kann man mit Fug und Recht den Franzosen Paul Broca bezeichnen, der auch diese Definition formulierte. Broca war Fachmann für Kraniometrie, die Vermessung winziger Unterschiede im anatomischen Aufbau des Schädels, die man für Zeichen angeborener Begabungen hielt. Auf der Grundlage solcher geringfügiger Abweichungen entwickelte er eine sehr detaillierte Klassifikation. Brocas Methoden, die durch ein höchst einflussreiches Lehrbuch verbreitet wurden, faszinierten die wissenschaftliche Welt.

In England war der Amateurwissenschaftler Francis Galton einer der Ersten, die sich zu Brocas Methoden bekannten. Galton hatte Glück gehabt: Er war durch eine Erbschaft so reich geworden, dass er in verschiedenen Fachgebieten dilettieren konnte, unter anderem auch in Statistik und Biologie. Schon bald vermaß auch er alles und jedes am menschlichen Körper, um die Vielfalt der Menschen in wissenschaftliche Kategorien zu fassen. Das hätte man ihm als persönliche Schrulle nachsehen können, hätte er seine Begeisterung für die Einteilung der Menschen nicht mit einer falschen Interpretation der Darwin'schen Theorie über natürliche Selektion zu einer gefährlichen Mischung vermengt.

Wie bereits erwähnt, war Darwin kein Rassist im klassischen Sinn. Wie jeder andere neigte er zu trivialen Vorurteilen, aber aus seinen wenigen Äußerungen zu dem Thema kann man den Schluss ziehen, dass er allen Menschen im Wesentlichen das gleiche biologische Potenzial zuschrieb. Bei vielen seiner Anhänger war das anders. Der Philosoph Herbert Spencer beispielsweise prägte den Ausdruck »Überleben des Geeignetsten« und rechtfertigte damit in einer Reihe von Büchern und Aufsätzen, die weite Verbreitung fanden, die soziale Spaltung im Großbritannien des ausgehenden 19. Jahrhunderts. Wenn sich gesellschaftliche Unterschiede naturwissenschaftlich begründen ließen, hatten doch sicher auch die kulturellen Unterschiede ähnliche Ursachen. Dieser Gedankensprung in Verbindung mit der viktorianischen Begeisterung für Klassifizierungssysteme, gekoppelt mit der Überzeugung, kulturelle Unterschiede müssten mit naturwissenschaftlichen Methoden zu erklären sein, leistete der Eugenikbewegung Vorschub.

In ihren Anfängen war sie eine harmlose gesellschaftliche Strömung. Eugenik bedeutet eigentlich »gute Geburt« (wer konnte dagegen etwas haben?), und in einem gewissen Umfang hatte es sie immer gegeben. Im Talmud beispielsweise werden Männer aufgefordert, ihren ganzen Besitz zu verkaufen, damit sie sich die Ehe mit der Tochter eines Gelehrten leisten können, sodass ihre Kinder intelligenter würden. Aber erst gegen Ende des 19. Jahrhunderts erlebte die Eugenik ihren großen Aufschwung. Er hatte vielschichtige Ursachen, die mit den viktorianischen Ideen der Selbstverbesserung zu tun haben, aber auch mit dem Interesse an neuen Wissenschaftsgebieten wie der Genetik und an der Fülle neuer Befunde aus der physischen Anthropologie. Und nachdem sie einmal in Fahrt war, konnte man sie nicht mehr aufhalten.

In Großbritannien wurde 1907 zu Ehren Galtons die Eugenics Education Society gegründet. Sie verfolgte ausdrücklich das Ziel, den Genbestand der Menschheit durch ausgewählte Kreuzung besonders »geeigneter« Personen zu verbessern. Ihr Einfluss verbreitete sich schnell auch auf die Vereinigten Staaten, wo die Kultur besonders aufgeschlossen für Theorien war, die Selbstverbesserung durch Anwendung wissenschaftlicher Methoden versprachen. Bei staatlichen Veranstaltungen in Amerika kamen Wettbewerbe in Mode, in denen Familien, die als »Geeignetete« gewählt wurden, Ehre und Medaillen erringen konnten. Auch auf dem europäischen Kontinent fasste die Eugenik Fuß, und hier spielte auch ihr dunkelstes Kapitel in Form der so genannten Rassenhygiene des Nationalsozialismus.

Anfangs strebte die Eugenikbewegung gesellschaftliche Aufklärung an, aber ihre Ziele wurden schon bald ins Gegenteil verkehrt: Zwischen 1910 und 1930 lieferte sie in den Vereinigten Staaten die wissenschaftliche Rechtfertigung für die Zwangssterilisation angeblich geistig behinderter Menschen, und ebenso stand sie hinter der engstirnigen Anwendung rassistischer Tests und Quoten bei Einwanderern – in den zwanziger Jahren wurde von bitterarmen osteuropäischen Immigranten, die meist Analphabeten waren, bei ihrer Ankunft auf Ellis Island bei New York die Fähigkeit zum Lesen und Schreiben erwartet. Und schließlich fand die systematische Ermordung von Juden, Zigeunern, Homosexuellen und anderen angeblich minderwertigen Gruppen durch die Nazis in den vierziger Jahren ihre wissenschaftliche Rechtfertigung in den Prinzipien der Eugenik. Die physische Anthropologie hatte sich in ihrem Bemühen, sich »nützlich« zu machen, an die Spitze der Bewegung gesetzt.

Da ist es kein Wunder, dass Coon – der seine Werke verfasste, nachdem die Wahrheit über die Gräueltaten der Nazis ans Licht gekommen waren – sich so große Mühe gab, sich von politischen Zielen zu distanzieren. Selbst im Amerika der sechziger Jahre mit seiner Rassentrennung hätte er alte, nur allmählich vernarbende Wunden aufgerissen, wenn er die Befunde der physischen Anthropologie zu Empfehlungen für politische Maßnahmen genutzt hätte. Stattdessen stellte er die Tatsache der Rassenunterschiede als objektive wissenschaftliche Beobachtung dar – inklusive ihrer unangenehmen Seiten. Es ist, als wollte er sagen: Macht den Boten nicht verantwortlich, wenn euch die Botschaft nicht gefällt. Aber die Behauptung, seine Schlussfolgerungen gründeten sich auf eine objektive Beurteilung der vorliegenden Tatsachen, war falsch – niemand hatte seine genetischen Hypothesen überprüft. Was haben unsere Gene denn nun tatsächlich mit den Rassenunterschieden zwischen den Menschen zu tun?

Kapitel 2

E Pluribus Unum (Aus vielen eines)

Was wir Anfang nennen, ist oft das Ende
Und ein Ende machen heißt einen Anfang machen.
Das Ende ist unser Ausgang.
T. S. Eliot, Little Gidding (*Vier Quartette*)

Mit der Erforschung der Vielgestaltigkeit unter den Menschen musste man sich bis ins 20. Jahrhundert hinein auf Unterschiede beschränken, die mit bloßem Auge zu sehen waren. Diese Ära mit ihren unzähligen Studien durch Broca, Galton und die Biometriker in Europa und Amerika war in der physischen Anthropologie eine Phase des »Sammelns« – das Frühstadium eines neuen Wissenschaftsgebietes, in dem es noch keine einheitliche Theorie zur Analyse der angehäuften Daten gab. Die wachsende Zahl der Befunde über morphologische Unterschiede der Menschen ließ aber auch immer deutlicher ein Problem hervortreten: Zwischen den neu entdeckten Vererbungsgesetzen und den gemessenen Merkmalen bestand kein einfacher Zusammenhang. Zwar spielen genetische Komponenten für den Körperbau der Menschen eindeutig eine Rolle, klar ist aber auch, dass diese Vielgestaltigkeit durch Dutzende oder vielleicht sogar Hunderte verschiedener Gene gesteuert wird. Selbst heute hat man die zugrunde liegenden genetischen Ursachen noch nicht entschlüsselt. Wenn Broca in seinen kraniometrischen Untersuchungen bei zwei Personen, die nicht verwandt waren, am Schädel einen bestimmten Vorsprung fand – spiegelte dieser dann zwangsläufig die gleiche genetische Veränderung wider? Sind beide Vorsprünge wirklich das gleiche Merkmal und demnach der Ausdruck einer echten genetischen Verwandtschaft, oder ähneln sie einander nur oberflächlich – das heißt rein zufällig? Das ließ sich nicht feststellen.

Wenn man die Vielgestaltigkeit der Menschen untersuchen

wollte, waren genetische Abweichungen von entscheidender Bedeutung, denn nur durch Veränderungen in der Erbinformation wird Evolution möglich. Auf einer ganz grundlegenden Ebene ist Evolution nichts anderes als eine zeitliche Veränderung in der genetischen Zusammensetzung einer biologischen Art. Um einzuschätzen, wie eng Individuen verwandt sind – und insbesondere ob sie eine einzige Spezies bilden –, muss man deshalb etwas über ihre Gene wissen. Sind sie gleich, handelt es sich um dieselbe Art. In der physischen Anthropologie brauchte man unbedingt eine Reihe von Merkmalen, die in verschiedenen Formen vorkommen – nach dem griechischen Begriff für »viele Formen« spricht man auch von Polymorphismen – und nach einer einfachen Gesetzmäßigkeit vererbt werden. Diese konnte man dann benutzen, um die Vielfalt der Menschen zu untersuchen und Kategorien abzugrenzen. Manche derartigen Merkmale kannte man bereits, insbesondere Krankheiten wie die Hämophilie. Solche krankheitsverursachenden Polymorphismen hatten nur den Nachteil, dass sie zu selten und deshalb für die Klassifikation nicht von Nutzen waren. Benötigt wurden allgemein verbreitete, genetisch einfache Polymorphismen.

Diese fand man 1901 mit der Entdeckung von Karl Landsteiner, dass eine interessante Reaktion einsetzt, wenn man Blut von zwei nicht miteinander verwandten Menschen mischt: In manchen Fällen bilden sich dann große Klumpen. Wie man nachweisen konnte, ist die Veklumpungsreaktion erblich, und damit war zum ersten Mal ein biochemischer Unterschied zwischen lebenden Menschen nachgewiesen. Das Experiment führte zur Abgrenzung der Blutgruppen, die sofort auf der ganzen Welt für Bluttransfusionen nutzbar gemacht wurde. Wenn der Arzt heute bei jemandem die Blutgruppe A diagnostiziert, benennt er sie mit dem gleichen Namen, den schon Landsteiner vor über hundert Jahren für den ersten Blutgruppen-Polymorphismus verwendete.

Ausgehend von Landsteiners Erkenntnissen untersuchte das Schweizer Ehepaar Hirszfeld während des Ersten Weltkrieges das Blut von Soldaten in Thessaloniki. Im Jahr 1919 berichteten sie in einer Veröffentlichung über die unterschiedliche Häufigkeit der Blutgruppen bei den verschiedenen Nationalitäten, die durch den Krieg zusammengewürfelt wurden – es war die erste direkte Übersichtsuntersuchung zur genetischen Vielfalt der Menschen. Das Ehepaar Hirszfeld formulierte sogar eine Theorie (die manche Fachleute bis heute für richtig halten), wonach die Blutgruppen A und B die Spuren »reiner« Populationen von Urmenschen sind, die jeweils ausschließlich aus Individuen mit der Gruppe A oder B bestanden. Diese reinen Rassen hätten sich demnach später durch Wanderungsbewegungen vermischt, was zu der komplizierten Verteilung von A und B führte, die sich in ihrer Untersuchung gezeigt hatte. Wie die Rassen entstanden sein sollten, konnten sie nicht erklären, aber wenn man annahm, dass die Gruppe A ihren Ursprung in Nordeuropa hatte, während B als Kennzeichen südlicher Herkunft in Indien mit der größten Häufigkeit vorkommt, musste es für die heutigen Menschen zwei unabhängige Ursprungsorte geben.

In den dreißiger Jahren des 20. Jahrhunderts bauten der Amerikaner Bryant und der Engländer Mourant auf den Arbeiten des Ehepaares Hirszfeld auf und analysierten Blutproben aus der ganzen Welt. Im Laufe der folgenden dreißig Jahre untersuchten diese beiden Wissenschaftler und ihre Kollegen viele tausend lebende und verstorbene Menschen aus mehreren hundert Bevölkerungsgruppen. Bryant und seine Frau – wie die Hirszfelds ein Populationsgenetiker-Ehepaar – gingen sogar so weit, amerikanische und ägyptische Mumien zu untersuchen; auf diese Weise wiesen sie nach, dass der AB0-Polymorphismus bereits sehr alt ist. Im Jahr 1954 fasste Mourant die immer umfangreicher werdenden Befunde über Blutgruppen in der ersten umfassenden Darstellung zur biochemischen

Vielfalt der Menschen zusammen; sein bahnbrechendes Buch *The Distribution of the Human Blood Groups* wurde während der nächsten zwanzig Jahre zum Standardwerk der experimentellen Populationsgenetik. Damit begann die moderne Ära der Humangenetik.

Die Hirszfelds waren noch eindeutig der Ansicht, ihre Befunde über die Blutgruppen sprächen für eine Rasseneinteilung, die später durch Wanderungsbewegungen verwischt wurde, und auch Carleton Coon begründete damit später seine Theorie der getrennten Unterarten; in Wirklichkeit hatte aber niemand die genetischen Daten daraufhin überprüft, ob sie echte Anhaltspunkte für eine Unterteilung in Rassen boten. Diese nahe liegende Analyse wurde erst 1972 vorgenommen, und zwar von einem Genetiker, der sich in erster Linie gar nicht für Menschen interessierte, sondern – seltsamerweise – für Taufliegen.

Anhand der Daten von Mourant und anderen ging Richard Lewontin, damals Professor an der University of Chicago, der scheinbar einfachen Frage nach, wie sich die genetischen Abweichungen der Menschen innerhalb der einzelnen Gruppen und zwischen ihnen verteilen. Damit wollte er objektiv beurteilen, ob die genetischen Daten echte Hinweise auf eine Unterteilung zwischen den Menschenrassen liefern. Mit anderen Worten: Er überprüfte unmittelbar Linnés und Coons Hypothese von den Unterarten der Menschen. Wenn es im Muster der genetischen Vielfalt signifikante Unterschiede zwischen den Menschenrassen gab, mussten Linné und Coon Recht haben.

Den Verlauf seiner Analyse beschreibt Lewontin so:

Dieser Aufsatz wurde auf eine Bitte hin geschrieben ... Ich sollte einen Artikel für die neue Fachzeitschrift *Evolutionary Biology* einreichen. Zu jener Zeit hatte ich schon häufig über die Vermessung der Vielfalt nachgedacht ... nicht im Zusammenhang mit Populationsgenetik, sondern im Rahmen der Ökologie. Ich musste eine sehr lange Busreise nach Bloomington in Indiana unternehmen und hatte es mir schon lange zur Gewohnheit gemacht, auf Bahn- oder Busfahrten Artikel zu schreiben. Dieser Artikel musste geschrieben werden, also nahm ich in den Bus ein Exemplar von Mourants Buch mit und auch eine p*ln*p-Tabelle [eine mathematische Tabelle zur quantitativen Berechnung der Vielfalt].

Auf dieser Busreise entstand eine humangenetische Studie, die sich als bahnbrechend erweisen sollte. Als Vorbild für seine Analyse benutzte Lewontin das neue Fachgebiet der Biogeographie, die sich mit der geographischen Verteilung von Tieren und Pflanzen befasst, denn nach seiner eigenen Überzeugung war seine geplante Analyse an Menschen dazu analog – er suchte nach geographischen Unterteilungen, um damit die Rassen abzugrenzen. Da er sich nicht sicher war, wie man eine »Rasse« objektiv definieren soll, unterteilte er die Menschen im Wesentlichen auf Grund geographischer Grenzen in Kaukasier (westliches Eurasien), Schwarzafrikaner (Afrika südlich der Sahara), Mongoliden (Ostasien), südasiatische Ureinwohner (Südindien), Indianer (Amerika), Ozeanier und australische Aborigines.

Lewontin gelangte zu einem überraschenden Ergebnis: Die Mehrzahl der genetischen Unterschiede – etwa 85 Prozent – fand er innerhalb der Populationen. Weitere sieben Prozent entsprachen Unterschieden zwischen den Populationen innerhalb einer »Rasse«, beispielsweise zwischen Griechen und Schweden. Und nur acht Prozent waren von einer Menschenrasse zu anderen unterschiedlich. Eine verblüffende Erkenntnis – und ein klarer Hinweis, dass man die Einteilung in Unterarten aufgeben musste. Lewontin schreibt über das Ergebnis:

Damit hatte ich nicht gerechnet – ganz ehrlich nicht. Wenn ich überhaupt eine vorgefasste Meinung hatte, dann vermutlich die, dass die Unterschiede zwischen den Rassen viel größer sein müssten. Bestärkt wurde ich darin durch eine Unterhaltung, die meine Frau vor vielen Jahren – lange, bevor die Stadt von Touristen überschwemmt wurde – im ägyptischen Luxor mit einem Burschen in der Lobby unseres Hotels führte. Er sprach sie an, als ob er sie kannte. Sie sagte immer wieder: ›Tut mir Leid, Sir, Sie müssen mich mit jemandem verwechseln.‹ Schließlich erwiderte er: ›Oh, ich bitte vielmals um Entschuldigung, Madam – Sie sehen mir so ähnlich.‹ Das hatte auf mein Denken großen Einfluss – sie sind wirklich anders als wir, und wir sind alle gleich.

Aber das Ergebnis der statistischen Analyse war nicht zu leugnen, und es wurde in den folgenden drei Jahrzehnten durch viele weitere Untersuchungen bestätigt. Die wenigen genetischen Abweichungen, in denen sich eine Population von der anderen unterscheidet, waren Gegenstand endloser Debatten (ist sie innerhalb der Rassen oder zwischen ihnen größer?), aber es bleibt die Tatsache, dass selbst eine kleine Menschenpopulation etwa 85 Prozent aller genetischen Vielfalt enthält, die überhaupt in unserer Spezies vorkommt. Zur Verdeutlichung spricht Lewontin gern davon, was geschehen würde, wenn es zu einem Atomkrieg käme, den zum Beispiel nur die Kikuyu aus Kenia überleben: Auch diese Gruppe besäße noch 85 Prozent der gesamten genetischen Vielfalt unserer Spezies. Das ist ein wahrhaft stichhaltiges Argument gegen jede »wissenschaftliche« Theorie des Rassismus – und es spricht dafür, dass Darwin die Vielfalt der Menschen schon in den dreißiger Jahren des 19. Jahrhunderts richtig einschätzte. Aber bedeutet es auch, dass jede wissenschaftliche Untersuchung der verschiedenen Menschengruppen bedeutungslos ist – oder kann die Genetik tatsächlich Aufschlüsse über die Vielfalt der Menschen liefern?

Das Thema wird forciert

Für die nächste Etappe unserer Reise müssen wir uns einige Grundkenntnisse über Populationsgenetik aneignen. Die Theorie zu der Frage, wie sich Gene in einer Population über längere Zeit hinweg verhalten, ist recht kompliziert und bedient sich vieler verschiedener Teilbereiche der quantitativen Naturwissenschaft. Zu unseren Erkenntnissen über Populationsgenetik haben statistische Mechanik, Wahrscheinlichkeitstheorie und Biogeographie gleichermaßen beigetragen. Viele theoretische Erkenntnisse gründen sich aber auf wenige entscheidende Gedankengänge, die jeder verstehen kann und in denen sich die relativ einfachen beteiligten Einflüsse widerspiegeln.

Die erste grundlegende Kraft sind die Mutationen; ohne sie gäbe es keine Polymorphismen. Unter Mutationen versteht man zufällige Veränderungen einer DNA-Sequenz, wie sie sich im Genom eines Menschen in jeder Generation etwa dreißig Mal abspielen. Oder anders ausgedrückt: Jeder heute lebende Mensch trägt etwa dreißig völlig neue Mutationen, durch die er sich von seinen Eltern unterscheidet. Mutationen sind Zufallsereignisse, weil sie als Kopierfehler während der Zellteilung entstehen, ohne dass es irgendeinen Grund gäbe, warum sie an bestimmten Stellen auftauchen müssten – unser Genom begünstigt Mutationen offenbar nicht auf Grund der Wirkungen, die sie jeweils ausüben. Wir sind vielmehr Ingenieure im Stil von Heath Robinson, die das nutzen müssen, was ihnen die Mutationslotterie zuspielt. Die von Landsteiner entdeckten Blutgruppen sind wie alle Polymorphismen ursprünglich durch Mutationen entstanden.

Die zweite Kraft wird als Selektion bezeichnet, oder genauer als natürliche Selektion. Von ihr war Darwin so fasziniert, und sie hat für die Evolution des *Homo sapiens* sicher eine entscheidende Rolle gespielt. Selektion besteht darin, dass bestimmte Merkmale gegenüber anderen begünstigt werden, weil sie ihrem Träger einen Fortpflanzungsvorteil verschaffen. In kalten Klimazonen haben Tiere mit einem dicken Fell beispielsweise einen Vorteil gegenüber unbehaarten Exemplaren, und deshalb bringen sie mit größerer Wahrscheinlichkeit Nachkommen hervor. Mit Sicherheit ist Selektion die Kraft, die uns zu empfindungsfähigen, kultivierten Affen gemacht hat. Sie hat wichtige Merkmale wie Sprache, aufrechten Gang und opponierbaren Daumen erzeugt. Ohne natürliche Selektion würden wir noch heute stark den relativ gering entwickelten Affen ähneln, die unsere Vorfahren waren.

Die dritte Kraft ist die Gendrift. Dieser recht spezielle Fachausdruck bezeichnet ein Phänomen, für das wir ein instinktives Gespür haben: Eine kleine Stichprobe liefert nur einen einseitigen Eindruck von der Population, aus der sie entnommen wurde. Wirft man eine Münze tausendmal, so rechnet man damit, dass jeweils ungefähr fünfhundertmal der Kopf und die Zahl oben liegt. Bei nur zehn Würfen dagegen ist es recht wahrscheinlich, dass man nicht genau fünfmal Kopf und fünfmal Zahl beobachtet, sondern das Verhältnis beträgt vielleicht vier zu sechs oder sieben zu drei. Diese zufälligen Schwankungen in einer Stichprobe haben ihre Ursache in der geringen Zahl der Einzelereignisse. Wenn man sich Menschen als »Ereignis« in einer genetischen Stichprobe vorstellt und dann annimmt, dass die Population, aus der die Stichprobe der *nächsten* Generation stammt, aus der *gegenwärtigen* Generation neu entsteht (was für Lebewesen gilt), dann erkennt man, dass eine geringe Populationsgröße innerhalb weniger Generationen zu einer starken Veränderung der Genhäufigkeit führen kann. Um noch einmal das Beispiel der Münzwürfe zu zitieren: Das Ergebnis von siebenmal Kopf und dreimal Zahl würde über die Wahrscheinlichkeit bestimmen, dass in der nächsten Generation diese Zahlen erneut auftreten, das heißt, die Wahrscheinlichkeit spricht zu 70 Prozent für Kopf und zu

30 Prozent für Zahl. Eine Umkehrung ist nicht mehr möglich, denn die veränderte Wahrscheinlichkeit in der vorherigen Generation wirkt sich auf die Wahrscheinlichkeit in allen späteren Generationen aus. Damit sind wir im Vergleich mit den Münzwürfen in einer einzigen Generation von 50 zu 70 Prozent Wahrscheinlichkeit gelangt – eine recht schnelle Veränderung. Dass die Gendrift in kleinen Populationen gewaltige Auswirkungen auf die Genhäufigkeit haben kann, steht außer Zweifel.

Gemeinsam haben diese drei Kräfte die beeindruckende Vielfalt der heutigen genetischen Muster hervorgebracht – und auch die ungeheure Vielgestaltigkeit der Menschenpopulationen. Ihre Wirkung ist auch die Ursache für den kleinen Prozentsatz der Abweichungen, in denen sich verschiedene Gruppen unterscheiden. Aber die Erkenntnis, dass es unter den Menschen auf biochemischer Ebene Unterschiede gibt, und auch unsere Kenntnisse über das Verhalten der Gene in Populationen sagen allein nicht viel über die Einzelheiten der Evolution und die Wanderungsbewegungen der Menschen aus. Dazu musste erst ein italienischer Arzt kommen, der sowohl eine Vorliebe für Geschichte als auch eine Begabung für Mathematik hatte und bereits durch neue Gedanken über Bakterien und Fliegen geprägt war.

Die Italien-Connection

Luigi Cavalli-Sforza begann seine Berufslaufbahn in Padua als Medizinstudent. Schon bald aber kehrte er der Medizin den Rücken und widmete sich der genetischen Forschung, anfangs an Bakterien, später auch an Menschen. Er studierte bei dem berühmten *Drosophila*-Genetiker Buzzati-Traverso, einem Vertreter der von Dobzhansky begründeten Genetikerschule. Dobzhansky war auch Richard Lewontins Doktorvater gewesen, und damit bekommt die Geschichte einen gemeinsamen Faden. Dobzhansky hatte sich in seinen Forschungsarbeiten vor allem mit genetischen Variationen beschäftigt, insbesondere mit großen Chromosomenumordnungen bei Taufliegen. Als einer der Ersten entwickelte er Verfahren zur genetischen Analyse, und sein New Yorker Labor wurde Mitte des 20. Jahrhunderts zum Dreh- und Angelpunkt für eine Revolution in der biologischen Wissenschaft. Dobzhansky und seine Schüler vertraten eine neue Ansicht über genetische Variationen: Danach gibt es keinen Unterschied mehr zwischen einem optimierten »Wildtyp« – der normalen Form eines Lebewesens, die in einer langen Phase der natürlichen Selektion entstanden war – und einer seltsamen »Mutante«, die zwangsläufig in irgendeiner Form benachteiligt ist. Ein solches Schema hielten sie für zu einfach, in erster Linie deshalb, weil es schlicht zu viele Variationen gab, sodass Mutanten mit nicht optimaler genetischer Ausstattung dafür keine Erklärung bildeten. Wenn man sich stattdessen die Variation als Normalzustand einer Spezies vorstellte, erschien die Evolution plötzlich viel sinnvoller. Es gab ein zuvor nicht erkanntes Reservoir verschiedener Typen, auf die die Evolution einwirken konnte – wobei sie manche begünstigte, während andere verloren gingen.

Mit einer derart gründlichen Ausbildung in den scheinbar völlig unterschiedlichen Fachgebieten von Taufliegengenetik und Medizin machte sich Cavalli-Sforza an die Untersuchung der Blut-Polymorphismen, die von späteren Genetikern als »klassische« Polymorphismen bezeichnet wurden. Er wollte damit die Verwandtschaftsbeziehungen zwischen den heutigen Menschen aufklären. Die Arbeiten begannen in den fünfziger Jahren des 20. Jahrhunderts, die für die Genetik ein ungestümes Jahrzehnt waren. Kurz zuvor hatte man die Struktur der DNA aufgeklärt, und die Anwendung wissenschaftlicher Methoden aus der Physik versprach eine Revolution der Biologie. Wie die meisten Genetiker, so nutzte auch Cavalli-Sforza zur Beurteilung der Variationen die Verfahren der Biochemie, die sich damals schnell weiterentwickelten. Anders als seine Kollegen war er aber auch mit der Mathematik vertraut, insbesondere mit ihrem pragmatischsten Teilgebiet, der Statistik. Die unglaubliche Vielfalt der Daten, die aus der Untersuchung der Polymorphismen hervorgingen, konnte nur mit einem einheitlichen theoretischen Gerüst verständlich gemacht werden. Hier sollte die Statistik zum Rettungsanker werden.

Wenn wir uns eine Gruppe beliebiger Gegenstände vorstellen, an denen Variationen zu erkennen sind – Steine mit unterschiedlicher Farbe, unterschiedlich große Schneckenhäuser, Taufliegen mit unterschiedlich langen Flügeln oder auch die Blutgruppen der Menschen –, so wirkt eine solche Sammlung auf den ersten Blick zufällig und zusammenhanglos. Stehen viele Gruppen solcher Objekte zur Verfügung, ergibt sich ein noch komplexeres und sogar chaotisches Bild. Welche Aufschlüsse können wir daraus über den Mechanismus gewinnen, durch den die Vielfalt entstanden ist?

In den fünfziger Jahren nahmen die meisten Biologen ganz selbstverständlich an, jede Vielfalt in der Natur müsse ihre Ursache letztlich in der Selektion haben. Auch die Vielgestaltigkeit der Menschen, das hatten die Eugeniker sehr deutlich gemacht, war da keine Ausnahme. Zum Teil wurzelte diese Überzeugung in der allgemein verbreiteten Vorstellung von »Wildtypen« und »Mutanten«. Zum Wildtyp konnte jedes beliebige Merkmal gehören – Größe, Farbe, Nasenform oder jede andere »normale« Eigenschaft des Lebewesens. Für diese Idee sprach auch die Tatsache, dass genetisch bedingte Erkrankungen (die eindeutig »anormal« waren) zu den ersten Varianten gehörten, die man beim Menschen kennen lernte; damit waren die Voraussetzungen für eine Sichtweise geschaffen, nach der die Menschen sich im Sinne des darwinistischen Evolutionskampfes in geeignete und weniger geeignete Exemplare gliederten. Anfang der fünfziger Jahre jedoch nahm der japanische Wissenschaftler Motoo Kimura, der in den Vereinigten Staaten arbeitete, zum ersten Mal genetische Berechnungen mit Methoden vor, die man ursprünglich zur Analyse der Diffusion von Gasen entwickelt hatte. Seine Arbeiten führten schließlich dazu, dass man die »Mutanten« hinter sich lassen konnte.

Kimura fiel auf, dass die Häufigkeit genetischer Polymorphismen in Populationen auf Grund zufälliger Stichprobenauswahl schwanken kann – das ist die bereits beschriebene »Drift«. Das Spannende an seinen Befunden war die Erkenntnis, dass die Drift anscheinend mit vorhersagbarer Geschwindigkeit zu einer Veränderung der Genhäufigkeit führt. Bei der Untersuchung der Selektion stellte sich nämlich das Problem, dass die *Geschwindigkeit*, mit der sie zum entwicklungsgeschichtlichen Wandel führt, ausschließlich von ihrer *Stärke* abhängt – ist eine genetische Variante besonders gut geeignet, nimmt ihre Häufigkeit sehr schnell zu. Die Stärke der Selektion experimentell zu messen, war aber so gut wie unmöglich, und deshalb konnte man keine Voraussagen über die Geschwindigkeit des Wandels machen. Nehmen wir noch einmal das Beispiel mit den Münzwürfen: Ist *Kopf* die eine Variante eines Gens und *Zahl* die andere, würde eine Zunahme der Häufigkeit von 50 auf 70 Prozent in einer einzigen »Generation« auf eine sehr starke Selektion schließen lassen, die den *Kopf* begünstigt. Aber das stimmt ganz offensichtlich nicht – die Gründe, warum der *Kopf* eine Häufigkeit von 70 Prozent erreichte, hatten nichts mit seiner Anpassung zu tun.

Kimura gelangte zu der Erkenntnis, dass sich anscheinend die meisten Polymorphismen nach diesem Prinzip verhalten – sie unterliegen letztlich nicht der Selektion und können deshalb in der Evolution als »neutral« gelten, sodass ihre Häufigkeit sich allein auf Grund zufälliger Schwankungen ändern kann. Über den Anteil der neutralen Polymorphismen wurde unter Biologen hitzig diskutiert – Kimura und seine wissenschaftlichen Anhänger vertraten die Ansicht, fast alle genetischen Variationen seien frei von Selektion, viele andere Fachleute dagegen schreiben der natürlichen Selektion nach wie vor eine bedeutende Rolle zu. Von den Polymorphismen, mit denen sich die Humangenetiker beschäftigten, hatten allerdings viele wohl tatsächlich durch Gendrift ihre heutige Häufigkeit erreicht. Damit eröffnete sich ein ganz neuer Weg, um die schnell wachsende Menge der Daten über Blutgruppen-Polymorphismen zu analysieren. Bevor es aber so weit war, musste das Fachgebiet einen kleinen Umweg durch das Mittelalter einschlagen.

Das »Ock-Messer«

Der spätmittelalterliche Gelehrte William von Ockham (ca. 1285–1349) muss für seine Mitmenschen ein Albtraum gewesen sein. Er glaubte wortwörtlich an die Behauptung von Aristoteles, wonach »Gott und die Natur nie etwas Überflüssiges tun, sondern immer die geringstmögliche Mühe aufwenden«. Er ließ keine Gelegenheit aus, seine Interpretation dieser Ansicht in Diskussionen mit seinen Kollegen zu vertreten. Dieses Prinzip, das als »Ockhams Rasiermesser« bekannt wurde, ließ sich auf Lateinisch ganz einfach formulieren: *Pluralitas non est ponenda sine necessitate* (Ohne Notwendigkeit ist keine Vielfalt zu postulieren). In ihrer grundlegenden Form ist Ockhams Aussage ein philosophisches Bekenntnis zu einer bestimmten Sichtweise des Universums, die als »Sparsamkeitsprinzip« bekannt wurde. Wenn in der Realität jedes Ereignis mit einer bestimmten Wahrscheinlichkeit stattfindet, ergibt sich die Wahrscheinlichkeit mehrerer Ereignisse durch die Multiplikation der Einzelwahrscheinlichkeiten, sodass komplizierte Ereignisse insgesamt weniger wahrscheinlich sind als einfache. Mit dieser Methode kann man die Komplexität unserer Welt in begreifbare Teile zerlegen und das Einfache gegenüber dem Absurden bevorzugen. Man könnte von Miami nach New York auch über Shanghai fliegen – aber dass es tatsächlich jemand tut, ist nicht sonderlich wahrscheinlich.

Wenn es um Reiserouten geht, mag das trivial erscheinen, aber wenn wir das gleiche Prinzip auf die verworrene Welt der Wissenschaft anwenden, ist es nicht so nahe liegend. Woher wissen wir eigentlich, dass die Natur tatsächlich immer den sparsamsten Weg einschlägt? Und insbesondere: Ist es wirklich selbstverständlich, dass »Vereinfachung« das Schlagwort der Natur ist? Die Geschichte des Sparsamkeitsprinzips im Einzelnen zu erörtern, würde den Rahmen des vorliegenden Buches sprengen (im Literaturverzeichnis finden sich mehrere Werke, die das Thema detailliert behandeln), aber es sieht tatsächlich so aus, als würde auch die Natur das Einfache gegenüber dem Komplexen bevorzugen. Das gilt insbesondere dann, wenn sich etwas verändert – beispielsweise wenn ein Stein von einem Felsen in das darunter liegende Tal fällt. Die Schwerkraft macht sich so bemerkbar, dass der Stein den kürzesten – und recht schnellen – Weg vom höheren zum tiefer gelegenen Punkt nimmt und nicht erst in China eine Teepause einlegt.

Wenn wir also davon ausgehen, dass Veränderungen in der Natur sich in der Regel auf dem kürzesten Weg vom Punkt A zum Punkt B abspielen, können wir mit dieser Theorie auch Rückschlüsse über die Vergangenheit ziehen. Damit vollziehen wir einen recht großen Gedankensprung, denn daraus ergibt sich die Folgerung, dass wir auf Grund unserer Untersuchung der Gegenwart etwas über frühere Ereignisse aussagen können. Letztlich verschaffen wir uns damit eine philosophische Zeitmaschine, mit der wir rückwärts reisen und vergangene Zeiten unter die Lupe nehmen können. Selbst Darwin war Anhänger dieses Prinzips – Huxley tadelte ihn einmal sogar, weil er so verbohrt an seiner Überzeugung festhielt, dass *natura non facit saltus* (die Natur keine Sprünge macht).

Die erste Anwendung des Sparsamkeitsprinzips auf die Einteilung der Menschen veröffentlichten Luca Cavalli-Sforza und Anthony Edwards im Jahr 1964.[1] In dieser Studie gingen sie erstmals von zwei entscheidenden Annahmen aus, die auch in allen weiteren Untersuchungen zur Vielfalt der Menschen Gültigkeit behielten. Die erste lautete: Genetische Polymorphismen verhalten sich so, wie Kimura es vorausgesagt hatte – mit anderen Worten, sie sind ausnahmslos neutral, sodass alle Unterschiede in der Genhäufigkeit auf Gendrift zurückzuführen sind. Und die zweite besagt, dass die Verwandtschaftsbeziehungen zwischen Bevölkerungsgruppen sich nach Ockhams Regel richten, das heißt, die Daten sollten sich mit den geringstmöglichen Änderungen erklären lassen. Mit diesen entscheidenden Erkenntnissen und der von ihnen als »Mindestevolution« bezeichneten Methode leiteten sie den ersten Stammbaum für die verschiedenen Menschengruppen ab. In diesem Diagramm sind die Populationen so verbunden, dass Gruppen mit den ähnlichsten Genhäufigkeiten am nächsten benachbart sind, wobei das Gesamtausmaß der Unterschiede in den Genhäufigkeiten durch die Verwandtschaftsbeziehungen zwischen den Gruppen so gering wie möglich gehalten wird

Cavalli-Sforza und Edwards untersuchten die Häufigkeit der Blutgruppen in fünfzehn Bevölkerungsgruppen aus der ganzen Welt. Nach den Ergebnissen dieser Analyse, die mühsam auf einem der ersten Olivetti-Computer berechnet wurden, sind die Afrikaner von allen anderen untersuchten Grup-

1 Als Sparsamkeit wird hier einfach die Anwendung von Methoden bezeichnet, mit denen man eine Evolutionsgeschichte mit geringstmöglicher Komplexität ableiten kann. Es handelt sich dabei nicht zwangsläufig um das Verfahren, das in der Populationsgenetik häufig verwendet und als »maximum parsimony« bezeichnet wird.

pen am weitesten entfernt, während europäische und asiatische Populationen eng zusammengehören. Das war eine verblüffend eindeutige Erkenntnis über die Entwicklungsgeschichte unserer Spezies. Wie Cavalli-Sforza bescheiden anmerkte, »ist die Analyse recht sinnvoll«; sie bestätigte seine Vorstellungen davon, wie man die verschiedenen Menschengruppen zueinander in Beziehung setzen sollte – europäische Populationen stehen einander näher als den Afrikanern, die Bewohner Neuguineas und Australiens gehören ebenfalls zusammen, und so weiter. Die Verwandtschaftsbeziehungen waren ein Spiegelbild der Genhäufigkeiten, und da diese Häufigkeiten sich (wie gesagt, durch Gendrift) im Laufe der Zeit auf vorhersagbare Weise verändern, konnte man daraus auch erkennen, dass die Zeit, seit die Auseinanderentwicklung bei den Europäern begonnen hat, geringer war als jene, die Europäer von Afrikanern trennt. Der alte Mönch hatte sich nach 700 Jahren als nützlich erwiesen – und für die Anthropologie gab es einen Weg in die Zukunft.[2]

Mit der neuen Methode zur Einteilung der Menschen konnte man sogar die Zeitpunkte berechnen, zu denen Bevölkerungsgruppen sich aufgespalten hatten, und das wiederum machte vernünftige Annahmen über das Verhalten der Menschen in der Vergangenheit sowie über die Größe ihrer Gruppen möglich. Dies taten Cavalli-Sforza und sein Kollege Walter Bodmer erstmals 1971; sie gelangten zu einer Schätzung von 41 000 Jahren für die Aufspaltung zwischen Afrikanern und Ostasiaten, 33 000 für die Trennung von Afrikanern und Europäern, und 21 000 für die zwischen Europäern und Ost-

2 Cavalli-Sforza und Edwards entwickelten auch andere Verfahren, um die Verwandtschaftsbeziehungen zwischen Populationen anhand der Genhäufigkeiten zu analysieren. Diese Verfahren stützen sich weniger stark auf eine Minimierung der entwicklungsgeschichtlichen Veränderungen. Am häufigsten wird auf dem Gebiet aber nach wie vor das Sparsamkeitsprinzip angewandt.

asiaten. Das einzige Problem dabei waren ihre unsicheren Annahmen über die tatsächliche Bevölkerungsstruktur. Und was noch entscheidender war: Immer noch gab es keine klare Antwort auf die Frage, wo die Menschen entstanden waren. Das Fachgebiet war dringend auf neue Daten angewiesen.

Buchstabensuppe

Der deutsch-jüdische Auswanderer Emil Zuckerkandl arbeitete am California Institute of Technology in Pasadena. Schon seit über zehn Jahren beschäftigte er sich eingehend mit ein und demselben Problem: der Struktur von Proteinen. In Zusammenarbeit mit dem Biochemiker und Nobelpreisträger Linus Pauling hatte Zuckerkandl den grundlegenden Aufbau des Sauerstoff-Transportproteins Hämoglobin entschlüsselt – dieses Protein hatte man gewählt, weil es in großen Mengen verfügbar und einfach zu reinigen war. Außerdem hat das Hämoglobin eine weitere wichtige Eigenschaft: Es kommt im Blut aller lebenden Säugetiere vor.

Jedes Proteinmolekül besteht aus einer Abfolge hintereinander aufgereihter Aminosäuren, kleiner Molekülbausteine, die in jedem einzelnen Protein auf einzigartige Weise verkettet sind. Protein-Molekülketten haben eine verblüffende Eigenschaft: Obwohl sie sich zu verwickelten Formen falten, bevor sie ihre Aufgabe erfüllen können, und sich dabei häufig sogar auf komplizierte Weise mit anderen Proteinen zusammenlagern, werden Form und Funktion jedes aktiven Proteins letztlich durch die einfache Reihenfolge der Aminosäuren bestimmt. In den Proteinen kommen insgesamt zwanzig verschiedene Aminosäuren vor, die Namen wie Lysin und Tryptophan tragen. Die Chemiker kürzen diese Namen mit Buchstaben ab – im genannten Fall mit K und Y.

Als Zuckerkandl die Struktur des Hämoglobins aus verschiedenen Tieren entschlüsselte, bemerkte er in den Aminosäuresequenzen eine interessante Gesetzmäßigkeit: Sie waren sich sehr ähnlich. Häufig waren zehn, zwanzig oder auch dreißig Aminosäuren hintereinander genau gleich, und dann folgte nur eine einzige Abweichung. Das Verblüffende dabei: Je enger die Tiere verwandt waren, desto stärker ähnelten sich die Aminosäuresequenzen. Das Hämoglobin von Menschen und Gorillas ist praktisch genau gleich – Unterschiede gibt es nur an zwei Stellen; im Hämoglobin von Mensch und Pferd dagegen findet man fünfzehn abweichende Aminosäuren. Zuckerkandl und Pauling kamen daraufhin auf die Idee, diese Moleküle als eine Art molekulare Uhr zu verwenden und an der Zahl abweichender Aminosäuren abzulesen, wie viel Zeit seit einem gemeinsamen Vorfahren verstrichen war. In einem 1965 erschienenen Aufsatz bezeichnen sie die Moleküle sogar als »Dokumente der Evolutionsgeschichte«. Letztlich trägt jeder Mensch in seinen Genen ein Geschichtsbuch mit sich herum. Nach Aussagen von Zuckerkandl und Pauling verschaffen uns solche Molekülstrukturen sogar eine Ahnung von dem Vorfahren selbst: Nach dem Ockham-Gesetz kann man die Zahl der mutmaßlich ausgetauschten Aminosäuren so gering wie möglich halten und sich auf diese Weise bis zu einem Ausgangspunkt in die Vergangenheit vorarbeiten. Moleküle sind letztlich Zeitkapseln, die unsere Vorfahren in unserem Genom zurückgelassen haben. Wir müssen nur lernen, in ihnen zu lesen.

Natürlich erkannten Zuckerkandl und Pauling, dass die Ursache der genetischen Unterschiede letztlich nicht in den Proteinen liegt. Diese Ehre gebührt der DNA, dem Molekül, das unsere Gene bildet. Da die DNA alle Proteine codiert, ist sie das Molekül, das man untersuchen sollte. Dabei stellte sich nur das Problem, dass DNA ausgesprochen schwierig zu handhaben war, und ihre Sequenz zu ermitteln, dauerte sehr lange. Mitte der siebziger Jahre des 20. Jahrhunderts jedoch

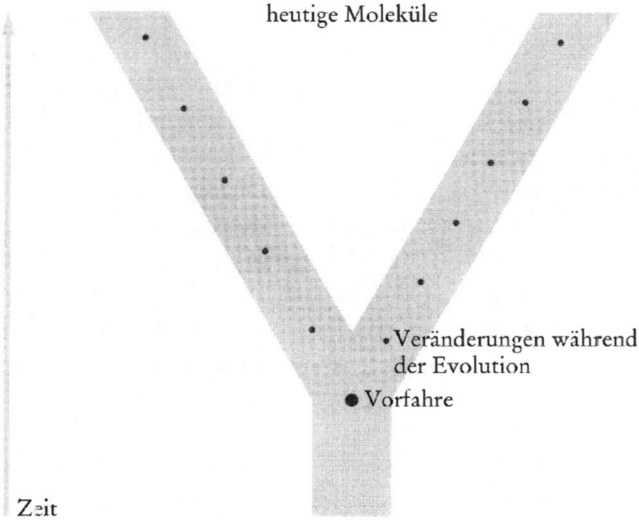

Abb. 1: Der entwicklungsgeschichtliche »Stammbaum« zweier verwandter Moleküle; in beiden Abstammungslinien sammeln sich Sequenzveränderungen an.

entwickelten Walter Gilbert und Fred Sanger unabhängig voneinander zwei Methoden, mit denen DNA-Sequenzen sich schnell ermitteln ließen, eine Leistung, für die sie 1977 gemeinsam den Nobelpreis erhielten. Die Möglichkeit, DNA zu sequenzieren, setzte in der Biologie eine Revolution in Gang, die bis heute nicht zu Ende ist und ihren Höhepunkt im Jahr 2000 mit der Fertigstellung einer vorläufigen Sequenz für das gesamte menschliche Genom fand. Die DNA-Forschung bedeutete eine Umwälzung für unsere biologische Denkweise, und deshalb ist es nicht verwunderlich, dass sie auch auf die Anthropologie tief greifende Auswirkungen hatte.

Der überfüllte Garten

Damit sind wir in den achtziger Jahren angelangt. Neu entwickelte molekularbiologische Hilfsmittel standen nun ebenso zur Verfügung wie eine Theorie über das Verhalten von Polymorphismen in Populationen und eine Methode zur Abschätzung von Zeitpunkten anhand von Molekülsequenzen; wieder stellte sich die dringende Frage, was die Genetik zur Beantwortung einiger uralter Fragen nach dem Ursprung des Menschen beitragen konnte. Alle sehnten sich nach einer neuen Erkenntnis, die dann mit Glück und ein wenig Unverfrorenheit auch gewonnen wurde.

An der University of California in Berkeley arbeite Anfang der achtziger Jahre der australische Biochemiker Allan Wilson. Er hatte sich zum Ziel gesetzt, die Evolution mit den Methoden der Molekularbiologie zu erforschen – jenes neuen Teilgebietes der Biologie, das sich mit DNA und Proteinen beschäftigt. Mit den molekularbiologischen Methoden von Zuckerkandl und Pauling hatten Wilson und seine Studenten den Zeitpunkt abgeschätzt, als sich Menschen und Menschenaffen in der Evolution trennten, und ebenso hatten sie in der Frage, wie Proteine durch die natürliche Selektion auf ihre Umwelt zugeschnitten werden, einige interessante Einzelheiten entdeckt. Wilson war ein origineller Denker und leidenschaftlicher Anhänger molekularbiologischer Vorgehensweisen.

Bei der Untersuchung von DNA-Sequenzen hatte man unter anderem mit der Schwierigkeit zu kämpfen, dass die Information immer doppelt vorliegt. Unser Genom – die gesamte DNA-Sequenz, die alle Proteine unseres Organismus codiert, und darüber hinaus eine Riesenmenge weiterer DNA ohne bekannte Funktion – liegt in jeder unserer Körperzellen in zwei Kopien vor. Verpackt ist die DNA fein säuberlich in getrennte Päckchen, die man Chromosomen nennt – wir besitzen in jeder Zelle 23 Paare solcher Gebilde. Die Chromosomen liegen in einer Struktur, die als Zellkern bezeichnet wird. Eines der wichtigsten Merkmale unseres Genoms ist seine erstaunlich weit reichende Unterteilung – wie Computerordner, die Unterordner enthalten, die Unterordner enthalten. Insgesamt besteht das menschliche Genom aus drei Milliarden Bausteinen, den Nucleotiden, von denen es vier Typen mit den Bezeichnungen A (Adenin), C (Cytosin), G (Guanin) und T (Thymin) gibt, und die Zelle braucht ein Verfahren, um diese Riesenmenge an Information auf einfache Weise zugänglich zu machen. Das ist der Grund, warum wir Chromosomen besitzen und warum sie im Zellkern vom übrigen Inhalt der Zelle getrennt gehalten werden.

Dass wir jedes Chromosom in zwei Exemplaren besitzen, hat kompliziertere Gründe, die aber letztlich auf die Sexualität hinauslaufen. Wenn die Samenzelle eine Eizelle befruchtet, wird jeweils ein Teil des Genoms von Vater und Mutter im Verhältnis 50 zu 50 kombiniert, und beide Komponenten bilden gemeinsam das neue Genom des Kindes. Biologisch betrachtet, existiert die Sexualität vor allem deshalb, weil sie in jeder Generation neue Genome schafft. Die neuen Kombinationen entstehen dabei nicht nur im Augenblick der Befruchtung aus den gleichen Teilen mütterlicher und väterliche Genome, sondern auch vorher während der Bildung von Samen- und Eizellen. Diese vorsexuelle Vermischung, die man als genetische Rekombination bezeichnet, wird durch die lang gestreckte Form der Chromosomen ermöglicht – es ist relativ einfach, beide Chromosomen in der Mitte durchzubrechen und über Kreuz wieder zu verbinden, sodass neue, gemischte Chromosomen entstehen. Dass dieser Vorgang abläuft, ist wie die Mischung der väterlichen und mütterlichen DNA vermutlich dadurch zu erklären, dass es unter Evolutionsgesichtspunkten nützlich ist, wenn in jeder Generation eine möglichst große Vielfalt neu entsteht. Der Organismus kann dann auf Umweltveränderungen besser reagieren.

Nun könnte man natürlich einwenden: Moment mal – wieso unterscheiden sich diese gebrochenen und wieder zusammengefügten Chromosomen eigentlich von denen, die vorher da waren? Beide sollten doch gleichartige Kopien sein! Der Grund ist ganz einfach: Sie sind eben keine genauen Kopien, sondern unterscheiden sich an vielen Stellen. Chromosomen sind eher Kopien von Kopien von Kopien von Kopien, hergestellt mit einem schadhaften Kopiergerät, das bei jedem Verdoppelungsvorgang einige zufällige Fehler macht. Diese Fehler sind die zuvor erwähnten Mutationen, und die Unterschiede zwischen den beiden Chromosomen eines Paares sind die Polymorphismen. Auf einem Chromosom findet man etwa alle 1000 Nucleotide einen Polymorphismus, und auf Grund dieser Unterschiede kann man die Chromosomen voneinander unterscheiden. Deshalb gleicht das neue Chromosom nach der Rekombination nicht genau den Ausgangstypen.

Für die Evolution ist die Rekombination von Bedeutung, weil Gruppen von Polymorphismen, die auf demselben DNA-Stück gekoppelt liegen, durch das Über-Kreuz-Verbinden getrennt werden. Auch dieser Mechanismus schafft Vielfalt und ist deshalb unter Evolutionsgesichtspunkten etwas Gutes, aber den Molekularbiologen, die das Geschichtsbuch im Genom des Menschen lesen wollen, macht er das Leben schwer. Wegen der Rekombination kann sich jeder Polymorphismus auf einem Chromosom unabhängig von allen anderen verhalten. Im Laufe der Zeit kombinierten sich die Polymorphismen viele, viele Male neu, und nach Hunderten oder Tausenden von Generationen ist die Kombination, die im gemeinsamen Vorfahren der Chromosomen vorhanden war, völlig verschwunden. Die von ihm abstammenden Chromosomen sind ganz neu zusammengewürfelt, und von der ursprünglichen Ausstattung ist keine Spur mehr zu entdecken. Für die Untersuchung der Evolution ist das ein großer Nachteil, denn wenn man über den Vorfahren keine Aussagen machen kann, lässt sich auch das Ockham-Prinzip nicht auf die Verteilung der Polymorphismen anwenden, und deshalb haben wir keine Ahnung, wie viele einzelne Veränderungen zwischen den neukombinierten Chromosomen in Wirklichkeit stattgefunden haben. Derzeit stützen sich alle Schätzungen für eine molekulare Uhr auf die Geschwindigkeit, mit der neue Polymorphismen durch Mutationen entstehen. Die Rekombination schafft den Eindruck, es habe Mutationen gegeben, die in Wirklichkeit gar nicht stattgefunden haben, und deshalb führt sie dazu, dass wir die seit dem gemeinsamen Vorfahren verstrichene Zeit überschätzen.

Eine der wichtigsten Erkenntnisse, die Wilson und andere Genetiker Anfang der achtziger Jahre gewonnen hatten, lautet: Es gibt eine Möglichkeit, der Rekombination ein Schnippchen zu schlagen. Dazu untersucht man nicht das Genom, sondern die Mitochondrien, kleine Strukturen, die sich in der Zelle außerhalb des Zellkerns befinden. Interessanterweise besitzt jedes Mitochondrium ein eigenes Genom – es ist neben dem Zellkern die einzige Struktur, die DNA enthält. Die Mitochondrien sind nämlich entwicklungsgeschichtliche Überbleibsel aus der Zeit vor mehreren Milliarden Jahren, als die ersten kompliziert gebauten Zellen entstanden – diese Körperchen in den Zellen waren ursprünglich Bakterien, die von einem unserer einzelligen Vorläufer geschluckt wurden. Später erwiesen sie sich als nützlich, weil sie innerhalb der Zelle Energie erzeugen konnten, und heute sind sie angepasste Zellkraftwerke, deren Leben allerdings einst als Parasiten begann. Glücklicherweise ist das Mitochondriengenom (wie das Genom von Bakterien) nur mit einem Exemplar vorhanden und kann deshalb nicht rekombinieren. Wie sich außerdem herausstellte, enthält es nicht nur ungefähr alle 1000 Nucleotide, sondern im Abstand von wenigen hundert Bausteinen einen Polymorphismus. Für entwicklungsgeschichtliche Vergleiche möchte man so viele Polymorphismen wie möglich untersuchen, denn jeder davon bedeutet eine größere Chance, zwischen Individuen zu unterscheiden. Man kann es sich so vorstellen: Betrachtet man nur einen einzigen Polymorphismus mit den beiden Formen A und B, wird man alle Genome in zwei Gruppen einteilen, die ausschließlich durch die Variante A oder B definiert sind. Untersucht man dagegen zehn Polymorphismen mit jeweils zwei Varianten, wird eine viel feinere Unterteilung möglich, weil eine sehr viel geringere Wahrscheinlichkeit besteht, dass mehrere Individuen genau die gleiche Kombination von Varianten enthalten. Mit anderen Worten: Je mehr Polymorphismen zur Verfügung stehen, desto besser sind die Aussichten, aus einer solchen Untersuchung ein sinnvolles Muster von Verwandtschaftsbeziehungen abzuleiten. Da die Mitochondrien-DNA (mtDNA) zehn Mal häufiger Polymorphismen enthält als das übrige Genom, ist sie ein gutes Untersuchungsobjekt.

Rebecca Cann, die in Wilsons Labor promovierte, untersuchte im Rahmen ihrer Doktorarbeit die Variationsbreite der mtDNA von Menschen aus der ganzen Welt. Die Arbeitsgruppe in Berkeley trieb großen Aufwand, um sich Plazenten (aus denen die mtDNA sich besonders gut gewinnen lässt) vieler Bevölkerungsgruppen zu beschaffen – von Europäern, Neuguineern, Indianern und so weiter. Man verfolgte das Ziel, die Gesetzmäßigkeiten der Variationen für die gesamte menschliche Spezies zu erfassen und daraus Rückschlüsse über den Ursprung des Menschen zu ziehen. Die Ergebnisse bedeuteten eine Revolution.

Die erste Studie über die Vielfalt der menschlichen Mitochondrien-DNA veröffentlichten Cann und ihre Kollegen 1987. Zum ersten Mal hatte man DNA-Polymorphismen des Menschen nach dem Sparsamkeitsprinzip analysiert, um daraus Rückschlüsse über einen gemeinsamen Vorfahren und seine mutmaßliche Lebenszeit abzuleiten. In der Zusammenfassung ihres Artikels formulieren sie den wichtigsten Befund klar und prägnant: »Alle diese Mitochondrien-DNAs stammen von einer Frau ab, die vor rund 200 000 Jahren vermutlich in Afrika lebte.« Es war eine aufregende Entdeckung, und in der Boulevardpresse wurde diese Frau zur »Eva der Mitochondrien« – zu unser aller Stammmutter. Aber die Sache hat einen überraschenden Dreh: Sie war nicht die einzige Eva im Garten Eden – sie hatte nur am meisten Glück.

In ihren Analysen untersuchten Cann und Kollegen, wie die Sequenzen der mtDNA miteinander verwandt sind. In ihrem Artikel gingen sie davon aus, dass zwei mtDNA-Sequenzen, die an der Stelle eines Polymorphismus die gleiche Sequenzvariante tragen (beispielsweise ein C an einer Position, wo in der Sequenz entweder C oder T vorkommen kann), von einem gemeinsamen Vorfahren abstammen. Sie bauten ihre insgesamt 147 mtDNA-Sequenzen in ein System ein und konnten daraus die Verwandtschaftsbeziehungen zwischen den Personen ableiten, von denen die Gewebeproben stammten. Es war ein mühsames Verfahren, das die langwierige Computeranalyse der Daten einschloss. Tatsächlich zeigten sich die größten Abweichungen zwischen den mtDNA-Sequenzen verschiedener Afrikaner – womit bewiesen war, dass diese sich bereits seit der längsten Zeit auseinander entwickelten. Mit anderen Worten: Die Afrikaner sind die älteste Bevölkerungsgruppe der Erde – in Afrika muss demnach unsere Spezies entstanden sein.

Das Verfahren, mit dem Cann, Stoneking und Wilson ihre Sequenzdaten nach dem Sparsamkeitsprinzip analysierten, hatte unter anderem die besondere Eigenschaft, dass es zu irgendeinem Zeitpunkt in der Vergangenheit immer zu einem einzigen gemeinsamen Vorfahren führte. Für jeden Genomabschnitt, der nicht rekombiniert – in diesem Fall für das Mitochondriengenom –, kann man ein einziges Ausgangs-Mitochondrium definieren, von dem alle heutigen Mitochondrien abstammen. Es ist, als ob man die größer werdenden Wellen-

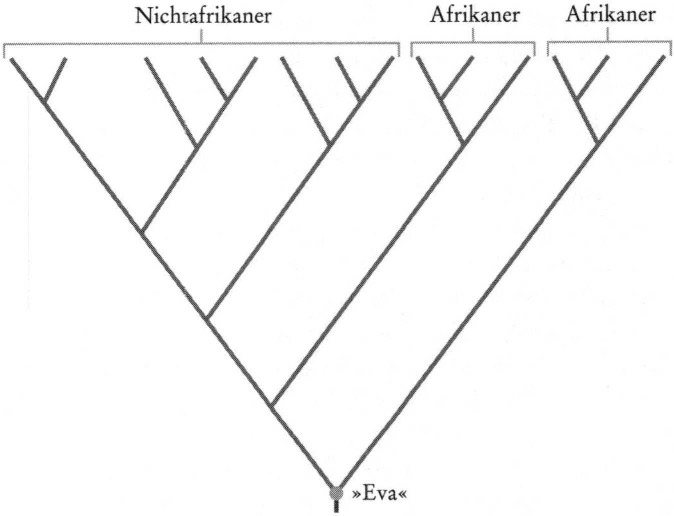

Abb. 2 Der Beweis, dass die Jetztmenschen in Afrika entstanden sind: Die tiefste Aufspaltung im Stammbaum der mtDNA (»Eva«) besteht zwischen Sequenzen von Afrikanern. Damit ist gezeigt, dass sich dort schon seit längerer Zeit entwicklungsgeschichtliche Veränderungen ansammeln.

ringe auf einem Teich beobachtet und daraus schließt, an welcher Stelle der Stein ins Wasser gefallen sein muss – nämlich in dem unbeweglichen Mittelpunkt der Kreise. Die mtDNA-Sequenzen, in denen sich während ihrer Vererbung von Mutter zu Tochter immer mehr Polymorphismen angesammelt haben, entsprechen dabei den sich erweiternden Wellen, und der Vorfahre ist der Punkt, wo der Stein ins Wasser geworfen wurde. Mit Hilfe des Analyseverfahrens von Zuckerkandl und Pauling kann man den einzelnen Vorfahren lokalisieren, der vor vielen tausend Jahren lebte und aus dem im Laufe der Zeit durch Mutationen die vielfältigen heutigen Lebensformen hervorgegangen sind. Wenn man außerdem weiß, wie häufig sich Mutationen ereignen und wie viele Polymorphismen man in einer

Stichprobe der Menschen aus der ganzen Welt findet, kann man berechnen, wie viele Jahre seit dem Zeitpunkt vergangen sind, als der Stein ins Wasser gefallen ist – oder mit anderen Worten: wann der Vorfahre lebte, von dem alle mutierten Nachkommen abstammen müssen.

Eines ist dabei aber von entscheidender Bedeutung: Die Tatsache, dass die gesamte heutige Vielfalt auf einen einzigen Vorfahren zurückgeht, bedeutet nicht, dass dieser der einzige damals lebende Mensch war; sie besagt nur, dass die Abstammungslinien aller anderen Menschen, die zur gleichen Zeit am Leben waren, ausgestorben sind. Stellen wir uns einmal ein provencalisches Dorf im 18. Jahrhundert vor, in dem vielleicht zehn Familien leben. Jede davon hat ihr eigenes Rezept für die Bouillabaisse, das ausschließlich mündlich von der Mutter zur Tochter weitergegeben wird. Hat eine Familie nur Söhne, ist das Rezept verloren. Im Laufe der Zeit wird die Anzahl der ursprünglichen Rezepte immer geringer, weil immer wieder eine Familie Pech hatte und keine Tochter zur Welt brachte. Im 21. Jahrhundert schließlich ist nur noch ein einziges Rezept übrig – *la bouillabaisse profonde*. Warum hat nur dieses eine überlebt? Die Antwort: durch Zufall – die anderen Familien hatten schlicht irgendwann in der Vergangenheit einmal keine Töchter, und ihre Rezepte gingen verloren. Betrachten wir das Dorf heute, sind wir vielleicht ein wenig enttäuscht über den Mangel an kulinarischer Vielfalt – wie können hier nur alle die gleiche Fischsuppe essen?

In Wirklichkeit gibt natürlich niemand ein Rezept von Generation zu Generation weiter, ohne es jeweils entsprechend dem eigenen Geschmack geringfügig abzuwandeln. Eine Knoblauchzehe hier, ein wenig Thymian da, *et voilá* – die persönliche Variante des *matrimoine* ist fertig. Im Laufe der Zeit schaffen solche Abwandlungen eine eigene Vielfalt in den Suppentöpfen – aber das Aussterben der Rezepte setzt sich dennoch fort. Besuchen wir das Dorf im 21. Jahrhundert, so stoßen wir auf eine bemerkenswerte Vielfalt mündlich überlieferter Rezepte – die man aber nach wie vor dank des Ockham-Prinzips auf einen einzigen Vorläufer im 18. Jahrhundert zurückführen kann. Das ist das Geheimnis der Mitochondrien-Eva.

Auf die ersten Ergebnisse, die Cann und ihre Kollegen 1987 veröffentlichten, folgte wenige Jahre später eine detailliertere Analyse. Beide Untersuchungen machten zwei wichtige Tatsachen deutlich: Die heutige Vielfalt der menschlichen Mitochondrien-DNA ist erst in den letzten 200 000 Jahren entstanden, und der Stein ist in Afrika ins Wasser gefallen. Demnach haben sich die Menschen in einer sehr kurzen Zeitspanne – zumindest nach Evolutionsmaßstäben – von Afrika ausgehend über die ganze übrige Welt verbreitet. Gegen die statistischen Analysen in den Artikeln gab es einige methodische Einwände, aber in neuerer Zeit haben umfassendere Untersuchungen an der Mitochondrien-DNA die ersten Schlussfolgerungen bestätigt und erweitert. Wir alle haben eine afrikanische Urur … urgroßmutter, und die lebte vor rund 150 000 Jahren.

Darwin hatte schon 1871 in *Die Abstammung des Menschen* festgestellt: »In jeder großen Region der Erde sind die dort lebenden Säugetiere nahe mit den ausgestorbenen Arten derselben Region verwandt. Es ist daher wahrscheinlich, dass Afrika früher von jetzt ausgestorbenen Affen bewohnt wurde, welche dem Gorilla und dem Schimpansen nahe verwandt waren; und da diese beiden Spezies jetzt die nächsten Verwandten des Menschen sind, so ist es noch etwas wahrscheinlicher, dass unsere frühen Urerzeuger auf dem afrikanischen Festlande lebten.« Das war in vielerlei Hinsicht eine äußerst weitsichtige Feststellung – die meisten Europäer des 19. Jahrhunderts hätten Adam und Eva in Europa oder Asien angesiedelt. Anders betrachtet, ist Darwins Aussage aber auch trivial, denn auch die Menschenaffen sind vor 25 Millionen Jahren in Afrika entstanden; man braucht also nur weit genug in die Vergangenheit vorzudringen, dann begegnet man unseren Vorfahren in jedem Fall auf diesem Kontinent. Entscheidend ist, dass man einen Zeitpunkt angibt – und das ist der Grund, warum die genetischen Befunde so revolutionär waren.

Carleton Coon und andere Anthropologen hatten die Ansicht vertreten, die Menschenrassen seien in vielen Teilen der Erde durch getrennte Artbildungsereignisse aus affenähnlichen Vorfahren entstanden. Diese Hypothese wurde unter dem Namen »Multiregionalismus« bekannt und ist in manchen Anthropologenkreisen bis heute verbreitet. Sie geht von dem Grundgedanken aus, dass eine menschenähnliche Hominidenart im Laufe der letzten rund zwei Millionen Jahre aus Afrika auswanderte, schon sehr früh in Ostasien heimisch wurde und sich dort dann zum heutigen Menschen weiterentwickelte – wobei die von Coon abgegrenzten Rassen entstanden. Um zu verstehen, warum diese Theorie früher so allgemein anerkannt war, müssen wir die DNA erst einmal beiseite lassen und in ein paar alten Knochen stöbern.

Niederländische Courage

Linné bezeichnete unsere Spezies wegen ihrer einzigartig gut entwickelten Vernunft als *Homo sapiens* – der lateinische Name bedeutet »weiser Mensch«. Seit dem 19. Jahrhundert weiß man aber, dass es früher auch andere Hominidenarten gab. So entdeckte man beispielsweise schon 1856 im Neandertal bei Düsseldorf einen Schädel. Im vordarwinistischen Europa hielt man die Knochen zunächst für Überreste eines missgebildeten modernen Menschen, aber später stellte sich heraus, dass sie zu einer weit verbreiteten, eigenen Spezies alter Hominiden gehörten, die man nach dem Ort ihrer Entdeckung als Neandertaler bezeichnete. Die Wissenschaft kannte nun zum ersten Mal einen Vorfahren der Menschen und hatte damit einen konkreten Anhaltspunkt, dass unsere Abstammungslinie über längere Zeit hinweg eine Evolution durchgemacht hat. Bis Ende des 19. Jahrhunderts versuchte man dann in einem regelrechten Wettlauf, weitere »fehlende Bindeglieder« zwischen Menschen und Menschenaffen zu finden. Das große Los zog 1890 ein Arzt, der als Angestellter der Niederländischen Ostindiengesellschaft in Java arbeitete.

Eugene Dubois interessierte sich sehr für die Evolution der Menschen, und seine Anstellung als Mediziner im Fernen Osten gehörte zu einem raffinierten Plan, mit dem er dem mutmaßlichen Ursprungsort der Menschheit näher kommen wollte. Dubois wurde 1858 im holländischen Eijsden geboren und spezialisierte sich während seines Medizinstudiums auf Anatomie. Im Jahr 1881 war er Assistent an der Universität Amsterdam, aber das akademische Leben war ihm zu eingeschränkt und hierarchisch. Deshalb packte er 1887 seine irdischen Besitztümer zusammen und überzeugte auch seine Frau, sich mit ihm auf die Suche nach den Überresten von Hominiden zu machen.

Dubois glaubte, die Menschen seien am engsten mit den Gibbons verwandt, einer Art der Menschenaffen, die ausschließlich in der indomalaiischen Inselwelt vorkommt. Dass er zu dieser Ansicht gelangt war, lag am Bau des Gibbonschädels (der an der Oberseite keine dicke Knochenleiste besitzt und auch ein flacheres Gesicht hat als bei anderen Menschenaffen) und an der Tatsache, dass Gibbons manchmal aufrecht auf den Hinterbeinen gehen – nach seiner Auffassung zwei so stichhaltige Indizien, dass er es für sinnvoll hielt, in Südostasien nach dem fehlenden Bindeglied zu suchen. Seine ersten Ausgrabungen in Sumatra förderten nur relativ junge Überreste moderner Menschen, Orang-Utans und Gibbons zutage, aber dann konzentrierte er sich auf Java, und nun hatte er mehr Glück.

Als Dubois 1891 Fossilien von einem Flussufer bei Trinil in

Zentraljava untersuchte, fand er eine recht seltsam aussehende Schädeldecke. Sie ähnelte nach seiner Überzeugung den Resten einer ausgestorbenen Schimpansenart, die als *Anthropopithecus* bezeichnet wurde, aber da er nicht über eine gute anatomische Sammlung zu Vergleichszwecken verfügte (immerhin befand er sich in einem Stützpunkt einer abgelegenen Kolonie), konnte er keine sichere Aussage machen. Im folgenden Jahr jedoch ließ ein Oberschenkelknochen, der an der gleichen Stelle entdeckt wurde, den Fund in einem neuen Licht erscheinen. Der Beinknochen gehörte ganz offensichtlich nicht zu einem kletternden Schimpansen, sondern zu einer Spezies, die aufrecht ging. Dubois' Berechnung des Schädelvolumens – das heißt der Gehirngröße – des neuen Fundes in Verbindung mit dem aufrechten Gang veranlasste ihn zu einem kühnen Gedankensprung. Er bezeichnete die neue Spezies als *Pithecanthropus erectus*, der lateinische Ausdruck für »aufrechter Affenmensch«. Nun hatte man das fehlende Bindeglied, nach dem alle gesucht hatten.

Gegen Dubois' Entdeckung gab es eigentlich nur einen wichtigen Einwand, und der wurde während der folgenden zehn Jahre in öffentlichen Debatten und sorgfältig formulierten Veröffentlichungen ausdiskutiert: Man hatte eigentlich keinen Beleg, dass Schädel und Oberschenkelknochen (und ein Zahn, der später an der gleichen Stelle gefunden wurde) tatsächlich von demselben Individuum stammten. Man hatte sie zu unterschiedlichen Zeiten ausgegraben und wusste nicht, welche Beziehung zwischen den Bodenschichten bestand, aus denen man sie geborgen hatte. Tatsächlich zeigten spätere *Pithecanthropus*-Fundstücke, dass der Oberschenkelknochen von Trinil anormal gebaut war, und heute sieht es so aus, als würde er zu einem modernen Menschen gehören. Der Zahn könnte tatsächlich von einem Menschenaffen stammen. Dennoch, und trotz Dubois' falscher Behauptung, die Überreste seien der Beweis, dass die heutigen Menschen in Südostasien aus Gibbon-ähnlichen Vorfahren entstanden seien, stellte die Entdeckung des Schädels von Trinil für die Anthropologie einen Wendepunkt dar. Der Affenmensch aus Java war eindeutig ein längst ausgestorbener Vorfahre der Menschen – mit einem Schädelvolumen, das viel geringer war als unseres, aber weit oberhalb des bei Menschenaffen beobachteten Spektrums lag. Obwohl Dubois sich in so vieler Hinsicht irrte, hatte er in dem entscheidenden Punkt Recht behalten.

Der Wettbewerb zur Entdeckung weiterer Hominidenreste verschärfte sich Anfang des 20. Jahrhunderts, und die Tätigkeit konzentrierte sich dabei vor allem auf Ostasien und Afrika. Die Entdeckung *Pithecanthropus*-ähnlicher Fossilien im chinesischen Zhoukoudian in den zwanziger und dreißiger Jahren zeigte, dass Dubois' Affenmensch in Asien weit verbreitet gewesen war. Nachdem man in den fünfziger Jahren erkannt hatte, dass der *Sinanthropus* (»Pekingmensch«) von Zhoukoudian und der »Javamensch« *Pithecanthropus* zusammengehören, hatte man den ersten eindeutigen Beleg für eine weit verbreitete, ausgestorbene Hominidenspezies: den *Homo erectus*. Aber die spannendsten Funde stammten jetzt aus Afrika. Den Anfang machte in den zwanziger Jahren Raymond Dart.

Dart war 1922 zum Professor für Anatomie an der University of the Witwatersrand in Südafrika ernannt worden. Das muss für den ehrgeizigen Australier ein ziemlicher Schlag gewesen sein, denn »Wits« galt damals wissenschaftlich als tiefste Provinz. Dennoch ging er daran, an der neu gegründeten Universität eine Abteilung für Anatomie aufzubauen, und dazu gehörte auch die Einrichtung einer Sammlung mit anatomischen Fundstücken. Er drängte seine Studenten, ihm Material zu schicken, und nachdem einer von ihnen in einem Steinbruch bei Taung nicht weit von Johannesburg einen fossilen Pavianschädel gefunden hatte, war Dart überzeugt, dass er eine interessante Spur verfolgte.

Bis dahin stammten die meisten fossilen Überreste von Menschen aus Europa und Asien: Neandertaler, Pekingmensch, Javamensch – alle hatte man außerhalb Afrikas gefunden. Im Jahr 1921 jedoch wurde in Rhodesien (dem heutigen Zimbabwe) ein Neandertaler-ähnlicher Schädel ausgegraben, und damit war bewiesen, dass es auch in Afrika eine Abstammungslinie von Urmenschen gab. Darüber war Dart sich völlig im Klaren, als er sich an den Eigentümer des Steinbruchs von Taung wandte und um Übersendung weiteren Materials bat. In den ersten Kisten, die im Sommer 1924 eintrafen, fand er zu seinem Entzücken das älteste bis dahin entdeckte Fossil eines Menschen.

Als Dart in der Höhle von Taung vorsichtig das Geröll entfernte, das sich dort im Laufe der Erdzeitalter angesammelt hatte, blickte ihn auf einmal ein affenähnliches Gesicht an. Seine geringe Größe und die unversehrten Milchzähne kennzeichneten es sofort als Kinderschädel, und sein Schädelvolumen lag nach Darts Schätzung mit rund 500 Kubikzentimetern völlig innerhalb des Bereiches, den man bei heutigen Menschenaffen findet. Das Seltsamste waren die Größe der Eckzähne – sie waren viel kleiner als bei Affen – und die Lage des Foramen magnum, der großen Schädelöffnung, durch die das Rückenmark von der Wirbelsäule ins Gehirn verläuft. Anders als bei Menschenaffen lag sie nicht hinten am Schädel, sondern auf seiner Unterseite wie bei heutigen Menschen. Beide Kennzeichen wiesen nach Darts Ansicht eindeutig darauf hin, dass es sich bei dem Baby von Taung, wie es später genannt wurde, nicht um einen gewöhnlichen Affen handelte. 1925 behauptete er in einem Fachaufsatz, der Schädel sei ein Überrest einer neuen Spezies, die er auf den Namen *Australopithecus africanus* (»Afrikanischer Süd-Affe«) taufte; diese Art sei aufrecht gegangen und habe Werkzeuge benutzt. Der Süd-Affe, so Darts eigene Worte, sei »einer der bedeutsamsten Funde, die in der Geschichte der Anthropologie jemals gemacht wurden«. Er war die erste klare Spur eines fehlenden Bindegliedes zwischen Menschenaffen und Menschen in Afrika und wurde zum Ausgangspunkt für eine Flut von Forschungsarbeiten, die einige Jahrzehnte später ihren Höhepunkt in der allgemein anerkannten Schlussfolgerung fanden, dass der Ursprung der Menschheit in Afrika liegt. Zum größten Teil konzentrierten sich diese Arbeiten allerdings auf eine Region, die einige tausend Kilometer entfernt in Ostafrika lag.

Das afrikanische Rift-Tal gehört zu einer riesigen Linie starker geologischer Aktivität, die durch die Verschiebung der großen tektonischen Platten der Erdkruste entsteht. Es erstreckt sich über mehr als 3000 Kilometer von Eritrea im Norden bis nach Mosambik im Süden; man erkennt es vor allem an den Seen, die sich auf seiner Länge aneinander reihen – Turkanasee, Victoriasee, Tanganyikasee, Malawisee und andere. Diese lange Spalte ist seit zwanzig Millionen Jahren eine Region großer Umwälzungen, wo Vulkane, Seen, Berge und Flüsse in rascher Folge kommen und gehen. Deshalb werden dort Gesteinsschichten aus Jahrmillionen – Boden, Vulkanasche und Sedimente aus Gewässern – ständig umgewälzt und freigelegt. Geschieht so etwas in Ostafrika, kommen häufig interessante Dinge zum Vorschein – man muss nur nach ihnen suchen.

Louis Leakey war in Kenia aufgewachsen. Der Sohn englischer Missionare hatte als Kind in einem Dorf des Kikuyu-Stammes gewohnt und suchte später in den Schluchten und Flussbetten des Rift-Tales nach Fossilien. In der Olduvai-Schlucht im Norden Tansanias sollten sich 1959 seine Bemühungen auszahlen. Gegen Ende der Freilandsaison, als die Forschungsmittel bereits zur Neige gingen, bereiteten Louis und seine Frau Mary sich auf die Rückreise nach Nairobi vor. Eines Abends stolperte Mary auf dem Rückweg zum Lager über ein Stück Schädel, das kurz zuvor durch einen Felsrutsch teilweise ans Licht gekommen war. Nachdem das Ehepaar Leakey das Fossil während der nächsten drei Wochen in mühsamer Kleinarbeit ausgegraben hatte, kehrten sie in ihr Labor am kenianischen Nationalmuseum zurück. Bei der eingehenden Analyse des Fundes stellte sich heraus, dass es sich um einen *Australopithecus* handelte, den ersten, den man in Ostafrika entdeckt hatte. Die eigentliche Sensation folgte aber erst, als man die Sedimentschichten rund um den Schädel mit der neu entwickelten Methode der Isotopenanalyse untersuchte, mit der man das Alter anhand des radioaktiven Zerfalls bestimmen kann. Der Schädel war vor 1,75 Millionen Jahren begraben worden. Damit verdoppelte sich auf einmal die Zeitspanne, die man bisher meist für die Evolution des Menschen veranschlagt hatte: Man hatte ein fehlendes Bindeglied, das aus jener Zeit stammte und eindeutig in der Mitte zwischen Menschen und Menschenaffen stand. Die wissenschaftliche Welt war schockiert – und ermutigt. Mit der großen Welle neuer Forschungsmittel, die das Ehepaar Leakey und ihre Kollegen anschließend erhielten, fanden sie in den folgenden dreißig Jahren im Rift-Tal zahlreiche weitere Australopithecinen.

Die Entdeckung des Süd-Menschen in Ostafrika war ein Anhaltspunkt für den Weg zum heutigen Menschen, aber erst als dort in den sechziger und siebziger Jahren unumstrittene Exemplare von *Homo*, unserer eigenen Gattung, gefunden wurden, setzte sich die Hypothese vom afrikanischen Ursprung allgemein durch. Die ältesten bisher bekanten Fossilien von *Homo erectus* stammen aus der Zeit vor 1,8 Millionen Jahren und wurden in Ostafrika gefunden (die ostafrikanische Variante des *Homo erectus* wird manchmal auch *Homo ergaster* genannt). Neue Entdeckungen in Dmanisi, einer mittelalterlichen Stadt in der früheren Sowjetrepublik Georgien, weisen allerdings darauf hin, dass die Urmenschen schon kurze Zeit später aus Afrika auswanderten und vielleicht schon nach 100 000 Jahren in Ostasien angelangt waren. Daraus kann man schließen, dass alle Formen des *Homo erectus* aus der ganzen Welt einen gemeinsamen Vorfahren hatten, der vor fast zwei Millionen Jahren in Afrika lebte. Aber nach den Untersuchungen der Wissenschaftler aus Berkeley an den Mitochondrien lebte Eva vor weniger als 200 000 Jahren in Afrika. Wie lassen sich die beiden Befunde vereinbaren?

Timing ist alles

Halten wir einmal kurz inne und betrachten wir die Sache objektiv. Für den afrikanischen Ursprung des *Homo erectus* gibt es eindeutige Belege – in Afrika finden wir die ersten oder einzigen »fehlenden Bindeglieder« der Evolution. Dazu gehört eine ununterbrochene Reihe urzeitlicher Hominiden, die mehr als fünf Millionen Jahre weit bis zu dem kürzlich entdeckten schimpansenähnlichen Affen *Ardipithecus* zurückreicht. Aber sind das auch ausreichende Indizien für die Schlussfolgerung, dass der Ursprungsort unserer Spezies ebenfalls in Afrika lag? Vielleicht, aber Fossilien können in die Irre führen. Angenommen, man würde in Südwestfrankreich ein vollständig erhaltenes Neandertalerskelett finden, dessen Alter man mit genau 40 000 Jahren angeben kann, und ein in Afrika gefundener *Australopithecus* wurde auf eine zwei Millionen Jahre frühere Zeit datiert. Welcher dieser beiden ausgestorbenen Hominiden, die durch Jahrmillionen und Tausende von Kilometern getrennt sind, dürfte wohl mit größerer Wahrscheinlichkeit der Vorfahre der heutigen Europäer sein? Seltsamerweise nicht der, auf den man zunächst tippen würde. Wie wir in diesem Buch noch genauer erfahren werden, sind die modernen Europäer mit ziemlicher Sicherheit keine Nachkommen der Neandertaler (ganz gleich, was wir vielleicht von dem Kollegen im Nachbarbüro halten); dagegen ist die Wahrscheinlichkeit, dass der Süd-Affe unseren Urahn darstellt, tatsächlich beträchtlich größer. Steine und Knochen erweitern unsere Kenntnisse über die Vergangenheit, aber sie sagen nichts über Abstammungsverhältnisse aus – dazu sind nur die Gene in der Lage.

Die Antwort auf unsere Frage nach dem Alter – wie können wir 200 000 und zwei Millionen Jahre vereinbaren? – lautet also: Der *Homo erectus* hat sich trotz seiner eindeutigen Ähnlichkeit mit uns nicht in den verschiedenen Winkeln der Erde unabhängig zum *Homo sapiens* weiterentwickelt. Coon hatte Unrecht. Aus den Mitochondrienuntersuchungen muss man vielmehr den Schluss ziehen, dass die modernen Menschen erst vor recht kurzer Zeit in Afrika entstanden sind und dann den restlichen Erdball besiedelten, wobei sie ihre Hominidenvettern verdrängten. Es war ein erbarmungsloser Vorgang, und nur die Sieger haben eine genetische Spur hinterlassen. Leider sieht es so aus, als sei der *Homo erectus* unterlegen.

Wie wir noch genauer erfahren werden, bestätigen weitere genetische Befunde die an den Mitochondrien gewonnene Erkenntnis. Danach hat der Stammbaum der Menschen seine Wurzel – den letzten gemeinsamen Vorfahren – in den letzten paar hunderttausend Jahren in Afrika. In Übereinstimmung mit dieser Schlussfolgerung zeigen alle genetischen Befunde in Afrika die größte Zahl von Polymorphismen – es gibt auf diesem Kontinent schlicht eine weitaus größere Variationsbreite als irgendwo sonst. In einem einzigen afrikanischen Dorf findet man unter Umständen mehr abweichende genetische Abstammungslinien als in der gesamten übrigen Welt. Die Mehrzahl aller genetischen Polymorphismen, die man in unserer Spezies findet, kommt ausschließlich bei Afrikanern vor – Europäer, Asiaten und Indianer tragen insgesamt nur einen kleinen Bruchteil der genetischen Vielfalt in sich, die man in einem einzigen afrikanischen Dorf nachweisen kann.

Warum ist größere Vielfalt ein Anzeichen für höheres Alter? Erinnern wir uns noch einmal an unser provencalisches Dorf:

Warum ändern sich die *Bouillabaisse*-Rezepte? Weil in jeder Generation eine Tochter auf die Idee kommt, die Suppe auf ihre eigene Weise geringfügig abzuwandeln. Diese kleinen Veränderungen summieren sich im Laufe der Zeit zu einer großen kulinarischen Vielfalt in dem Dorf. Was dabei entscheidend ist: Je länger sich die Veränderungen in dem Dorf ansammeln, desto vielfältiger sind sie am Ende. Das gleiche Phänomen hatte Emil Zuckerkandl auch an seinen Proteinen beobachtet: mehr Zeit ist gleichbedeutend mit mehr Wandel. Wenn wir also in einer Bevölkerungsgruppe mehr genetische Vielfalt beobachten, können wir daraus schließen, dass die Gruppe älter ist – und demnach ist die afrikanische Bevölkerung am ältesten.

Unser Stammbaum wurzelt also in Afrika; bedeutet das aber auch, dass Coon Recht hatte und dass die Afrikaner in einer Art urtümlicher entwicklungsgeschichtlicher Rumpelkammer stecken geblieben sind? Natürlich nicht: Alle Zweige unseres Stammbaumes, innerhalb und außerhalb Afrikas, wandeln sich mit der gleichen Geschwindigkeit, und deshalb gibt es auf allen Kontinenten jüngere Abstammungslinien. Das ist der Grund, warum wir in Afrika eine größere Vielfalt beobachten – die Evolution hat sich in allen Zweigen fortgesetzt und zur Ansammlung neuer Veränderungen geführt. Wenn wir auf einen gemeinsamen Vorfahren schließen, ergibt sich daraus unter anderem die interessante Folgerung, dass alle von ihm abstammenden Linien sich mit der gleichen Geschwindigkeit weiterhin wandeln und dass deshalb alle Linien gleich alt sind. Von Eva bis zu meinem Typus der Mitochondrien-DNA ist die gleiche Zeit verstrichen wie zwischen Eva und einem afrikanischen Rinderhirten, einem thailändischen Bootskapitän oder einem Yanomami-Jäger aus Brasilien – wir alle sind die neuesten Nachkommen einer einzigen Frau, die vor weniger als 150 000 Jahren in Afrika lebte.

Als Nächstes würden wir natürlich gerne wissen, wo Eva eigentlich lebte – wo in Afrika befand sich der Garten Eden? In gewisser Weise ist diese Frage falsch gestellt, denn wir wissen, dass zu jener Zeit in ganz Afrika viele Frauen lebten. Wir können sie aber ein wenig anders formulieren: Welche afrikanische Bevölkerungsgruppe trägt heute die deutlichsten Spuren unserer Vorfahren? Zwar ist die genetische Vielfalt in Afrika bis heute nicht annähernd erschöpfend erforscht, aber allmählich kristallisiert sich ein Bild heraus, in dem die ältesten genetischen Abstammungslinien bei den Völkern Ost- und Südafrikas zu finden sind. Daraus können wir schließen, dass diese Gruppen mit ihren Mitochondrien unmittelbar auf Eva zurückgehen, während alle anderen Menschen einen Teil der genetischen Signale im Laufe ihrer Entwicklung verloren haben. Im nächsten Kapitel werden wir unsere Suche nach dem Garten Eden fortsetzen und uns diesmal von Adam leiten lassen.

Kapitel 3
Evas Mann

Eine Frau ohne Mann ist wie ein Fisch ohne Fahrrad.
Gloria Steinem

Im letzten Kapitel haben wir »Eva« kennen gelernt, die Vorfahren aller heutigen Menschen, die vor rund 150 000 Jahren in Afrika lebte. Ausgehend von den Bevölkerungsgruppen, die am eindeutigsten noch genetische Signale unserer Urmutter besitzen, haben wir nach der Lage des Gartens Eden gefragt. Bevor wie diese Suche aber fortsetzen, müssen wir klären, was das Einzigartige an Eva ist. Sie repräsentiert die Wurzel des Mitochondrienstammbaumes, und als solche vereinigt sie alle Menschen der Welt in einer einzigen mütterlichen Abstammungslinie. Aber das bedeutet nicht unbedingt, dass alle Teile unserer DNA das Gleiche aussagen. Wegen der sexuellen Rekombination besteht unser Genom aus zahlreichen Einzelbausteinen, die jeweils eine weitgehend unabhängige Evolution durchgemacht haben. Ein Abschnitt der DNA lässt sich vielleicht zu einem Ursprungsort in Indonesien zurückverfolgen, während der Weg eines anderen in Mexiko begonnen hat. Ist Evas Linie demnach die einzige, die eine relativ späte, von Afrika ausgehende Wanderung widerspiegelt?

Die Antwort: Unsere übrige DNA lässt im Wesentlichen die gleichen Gesetzmäßigkeiten erkennen wie die mtDNA, sie ermöglicht aber in der Regel nicht so genaue Beobachtungen. Die Untersuchung von Polymorphismen im Beta-Globin-Gen (das den Sauerstoff transportierenden Faktor des Blutes codiert), im CD4-Gen (das einen regulierenden Bestandteil des Immunsystems entstehen lässt) und in einem DNA-Abschnitt auf dem Chromosom 21 zeigt übereinstimmend, dass afrikanische Populationen wesentlich vielgestaltiger sind als alle

Menschengruppen außerhalb Afrikas, und die Zeitpunkte, die man auf ihrer Grundlage ermittelt, liegen ebenfalls wesentlich später als die zwei Millionen Jahre, die das Alter unseres gemeinsamen afrikanischen Vorfahren darstellen. Solche Marker aus den 22 Chromosomenpaaren, die den größten Teil unseres Genoms bilden, werfen allerdings das Problem auf, dass die Information im Laufe der Zeit durcheinander gewürfelt wird. Je weiter die Polymorphismen auf den Chromosomen voneinander entfernt sind, desto größer ist die Wahrscheinlichkeit, dass sie untereinander ausgetauscht werden. Und da solche Mischungsvorgänge die historischen Spuren verwischen, ist der größte Teil unseres Genoms kaum von Nutzen, wenn man Wanderungsbewegungen verfolgen will.

Ein DNA-Abschnitt aber hat sich in jüngster Zeit als unschätzbar wertvolles Hilfsmittel erwiesen, wenn man Einzelheiten über die Vergangenheit der Menschen erfahren möchte. Er ermöglicht viel detailliertere Erkenntnisse über die Wanderungsbewegungen unserer Vorfahren, als man es jemals für möglich gehalten hätte. Es handelt sich um das männliche Gegenstück zur mtDNA, das nur vom Vater auf den Sohn weitergegeben wird und demnach eine rein männliche Abstammungslinie definiert, ganz ähnlich wie die mtDNA, durch deren Untersuchung man Licht in die weibliche Linie bringen kann. Es ist gewissermaßen das *patrimoine* unseres provencalischen Dorfes. Die Prinzipien des Aussterbens und der Abwandlung von Suppenrezepten treffen hier ebenfalls zu. Dieser Abschnitt ist das Y-Chromosom.

Moment mal, könnte man nun sagen, wie verhält es sich denn mit dem ganzen Durcheinander in der männlichen und weiblichen Linie? Ich dachte, der Clou beim Sex besteht gerade darin, dass die Genome von Vater und Mutter sich 50 zu 50 mischen und so das Kind zeugen? Was sollen diese seltsamen Ausnahmen von der Regel? Bei der Mitochondrien-DNA ist die Antwort einfach – sie liegt eigentlich außerhalb dessen, was man normalerweise als menschliches Genom bezeichnet, und ist ein entwicklungsgeschichtliches Überbleibsel aus einer Zeit, als sie zu einem parasitischen Bakterium in den Zellen gehörte. Beim Y-Chromosom ist die Geschichte ein wenig komplizierter.

Die sexuelle Fortpflanzung hat unter anderem die seltsame Eigenschaft, dass die Chromosomen, die letztlich über das Geschlecht bestimmen – die so genannten Geschlechtschromosomen – eine Ausnahme von der Halbe-Halbe-Mischungsregel bilden. Die Doppelnatur unseres Genoms, in dem jedes Chromosom in zwei Exemplaren vorliegt, ist bei den Geschlechtschromosomen aufgehoben. Das Geschlecht wird nämlich bei den meisten Tierarten durch ein ungleiches Paar von Geschlechtschromosomen bestimmt. Bei den Säugetieren findet sich dieses ungleiche Paar beim Männchen, das ein X- und ein Y-Chromosom besitzt. Bei den Weibchen dagegen ist das X-Chromosom wie die anderen Chromosomen mit zwei Exemplaren vertreten, sodass normale Rekombination möglich wird. Das Y-Chromosom der Männchen dagegen stimmt mit dem X-Chromosom nur in kurzen Abschnitten an den Enden überein, die bei der Zellteilung zur richtigen Anordnung der Chromosomen dienen. Der übrige, als nichtrekombinierender Abschnitt bezeichnete Teil des Y-Chromosoms hat mit dem X-Chromosom so gut wie keine Ähnlichkeit und kann deshalb nicht mit einem passenden Chromosom rekombinieren. Er wird vielmehr stets ohne Neukombination von Generation zu Generation weitergegeben, ganz ähnlich wie das Mitochondriengenom.

Wie sich herausstellte, ist das Y-Chromosom für die Populationsgenetik das nützlichste Hilfsmittel zur Untersuchung der Menschenvielfalt. Das liegt unter anderem daran, dass das Y-Chromosom im Vergleich zur mtDNA mit ihren rund 16 000 Nucleotiden riesengroß ist – es besteht aus etwa 50 Millionen Einzelbausteinen. Deshalb enthält es viele, viele Stellen, an denen sich in der Vergangenheit Mutationen ereignen konnten. Wie wir im letzten Kapitel erfahren haben, ermöglichen mehr polymorphe Stellen ein besseres Auflösungsvermögen – könnten wir ausschließlich mit Landsteiners Blutgruppen arbeiten, würden alle Menschen zu nur vier Kategorien namens A, B, AB und 0 gehören. Oder anders ausgedrückt: Die Landschaft der möglichen Polymorphismen ist beim Y-Chromosom einfach viel größer. Vor allem aber können wir wegen der fehlenden Rekombination etwas darüber aussagen, in welcher Reihenfolge sich die Mutationen auf dem Y-Chromosom ereignet haben – genau wie bei der mtDNA. Ohne dieses Merkmal könnten wir die Methoden von Zuckerkandl und Pauling zur Eingrenzung der Abstammungslinien nicht anwenden, und auch Ockham wäre bei der Ermittlung unserer Vorfahren keine Hilfe.

Wie kann das Y-Chromosom ohne Rekombination erhalten bleiben – widerspricht das nicht der Vorstellung, dass Vielfalt geschaffen werden muss, damit gegebenenfalls eine Anpassung an veränderte Umweltbedingungen möglich wird? Die kurze Antwort lautet: Das Fehlen der Rekombination hat für die Evolution mit ziemlicher Sicherheit negative Auswirkungen – das dürfte einer der Gründe sein, warum auf dem Y-Chromosom so wenige funktionsfähige Gene liegen. Die Zahl der aktiven Gene ist in den verschiedenen Genomabschnitten sehr unterschiedlich. In einem Mitochondrium sind es beispielsweise siebenunddreißig. Insgesamt enthält das Genom rund 30 000 Gene – durchschnittlich nahezu 1500 je Chromosom. Von den vielen tausend Genen, die im bakteriellen Vorfahren der Mitochondrien enthalten waren, sind die meisten im Laufe der letzten paar hundert Millionen Jahre verloren gegangen; gleichzeitig wurden die Mitochondrien immer stärker zu Parasiten, die ihre Selbstständigkeit zugunsten des geschützten Lebens in der Zelle aufgaben. Manche Gene wurden auch in die DNA des Zellkerns eingebaut, und damit stehen wir heute vor der seltsamen Situation, dass kleine Stücke unseres eigenen Genoms bakteriellen Ursprungs sind. Die Mitochondrien-DNA stand also offenbar unter dem Druck, Gene zu verlieren, und die wichtigsten davon gingen in den Zellkern über, wo die Rekombination sie immer wieder für den Evolutionswettlauf neu in Form bringt.

Das gleiche Prinzip des Genverlustes ist auch beim Y-Chromosom zu beobachten. Im Durchschnitt liegen auf einem menschlichen Chromosom 1500 aktive Gene, auf dem Y-Chromosom hat man aber bisher nur einundzwanzig identifiziert. Manche davon sind hintereinander aufgereihte Mehrfachkopien – als hätte der Vermehrungsapparat irgendwann in der Vergangenheit einmal »gestottert«; solche Kopien werden in unserer Aufstellung jeweils als ein Gen gezählt. Interessanterweise haben alle einundzwanzig Gene auf dem Y-Chromosom in irgendeiner Form mit der Entstehung der »Männlichkeit« zu tun – besonders bekannt ist ein Gen namens *SRY* für *sex-determining region of Y* (geschlechtsbestimmender Abschnitt des Y-Chromosoms), das als »Hauptschalter« wirkt und den undifferenzierten Embryo auf den männlichen Entwicklungsweg dirigiert. Die anderen haben zweitrangige Funktionen und sorgen dafür, dass Männer wie Männer aussehen (und sich so verhalten). Der größte Teil der DNA im Y-Chromosom hat aber keine erkennbare Funktion: Sie ist »DNA-Schrott«, das heißt, sie wird von Generation zu Generation weitergegeben, bringt ihrem Besitzer jedoch keinerlei Nutzen. Aber auch wenn sie biologisch vielleicht Schrott ist, stellt sie für Populationsgenetiker eine Goldgrube dar.

Wie wir bereits erfahren haben, kann man die Vielfalt der Menschen nur anhand der Unterschiede erforschen – die Sprache der Populationsgenetik sind die Polymorphismen, die wir alle mit uns herumtragen. Diese Unterschiede machen jeden Menschen zu einem einzigartigen Individuum – wenn wir keinen eineiigen Zwilling haben, besitzt kein anderer Mensch auf der Welt genau das gleiche Muster genetischer Polymorphismen. Diese Erkenntnis steht hinter dem Verfahren der »DNA-Fingerabdrücke«, mit dem man heute Verbrecher identifiziert. Auf das Y-Chromosom angewandt, kann man mit ihrer Hilfe eine ausschließlich männliche Abstammungslinie zurückverfolgen, vom Sohn über den Vater auf den Großvater und so weiter. Im Extremfall können wir auf diese Weise von der DNA eines beliebigen heute lebenden Mannes in die Vergangenheit bis zu unserem ersten männlichen Vorfahren vorstoßen – bis zu Adam. Aber wie kann man damit unter regionalen Gesichtspunkten Verbindungen zwischen nicht miteinander verwandten Männern herstellen? Muss nicht von jedem Mann eine eigene, einzigartige Linie von Y-Chromosomen bis zu Adam führen?

Die Antwort lautet nein, aber das hat ein wenig verwickelte Gründe. In Wirklichkeit sind wir nämlich stärker miteinander verwandt, als wir glauben. Stellen wir uns einmal die Situation im Großteil unseres Genoms vor, in den Abschnitten, die nicht ausschließlich von der Mutter oder vom Vater stammen. Da wir von jedem Elternteil die Hälfte dieser DNA geerbt haben, kann man aus dem darin enthaltenen Muster der Polymorphismen auf die Vaterschaft schließen, denn es verbindet uns sowohl mit der Mutter als auch mit dem Vater. Wird vor Gericht bewiesen, dass meine DNA zu 50 Prozent mit der eines Kindes übereinstimmt, dem ich noch nie zuvor begegnet bin, so werde ich wahrscheinlich von nun an viele Jahre lang Alimente zahlen müssen – die Wahrscheinlichkeit, dass eine solche Übereinstimmung durch Zufall entsteht, ist verschwindend gering. Die Polymorphismen definieren also jeden Menschen und seine Eltern als Teil eines einzigartigen stammesgeschichtlichen Zweiges. Keine andere Menschengruppe auf der Erde trägt in ihrer DNA genau die gleiche Information.

Wenn wir den Gedanken nun weitertreiben und auf unsere Großeltern erweitern, dann auf deren Großeltern und so weiter, so verlieren wir in jeder Generation einen Teil der Information. Die Übereinstimmung mit meinem Vater beträgt 50 Prozent, mit meinem Großvater 25 Prozent, mit dessen Großvater aber nur noch 6 Prozent. In jeder Generation kommen weitere Vorfahren hinzu, und deren Zahl steigt ziemlich schnell. Jeder meiner Eltern hat zwei Eltern, diese haben wiederum jeweils zwei Eltern, und so weiter. Der Genetiker Kenneth Kidd von der Yale University machte auf etwas Interessantes aufmerksam: Verdoppelt sich die Zahl der Vorfahren in jeder Generation (also etwa alle 25 Jahre), muss es vor 500 Jahren zu jedem heutigen Menschen über eine Million Vorfahren gegeben haben, und wenn wir uns in die Zeit der normannischen Invasion in England vor rund 1000 Jahren begeben, gelangen wir mit unserer Berechnung zu mehr als einer Billion (1000 000 000 000) Vorfahren – weit mehr, als es in der gesamten Geschichte jemals an Menschen gegeben hat. Irgendetwas stimmt also nicht. Haben wir falsch gerechnet?

Die Antwort: ja und nein. Mathematisch ist alles korrekt – die gewaltigen Auswirkungen des exponentiellen Wachstums sind spätestens seit der Zeit der alten Griechen bekannt, und das Phänomen einer »Vermehrung wie bei den Kaninchen« ist uns durchaus vertraut. Der Fehler unserer Ahnentafel liegt nicht in der Berechnung, sondern in der Annahme, jeder darin vorkommende Mensch sei mit allen anderen überhaupt nicht verwandt. In Wirklichkeit müssen die Menschen einen Teil ihrer Vorfahren gemeinsam haben, sonst kommen wir mit den Zahlen nicht zurecht. Das hat zur Folge, dass wir in jeder Generation mit einer kleineren Zahl als 2 multiplizieren müssen – in Wirklichkeit liegt sie für die meisten Menschen sogar ziemlich nahe bei 1. Den Grund finden wir, wenn wir ein wenig poetische Vogelbeobachtung betreiben.

Wasser, überall Wasser

Samuel Taylor Coleridge, romantischer Dichter, gescheiterter Klassizist und Drogenabhängiger, lebte von 1772 bis 1834 in einem kleinen Dorf in Dorset. Zwischen anstrengenden Wanderungen in den Bergen und langen Diskussionen mit seinem Nachbarn William Wordsworth fand Coleridge Zeit für eine Fülle literarischer Tätigkeiten, aus denen seine beiden bedeutendsten Werke hervorgehen sollten: *Kubla Khan* und *The Rime of the Ancient Mariner* (»Ballade vom Alten Seemann«). Das erste, unbewusst im Opiumrausch verfasst – wie könnte man besser die »stattliche Freudenkuppel« heraufbeschwören – ist eine außergewöhnliche Übung in literarischen Bildern. Das zweite schrieb er in mehr oder weniger nüchternem Zustand über die Reisen eines Schiffes in der Südsee. Der Seemann in dem Gedicht tötet einen Albatros und verletzt damit ein ungeschriebenes Gesetz der Meere; an den Folgen leidet die gesamte Mannschaft, die in der sengenden Sonne in eine Flaute gerät, umgeben von »Wasser, Wasser, überall Wasser, aber kein Tropfen zu trinken«. Der Seemann überlebt die Tortur, aber die Mannschaft hat weniger Glück: Sie fällt dem Todesschiff zum Opfer. Zur Strafe wird der Seemann zu einem ruhelosen Wanderleben verdammt.

Das eindringlichste Bild im *Ancient Mariner* ist das des Albatrosses, der als Glücksbringer galt. Aber warum glaubte man, dass dieser Vogel Glück bringt? Letztlich lag es an einer Fehlinterpretation. Die Seeleute waren viele Wochen auf dem Meer, sahen kein Land und träumten von einem Hafen. Eines der ersten Zeichen, dass man sich dem Land näherte, war häufig die Sichtung von Vögeln. Und der Albatros, einer der auffälligsten Vögel der Welt (manche Exemplare bringen es auf eine Flügelspannweite von mehr als dreieinhalb Metern!) galt als besonders gutes Omen. Dabei stellt sich nur ein Problem: Als einziger Vogel verbringt ausgerechnet der Albatros sein

Leben zum größten Teil auf dem Wasser. Manche Vögel sind über zwei Jahre lang unterwegs und schlafen häufig im Flug, während sie mühelos Tausende von Kilometern über das offene Meer gleiten. Während die Seeleute also glaubten, Land sei nicht fern, waren sie in Wirklichkeit einem Irrtum aufgesessen.

Aber auch ein Leben über den Ozeanen birgt seine Schwierigkeiten: Eine landlebende Spezies – selbst wenn sie so verblüffend gut an das Fliegen angepasst ist wie der Albatros – muss an Land zurückkehren, um Junge zu bekommen. Der Albatros hat auch dieses Problem auf seine besondere Weise gelöst und bietet damit ein faszinierendes Stück Naturgeschichte. Trotz seiner unsteten Lebensweise und obwohl ein Albatros über fünfzig Jahre alt werden kann, kehrt er zur Paarung stets zu derselben Insel zurück. Er geht eine lebenslange Paarbeziehung ein, und die Partnerin kommt ebenfalls zu der Insel, wo beide gemeinsam und mit gleichmäßig verteilten Aufgaben ein einziges Junges großziehen. Wenn der junge Albatros dann nach einigen Monaten alt genug ist und selbst in die Welt hinausfliegen kann, sagen sie sich für ein Jahr Lebewohl und begeben sich wieder in die Lüfte über dem Meer.

Dass die Vögel immer wieder auf dieselbe Insel zurückkehren, hat für die Evolution zweierlei Folgen: Einerseits begünstigt es die Artbildung – auf jeder Insel bildet sich im Laufe der Zeit eine eigene Spezies heraus –, und andererseits werden die Vögel, die sich auf einer bestimmten Insel paaren, immer einheitlicher. Wenn die jungen Albatrosse erstmals als ausgewachsene Vögel auf ihrer Geburtsinsel zusammentreffen, führen die Männchen einen rituellen Balztanz auf, um die Weibchen zu beeindrucken, und diese wählen sich ihren Partner unabhängig davon, aus welchem Teil der Insel das Männchen stammt. Jeder Albatros, der sich zur richtigen Zeit auf der richtigen Insel befindet (und wer zu spät kommt, wird in diesem Fall wirklich von der natürlichen Selektion bestraft), hat relativ gute Chancen.

In der Sprache der Evolutionsbiologie bezeichnet man Arten wie den Albatros als panmiktisch: Jedes Individuum einer Spezies ist in der Lage, sich mit jedem anderen zu paaren. Obwohl der Albatros im Laufe seines Lebens einen beträchtlichen Teil der Weltmeere überfliegt, wird er, wenn auch nur für begrenzte Zeit, ausschließlich an seinem Geburtsort sesshaft. Menschen sind da anders. Wenn sie umziehen, tun sie sich meist mit Bewohnern der neuen Umgebung zusammen. Trägt man die Entfernung zwischen den Geburtsorten von Ehepaaren in ein Diagramm ein, so stellt man fest, dass die Distanz bis vor recht kurzer Zeit – ungefähr hundert Jahren – meist recht gering war. Meine Frau und ich wurden an Orten geboren, die kaum weiter voneinander entfernt sein könnten – Atlanta in den Vereinigten Staaten und Hongkong –, aber so etwas gab es noch vor wenigen Generationen praktisch überhaupt nicht. Sie hätte damals mit jemandem aus Kowloon oder den Midlevels zusammengelebt, und ich hätte mich in eine Südstaatenschönheit verguckt.

Durch eine solche lokal begrenzte Paarung werden die Menschen einer Region sich allmählich immer ähnlicher, während die Unterschiede zwischen verschiedenen Gegenden wachsen. Würden wir in einem Cousin dritten Grades bei einem Zusammentreffen einen Verwandten erkennen? Angenommen, nein, und wir verlieben uns und haben zusammen ein Kind, was bedeutet das? Genetisch bedeutet es, dass der Sohn oder die Tochter zwei nicht ganz »unverwandte« Eltern hat, denn diese haben einen Teil ihrer Gene gemeinsam. Damit wäre der Multiplikator in der Berechnung der Vorfahrenzahl kleiner als zwei – womit wir die Lösung unseres mathematischen Rätsels gefunden haben. Da die Menschen früher ihre Partner meist aus der näheren Umgebung wählten, gerieten sie am Ende zwangsläufig immer an jemanden, mit dem sie verwandt waren – und sei es auch nur weitläufig. Das hat zur Folge, dass die Menschen in einer Region einander stärker ähneln.

Natürlich herrscht in manchen Gegenden eine recht enge Verwandtschaft, und sogar Ehen zwischen Cousin und Cousine kommen häufig vor. Aber selbst bei einem weniger engen Verwandtschaftsgrad erzeugt das geringe Maß an Inzucht, das es in allen traditionellen Kulturkreisen gibt, im Laufe der Zeit in der jeweiligen Region ein charakteristisches Muster der Polymorphismen. Genau wie der Mensch an seinen Polymorphismen als Kind seiner Eltern zu erkennen ist, so tragen auch Menschen aus einer bestimmten Region der Erde das genetische Signal ihrer geographischen Herkunft. Diese Signale untersucht die Populationsgenetik – nicht einfach die Spezieszugehörigkeit unserer gemeinsamen Vorfahren Adam und Eva, sondern die zusätzlichen »regionalen Einheitlichkeiten«, aus denen der Flickenteppich der modernen Menschheit besteht. Wie man an Dick Lewontins Analyse erkennt, sind solche Signale sehr schwach – aber es gibt sie. Entscheidend ist, dass man jene Polymorphismen findet, die uns zu regionalen Gruppen verbinden. Dazu müssen wir wieder einmal ins Labor zurückkehren.

... und kein Tropfen zu trinken

Die Erkenntnis von Zuckerkandl und Pauling, dass Moleküle sich als Zeitmesser für die Evolution eignen und ein gutes Hilfsmittel sind, um bis zum letzten gemeinsamen Vorfahren in die Vergangenheit zu blicken, lieferte uns Anhaltspunkte für die Interpretation der Befunde an den Mitochondrien und ermöglichte den Rückschluss auf Eva. Die gleichen Gesetzmäßigkeiten gelten natürlich auch für das Y-Chromosom, das ja ebenfalls nicht der Rekombination unterliegt. Über seine

Polymorphismen gelangen wir schnell und einfach zu Adam – dazu sind nur die Polymorphismen erforderlich. Hier kann das Y-Chromosom sogar einen zusätzlichen Trumpf ausspielen, denn bis vor kurzem sah es so aus, als sei die Zahl dieser Unterschiede recht gering.

Im Jahr 1994 veröffentlichten Rob Dorit, Hiroshi Akashi und Walter Gilbert (derselbe, der in den siebziger Jahren ein Verfahren zur DNA-Sequenzierung erfunden hatte) in dem angesehenen Wissenschaftsblatt *Science* einen seltsamen Artikel. Seltsam war er nicht wegen der Dinge, die sie gefunden hatten, sondern weil sie etwas *nicht* nachweisen konnten. Unter dem Titel »Absence of Polymorphism at the *ZFY* Locus on the human Y chromosome« (»Fehlen von Polymorphismen am *ZFY*-Locus auf dem menschlichen Y-Chromosom«) berichteten sie über eine Analyse an 38 Männern aus der ganzen Welt, die im Rahmen einer gezielten Untersuchung zum Nachweis von Polymorphismen auf dem Y-Chromosom stattgefunden hatte. Einige Polymorphismen auf dem Y-Chromosom kannte man zwar – die ersten entdeckten Myriam Casanova und Gerard Lucotte unabhängig voneinander im Jahr 1985 –, aber es waren weniger als auf jedem anderen Chromosom. Die Untersuchung von Dorit gelangte zu dem überraschenden Ergebnis, dass es in dem untersuchten Abschnitt des menschlichen Y-Chromosoms keinerlei Variationen gab. Man konnte keine einzige DNA-Sequenzvariante nachweisen, was darauf schließen ließ, dass alle untersuchten Männer noch vor recht kurzer Zeit einen gemeinsamen Vorfahren hatten. Da aber keine einzige Abweichung gefunden wurde, konnte man nichts darüber aussagen, wann dieser Vorfahre gelebt hatte. Genau genommen, hätten alle den gleichen Vater haben können. Da man nur einen relativ kurzen DNA-Abschnitt – insgesamt etwa 700 Nucleotide – und eine geringe Anzahl von Männern untersucht hatte, war es aber auch denkbar, dass die Wissenschaftler sich einfach durch Zufall einen Abschnitt ausgesucht hatten, in dem sich gerade bei diesen Y-Chromosomen keine Abweichungen befanden. Deshalb lag die Schätzung für die Lebenszeit der letzten gemeinsamen Vorfahren dieser Männer – mit anderen Worten: Adams – zwischen 0 und 800 000 Jahren. Damit hatte man keine neuen Erkenntnisse über Ursprung und Wanderungen der Menschen gewonnen, sondern das Ergebnis wirkte eher abschreckend auf andere Wissenschaftler, die sich mit der Populationsgenetik des Y-Chromosoms befassen wollten.

Ein paar Polymorphismen wurden in den folgenden Jahren dann doch entdeckt, und Michael Hammer von der University of Arizona fand immerhin so viele Varianten, dass er Adam in den letzten 200 000 Jahren in Afrika lokalisieren konnte – was die Befunde an den Mitochondrien bestätigte und die Vorstellung von einem Ur-Schäferstündchen in der Buschsavanne aufkommen ließ. Die Gesamtzahl der aufschlussreichen Y-Polymorphismen war aber immer noch sehr gering. Mittlerweile war die Zeit reif für eine groß angelegte Suche nach Vielfalt, und den geeigneten Hintergrund bot wieder einmal die Region der San Francisco Bay in Kalifornien.

Unter Druck

Peter Underhills Berufslaufbahn hatte mit einem Studium der Meeresökologie begonnen, und Ende der siebziger Jahre war er Doktorand an der kalifornischen Humboldt State University. Nachdem er einige Jahre als Meeresbiologe gearbeitet hatte, wechselte er in den achtziger Jahren in das aufstrebende Gebiet der Biotechnologie und entwarf beispielsweise Enzyme für die molekularbiologische Forschung. Vor allem aber erlernte er die verwirrende Vielfalt der Methoden, die in der Genetik zu jener Zeit entwickelt wurden. Es war eine spannende Zeit für die junge Biotechnologiebranche, und die Gegend von San Francisco war ein Epizentrum der Gen-Revolution.

Im Jahr 1991 war Underhill des Kommerzlebens überdrüssig und bewarb sich um eine Stelle als Forschungsassistent im Institut von Luca Cavalli-Sforza an der Stanford University. Nachdem er Luca überzeugt hatte, dass er in die verschworene, eng zusammenarbeitende Gruppe passte, wurde er eingestellt. Im Labor sequenzierte er zunächst mtDNA, aber schon bald interessierte er sich für das Y-Chromosom. Das Institut von Cavalli-Sforza war zu jener Zeit ein aufregender Ort, wo man wirklich das Gefühl hatte, richtungsweisende Forschung zu betreiben – ich selbst hatte das Glück, dass ich damals als Postdoc dort arbeiten konnte. Fast jede Woche wurde eine neue Methode der statistischen oder genetischen Analyse entwickelt, und es herrschte ein unvergleichlich anregendes geistiges Klima. Fast alle wichtigen Gestalten der Populationsgenetik waren in den neunziger Jahren für einige Zeit in Stanford, darunter Studenten und Postdocs wie David Goldstein, Mark Seielstad und Li Jin, die uns alle später in diesem Buch wieder begegnen werden. Die größte Bedeutung für unsere Geschichte erlangte aber seltsamerweise ein analytischer Chemiker. Um zu erklären, warum das so war, müssen wir ein wenig mehr über das Molekül wissen, aus dem unser Genom besteht.

Eines der wichtigsten Hilfsmittel im Arsenal der Genetiker sind Methoden, mit denen man DNA-Fragmente anhand ihrer Größe trennen kann. Die DNA-Moleküle in unseren Zellen sind wie die Proteine lange Ketten aus Bausteinen, die man bei der DNA als Nucleotide bezeichnet. Jedes Nucleotid enthält eine chemische Gruppe, die Base genannt wird. Die Information liegt in der Reihenfolge der Basen in der DNA, ganz ähnlich wie bei den Aminosäuren, aus denen die Proteine bestehen. Im Gegensatz zu den Proteinen gibt es in der DNA aber nur vier Typen von Basen: Adenin (A), Cytosin (C), Guanin (G) und Thymin (T). Die in ihnen codierte Information – die Bauanleitung für den Menschen – ist in der Sequenz der Nucleotide mit diesen vier Basen enthalten. Ähnlich wie das Morsealphabet, das mit Punkten und Strichen eine Riesenmenge an Information übermitteln kann, codiert auch die DNA im Muster ihrer Nucleotide das biologische Wesen eines Organismus. Beim Menschen hat man es mit drei Milliarden solcher Bausteine zu tun – eine Riesenmenge an Daten.

Verfahren, mit denen man Moleküle anhand ihrer *Größe* trennen kann, eignen sich auch als Methode zur Ableitung der Nucleotid*sequenz* eines DNA-Moleküls, und zwar aus folgendem Grund: Mit biochemischen Methoden kann man anhand der Sequenz DNA-Fragmente einer bestimmten Länge herstellen. Anschließend trennt man sie, indem man sie unter dem Einfluss eines elektrischen Feldes durch eine geleeartige Substanz laufen lässt. Da die DNA negativ geladen ist, wandert sie zum positiven Ende der Masse – wenn es um Moleküle geht, ziehen Gegensätze sich tatsächlich an. Interessanterweise werden die Fragmente in der Gelmasse aber aufgehalten, weil sie sich darin durch ein Labyrinth winziger Kanäle schlängeln müssen; dabei kommen lange Fragmente langsamer voran als kürzere, weil sich mehr Masse durch die Kanäle quetschen muss. Das alles hört sich in der Theorie sehr kompliziert an, funktioniert in der Praxis aber wunderbar einfach. Die Methode, Sequenzierung genannt, war die Voraussetzung für fast alle wichtigen Entdeckungen, die man in der Genetik während der letzten dreißig Jahre machte. Zur Sequenzierung des menschlichen Genoms beispielsweise musste man das Verfahren mehrere zigmillionen Mal anwenden – keine sonderlich spannende Arbeit, aber höchst effektiv.

Problematisch ist an der Sequenzierung, dass sie sehr langsam abläuft, und die biochemischen Reaktionen, mit deren Hilfe man die Sequenz eines untersuchten DNA-Moleküls ermitteln kann, sind unter Umständen sehr teuer. Deshalb ist man bestrebt, DNA-Sequenzen mit schnelleren und billigeren Methoden zu ermitteln; zu diesem Zweck sucht man häufig nach Unterschieden zwischen dem Individuum, für das man sich interessiert, und einem anderen, dessen Sequenz bereits mit dem aufwendigen Verfahren der biochemischen Reaktionen und Gelanalyse aufgeklärt wurde. Die Unterschiede sind nichts anderes als unsere Polymorphismen, und mit ihrer Hilfe kann man Aufschlüsse über Krankheitsanfälligkeit, Haarfarbe und alle anderen erblichen Unterschiede zwischen den Menschen gewinnen. Die meisten Polymorphismen haben auf ihren Träger keinerlei Auswirkungen – sie sind ererbter Ballast, Spuren unserer Vorfahren. Gerade diese so genannten Marker sind für Anthropologen und Historiker am interessantesten.

Peter Oefner, unser Chemiker, ist ein ernsthafter, ehrgeiziger Mann. Er stammt aus Österreich, genauer gesagt aus der Nähe von Innsbruck. In den neunziger Jahren trennte er im Rahmen eines Forschungsprojektes in Stanford DNA-Moleküle mit einer Methode namens Hochdruck-Flüssigkeitschromatographie (*high pressure liquid chromatography*, HPLC). Insbesondere wollte er ein Verfahren entwickeln, um DNA-Sequenzen mit der HPLC zu ermitteln, die eine schnellere Trennung der Moleküle erlaubt als die Gelmethode. Auf einer Klausurtagung des Instituts in Asilomar, etwa 160 Kilometer südlich von Stanford an der kalifornischen Küste, hörte Peter Underhill Oefners Vortrag über das Verfahren. Underhill kam sofort auf die Idee, es bei der Suche nach Polymorphismen auf dem Y-Chromosom einzusetzen und fragte Oefner während der Kaffeepause, ob er an einer Zusammenarbeit interessiert sei. Der Österreicher stimmte zu, und als die beiden wieder in Stanford waren, stürzten sie sich mit solchem Eifer in die Arbeit, dass ihnen eineinhalb Jahre lang kein freies Wochenende mehr blieb.

Die Zusammenarbeit der beiden führte schließlich zu einer

neuen Methode, die als denaturierende HPLC oder kurz dHPLC bezeichnet wurde. Sie nutzt eine besondere Eigenschaft der DNA aus: Jedes ihrer Moleküle ist ein Doppelstrang aus gepaarten Nucleotidketten, die durch die gegenseitige Anziehung ihrer Nucleotidbasen zusammengehalten werden. In der DNA paart Adenin sich auf Grund seiner Molekülstruktur stets mit Thymin, und Cytosin verbindet sich immer mit Guanin. Wenn man also die Sequenz der Nucleotide in einem Strang kennt, weiß man automatisch auch über die des anderen Stranges Bescheid. Dies hat zwei wichtige Folgen. Erstens stabilisiert es das DNA-Molekül, sodass es weniger anfällig für zerstörerische Enzyme und Umweltbelastungen ist. Man hat DNA schon aus 50 000 Jahre alten Knochen gewonnen, ihre einzelsträngige Entsprechung dagegen, die RNA, die ebenfalls in unseren Zellen vorkommt, ist zu instabil und bleibt bei weitem nicht so lange erhalten. Und zweitens ist die Doppelstrangstruktur nützlich, weil sie gewissermaßen eine Sicherungskopie der Nucleotidsequenz enthält. Spielt sich in einem Strang der Nucleotidsequenz eine Veränderung (Mutation) ab, kann sich die spiegelbildliche Sequenz im Gegenstrang nicht mehr vollständig mit ihr paaren. An der fraglichen Stelle bildet sich in dem Strang wegen der falsch gepaarten Basen eine »Ausbeulung«. Solche Strukturabweichungen werden vom Korrekturleseapparat der Zellen erkannt, und der Schaden wird repariert.

Bei dem Verfahren der dHPLC dient die unglaublich empfindliche Trennungsfähigkeit der HPLC als Ersatz für den zelleigenen Korrekturmechanismus. Man lässt die falsch gepaarte DNA durch eine Grundsubstanz laufen, die ihre Bewegung je nach der Struktur (aber nicht der Länge) der Moleküle verlangsamt. Befindet sich in dem Strang eine Ausbeulung, bewegt er sich anders, sodass man die falsch gepaarten Fragmente an ihrem abweichenden Wanderungsverhalten erkennen kann. Auf diese Weise kann man ein ganzes DNA-Fragment aus mehreren hundert Nucleotiden schnell und billig nach Unterschieden zu einem anderen Fragment mit bekannter Sequenz durchsuchen. Eine fantastische Möglichkeit, Zeit zu sparen, und ein großer Schritt vorwärts in dem Bemühen, unsere Gene zu »sequenzieren«.

Dass dieses fantasievolle Stückchen physikalische Chemie sich medizinisch anwenden lässt, liegt auf der Hand, und tatsächlich konnte man mit dem Verfahren mehrere genetische Mutationen ausfindig machen, die verschiedene Krankheiten verursachen. Aber was trägt es zur Untersuchung der Wanderungen unserer Vorfahren bei? Die Antwort: Wenn man das Verfahren auf die gleichen DNA-Abschnitte vieler Individuen anwendet, findet man die genetischen Unterschiede zwischen ihnen. Auf diese Weise können wir verschiedene Polymorphismen ausfindig machen und uns damit schnell und effizient einen Überblick über die genetische Vielfalt der menschlichen Spezies verschaffen. Bevor man die Methode entwickelt hatte, kannte man auf dem Y-Chromosom vielleicht ein Dutzend Polymorphismen. Nach der letzten Zählung waren es rund 300, und die Zahl nimmt von Woche zu Woche zu. Hätten Rob Dorit und seine Kollegen sich bei ihrer Untersuchung der Vielfalt im Y-Chromosom bereits der dHPLC bedienen können, hätten sie eine ganze Reihe von Abweichungen gefunden. Wie so oft in der Naturwissenschaft eröffnete die Technik ganz neue Wege, um alte Fragen zu untersuchen – und das führt häufig zu verblüffenden Antworten.

Adam kam später

Die erste Frage liegt auf der Hand: Lässt auch die größere Zahl der Polymorphismen auf dem Y-Chromosom darauf schließen, dass der Ursprung des modernen Menschen in Afrika lag? Die Antwort lautet eindeutig ja, und in einer Untersuchung, die Peters zusammen mit 19 weiteren Autoren (darunter auch ich) im November 2000 in dem Fachblatt *Nature Genetics* veröffentlichte, werden die Befunde knapp und prägnant dargestellt. Die neu gewonnene Schatztruhe der Y-Polymorphismen wurde genutzt, um Männer aus mehreren Dutzend Bevölkerungsgruppen aller Kontinente zu untersuchen. Mit den gleichen Verfahren wie in den früheren Studien an der mtDNA wurde aus der Verteilung der Sequenzabweichungen ein baumförmiges Diagramm konstruiert. Darin zeigte sich, dass die ältesten Aufspaltungsereignisse unter den Vorfahren des Y-Chromosoms in Afrika stattgefunden hatte. Mit anderen Worten: Die Wurzel des männlichen Stammbaumes liegt in Afrika – genau die gleiche Antwort, die wir mit Hilfe der mtDNA auch für die Frauen erhalten hatten. Das große Erschrecken kam aber, als man das Alter für den ältesten gemeinsamen Vorfahren abschätzte. Dieser Mann, von dem alle heute lebenden Männer letztlich ihr Y-Chromosom geerbt haben, lebte vor 59000 Jahren, also mehr als 80000 Jahre nach der geschätzten Lebenszeit von Eva! Haben Adam und Eva sich nie kennen gelernt?

Nein, sie sind sich tatsächlich nie begegnet. Der Grund ist aber recht kompliziert, und an ihm zeigt sich eine der wichtigsten Erkenntnisse, die man bei der Untersuchung der Menschheitsgeschichte mit genetischen Methoden niemals aus dem Gedächtnis verlieren darf. Wenn wir eine Stichprobe der heute lebenden Menschen nehmen und in ihrer DNA nach Anhaltspunkten für die Vergangenheit suchen, studieren wir im wahrsten Sinn des Wortes ihre Stammesgeschichte – die Geschichte ihrer Gene. Wie wir bereits erfahren haben, erbt jeder Mensch seine Gene von den Eltern, und deshalb ist die Untersuchung der genetischen Vergangenheit immer auch eine Untersuchung über die Geschichte der Menschen, die diese Gene getragen haben. Aber wenn wir weiter als ein paar tausend Generationen in die Vergangenheit vordringen, stoßen wir auf eine Schranke – es gibt einfach keine weiteren Variationen mehr, die uns Aufschlüsse über Fragen nach der sehr weit entfernten Vergangenheit liefern könnten. Wenn wir diesen Punkt erreicht haben, erfahren wir aus den genetischen Abweichungen unter den Menschen nichts Neues mehr über ihre Vorfahren. Wir alle fließen in einem einzigen genetischen Gebilde zusammen – in »Adam« im Fall des Y-Chromosoms, »Eva« im Fall der mtDNA –, und dieses Gebilde existierte in der Vergangenheit über einen Zeitraum hinweg, über den wir nichts aussagen können. Zwar war dieses Gebilde ein wirklicher Mensch, der zu jener Zeit lebte – der gemeinsame Vorfahre aller heutigen Menschen –, aber über *seine* Vorfahren erfahren wir mit genetischen Methoden so gut wie nichts. Wir können zwar der Frage nachgehen, in welchem Verhältnis Adam und Eva zu anderen biologischen Arten stehen (sind die Menschen als Spezies mit Schimpansen oder Stören näher verwandt?), aber wir können keine Aussage darüber machen, was sich in der Abstammungslinie der Menschen vor dem Punkt des Zusammenfließens abgespielt hat. Hier gibt es für Ockhams Messer nichts mehr zu schneiden.

Für die Abschätzung der Zeitpunkte des Zusammenfließens bedeutet das, dass man zwar den Ursprung aller heutigen Menschen in die letzten 200 000 Jahre und nach Afrika verlegen kann, sodass das von Coon und anderen bevorzugte multiregionale Modell für die Evolution des Menschen widerlegt ist, aber darüber hinaus besagen die Zeitpunkte sehr wenig. Sie kennzeichnen nicht die Entstehung unserer Spezies – sonst hätte Eva wirklich sehr lange warten müssen, bis Adam auf der Bildfläche erschien. Sie stellen nur den Punkt dar, von dem an wir bei unserem Rückblick in die Vergangenheit keine genetische Vielfalt in unseren Abstammungslinien von mtDNA und Y-Chromosom mehr erkennen. Da mtDNA und Y-Chromosom völlig unabhängige Bestandteile unserer genetischen Ausstattung sind, ist es vielleicht nicht sonderlich überraschend, dass ihre Abstammungslinien zu unterschiedlichen Zeiten zusammenfließen. Auch unsere Eltern wurden schließlich in der Regel nicht an demselben Tag geboren. Außerdem fließen in die Abschätzung genetischer Zeitpunkte – genau wie in eine archäologische Datierung – einige Annahmen über Populationen früherer Zeiten ein, die nicht unbedingt völlig richtig sein müssen, und deshalb erhalten wir bei unserer Berechnung von Adams Alter eine zeitliche Spannbreite, die von der Zeit vor 40 000 bis 140 000 Jahren reicht. 59 000 Jahre sind nur das *wahrscheinlichste* Datum für Adam. Wie wir in Kapitel 8 noch genauer erfahren werden, ist der Altersunterschied zwischen Adam und Eva größer, als man es allein auf Grund des Zufalls erwarten würde, und vermutlich stellt er ein Ergebnis Jahrtausende langer Geschlechterpolitik dar. Er ist aber kein Indiz für irgendeine tief greifende Unsicherheit im Zusammenhang mit der Evolution des Menschen. Wenn wir noch einmal zu unserem kleinen Ausflug in die Provence zurückkehren, verlieren Männer ihr Suppenrezept einfach schneller als Frauen.

Die wichtigste Aussage, die wir aus unserer Abschätzung für den Zeitpunkt des Zusammenfließens – das heißt für Adam und Eva – ableiten können, lautet also: Vor dem frühesten Datum, das sich aus dieser Abschätzung ergibt, lebten außerhalb Afrikas keine modernen Menschen. Da der Zeitpunkt für das Y-Chromosom später liegt, bedeutet das, dass sich alle modernen Menschen bis mindestens vor 60 000 Jahren ausschließlich in Afrika befanden. Das ist das eigentlich Schockierende. 60 000 Jahre mögen als lange Zeit erscheinen, aber man muss daran denken, dass wir es hier mit entwicklungsgeschichtlichen Zeiträumen zu tun haben. Die ersten Menschenaffen tauchen in den Fossilfunden vor rund 23 Millionen Jahren auf – eine gewaltige Zeitspanne, die man sich nur sehr schwer vorstellen kann. Drängen wir sie einmal auf ein Jahr zusammen und betrachten wir vor diesem Hintergrund dann die anderen Daten. Wir stellen uns also vor, dass die Menschenaffen am

1. Januar auf der Bildfläche erscheinen. In diesem Fall tauchen unsere ersten aufrecht gehenden Hominidenvorfahren – also eigentlich die ersten Affenmenschen – ungefähr Ende Oktober auf. Der *Homo erectus*, der Afrika vor rund 2 Millionen Jahren verließ, erscheint Anfang Dezember. Die ersten modernen Menschen entstehen ungefähr am 28. Dezember und erst am 31. Dezember verlassen sie Afrika – am Silvesterabend! In einem entwicklungsgeschichtlichen Handumdrehen, einem winzigen Augenblick in der Geschichte des Lebendigen auf der Erde, haben die Menschen Afrika verlassen und die ganze Welt besiedelt.

Sind angesichts dieses späten Zeitpunktes auch unter den heutigen Afrikanern noch Hinweise auf die Frühmenschen zu finden?

Wenn Klicken wichtig ist

Zu den interessantesten Erkenntnissen, die sich aus der Analyse des Y-Chromosoms ergaben, gehört das Muster der Vielfalt in Afrika, die Verteilung der genetischen Abstammungslinien innerhalb des Kontinents. Zwar können alle afrikanischen Bevölkerungsgruppen auf längere entwicklungsgeschichtliche Abstammungslinien zurückblicken als die Gruppen auf anderen Kontinenten, aber einige von ihnen lassen Spuren ganz besonders alter Linien erkennen. Diese Gruppen findet man heute in Äthiopien, dem Sudan sowie Teilen Ost- und Südafrikas, und das in ihnen enthaltene genetische Signal ist ein sehr stichhaltiges Indiz, dass es sich hier um Überreste einer der ältesten Menschenpopulationen überhaupt handelt. In anderen Gruppen sind die Signale verloren gegangen, aber diese Populationen aus Ost- und Südafrika zeigen noch heute eine direkte Verbindung bis hin zum Punkt des Zusammenfließens – zu Adam.

Die fraglichen Populationen leben im Rift-Tal und erstrecken sich bis ins südwestliche Afrika. Dort findet man beim Volk der San – früher Buschleute genannt – ein starkes Signal für die charakteristische Vielfalt der allerersten Menschengruppen. Außerdem sprechen sie eine der seltsamsten Sprachen der Erde, die insbesondere auch Klicklaute als untrennbare Wortbestandteile benutzt – es klingt wie das Klicken, mit dem wir ein Pferd lenken oder einen tropfenden Wasserhahn nachahmen. In keiner anderen Sprache der Welt kommen Klicklaute in der normalen Wortkonstruktion vor, und wegen dieser Eigenart beschäftigen Linguisten sich mit der Sprachfamilie der San, seit die ersten Europäer vor zweihundert Jahren das südliche Afrika kolonisierten. Die Sprachen dieser Familie sind unglaublich kompliziert. Während beispielsweise in der englischen Umgangssprache einunddreißig unterscheidbare Laute vorkommen (ihre Zahl liegt bei zwei Dritteln aller Sprachen zwischen 20 und 40), sind es in der Sprache der San!Xu (das »!« in!Xu klingt ein wenig wie das Öffnen einer Flasche) nicht weniger als 141! Zwar ist man sich nicht sicher, welche Kräfte hinter der Entstehung sprachlicher Vielfalt stehen, aber diese Zahl lässt sicher an einen sehr alten Stammbaum denken – und zwar aus genau den gleichen Gründen, die über lange Zeiträume hinweg auch für die Ansammlung größerer genetischer Vielfalt sorgen.

Das Muster der sehr langen genetischen Abstammungslinien ist bei den San auch in der Mitochondrien-DNA zu erkennen; die Tatsache, dass drei unabhängige Indizienketten – Y, mtDNA und Sprache – das Gleiche aussagen, legt stark den Verdacht nahe, dass die San ein unmittelbares Verbindungsglied zu unseren ältesten menschlichen Vorfahren darstellen. Bedeutet das, dass unsere Spezies nicht im Rift-Tal, sondern in Südafrika entstanden ist? Nicht unbedingt; allerdings haben unsere Hominidenvorfahren aus dem Süden in den letzten Jahren an Bedeutung gewonnen, und manche Paläoanthropologen vertreten mittlerweile die Theorie einer Genesis im Süden. Klar ist aber, dass das heutige Siedlungsgebiet der San nur einen kleinen Teil ihres früheren Territoriums umfasst, und Knochenmaterial, das als San-ähnlich eingeordnet wurde, hat man auch an steinzeitlichen Fundstätten in Somalia und Äthiopien ausgegraben. Einige besonders eindeutige Indizien stammen aber wiederum aus der Linguistik. Außerhalb Südafrikas werden Sprachen mit Klicklauten nur noch in einer einzigen weiteren Region gesprochen: in Ostafrika. Die Hadza und Sandawe in Tansania bedienen sich stark abweichender Klicksprachen, ein Hinweis auf eine umfangreiche Sprachfamilie, deren Verbreitungsgebiet früher vom Rift-Tal bis nach Namibia reichte. Wahrscheinlich wurde diese ununterbrochene Verteilung erst in relativ junger Vergangenheit von den Bantu-sprechenden Völkern aus Zentralafrika zerstückelt, die in den letzten zweitausend Jahren große Teile Ost- und Südafrikas besiedelten. Bevor die Bantu einwanderten, waren aber die San offenbar im südlichen und östlichen Afrika die beherrschende Gruppe.

Von Angesicht zu Angesicht

Zu den charakteristischen Merkmalen der San gehört ihr »nichtafrikanisches« Äußeres. Natürlich gibt es innerhalb Afrikas eine große Vielgestaltigkeit der körperlichen Erscheinungsformen, und jeder Versuch, Menschen in einen afrikanischen und einen nichtafrikanischen Typus einzuteilen, ist sinnlos. Wenn wir an Afrikaner denken, stellen wir uns meist die typischen Gesichtszüge der zentralafrikanischen Bantu sowie (wegen des europäischen Sklavenhandels) der Afroamerikaner und afrikanischstämmigen Karibikbewohner vor. Die San sind viel kleiner und haben hellere Haut, stärker gelockte Haare sowie eine dickere Hautschicht über den Augen – die so genannte Epikanthusfalte, die auch für Menschen aus Ostasien charakteristisch ist. Wegen dieses Merkmals äußerten manche Wissenschaftler die Vermutung, die Epikanthusfalte könne eine sehr alte Eigenschaft unserer Spezies sein, die im Westen Eurasiens und bei den Bantu verloren gegangen ist. Solange die genetischen Grundlagen der Epikanthusfalte nicht geklärt sind, bleibt diese Hypothese reine Spekulation; mit den Befunden bei den San stimmt sie allerdings zweifellos überein. Vermitteln die San uns demnach eine Ahnung von unseren Vorfahren, die zur Zeit unseres genetischen Adam lebten?

Wie unsere gemeinsamen männlichen und weiblichen Vorfahren ausgesehen haben, kann man sich nur schwer ausmalen. Wir müssen uns auf begründete Vermutungen beschränken, die sich auf die heutige Vielfalt der Menschengruppen stützen und durch unsere Kenntnisse über den Verlauf der körperlichen Evolution des Menschen erweitert werden. Damit tun wir das Gleiche wie in jeder historischen Wissenschaft, in der wir aus heutigen Anhaltspunkten auf eine unbekannte Vergangenheit schließen, wobei wir die Vielschichtigkeit mit Hilfe des Sparsamkeitsprinzips auflösen. Leider haben wir keine echte Möglichkeit, den Wahrheitsgehalt der so entstandenen Abbilder zu beurteilen, und deshalb bleiben sie teilweise eine Frage des Glaubens.

Dass unsere afrikanischen Vorfahren die behaarten, ungehobelten Höhlenbewohner waren, die man in Museen bewundern kann, ist unwahrscheinlich – solche Darstellungen sind wahrscheinlich übermäßig stark durch unsere Vorstellungen von den Neandertalern beeinflusst, die wohl tatsächlich recht stark behaart und grobschlächtig waren. Die Afrikaner waren vermutlich, zumindest im Vergleich zu den Neandertalern, recht zierlich und elegant. Das große Körpergewicht der Neandertaler und ihre Körperbehaarung waren nämlich aller Wahrscheinlichkeit nach eine Anpassung an das kalte Klima in Europa und Asien. Unsere ältesten Vorfahren dagegen lebten in der relativ warmen Witterung des südlichen und östlichen Afrika, wo sie nicht auf einen wärmenden Pelz angewiesen waren.

Vermutlich besaßen sie die Epikanthusfalte. Dieses Merkmal könnte zwar in verschiedenen Teilen der Erde auch zweimal entstanden sein, wahrscheinlich handelt es sich aber um eine Eigenschaft unserer gemeinsamen Vorfahren, die in den Abstammungslinien, welche zu den Zentral- und Westeurasiern führten, verloren ging. Natürlich entsteht die Epikanthusfalte auch bei jedem einzelnen Fall des Down-Syndroms ganz neu, sie zu bilden ist also möglicherweise für den Organismus nicht besonders schwierig. Dennoch ist die Annahme, dass sie ein sehr altes Merkmal darstellt, eine vernünftige Arbeitshypothese.

Die Frühmenschen hatten vermutlich eine ziemlich dunkle Haut. Diese Annahme gründet sich auf die Bedingungen ihrer Umwelt, der sonnenbeschienenen afrikanischen Savanne, wo der Schutz gegen die Strahlung, den eine dunkle Haut bietet, einen eindeutigen Vorteil darstellt. Außerdem leiten sich mehrere Mutationen, die bei Europäern und Nordostasiaten für die hellere Hautfarbe sorgen, von einer älteren Form des Gens ab (es heißt *MCIR* oder *melanocortin receptor* und sorgt für dunkle Haut), das heute praktisch die einzige in Afrika vorkommende Form ist. Es sieht also so aus, als sei die dunkle Hautfarbe der Afrikaner erhalten geblieben und nicht in der Evolution aus einer helleren Form entstanden.

Unsere Vorfahren vor 60 000 Jahren waren wahrscheinlich ungefähr ebenso groß wie du und ich – aber das ist eigentlich eine sinnlose Aussage. Die Durchschnittsgröße heutiger Menschen ist rund um die Welt sehr unterschiedlich: Die größte Bevölkerungsgruppe in Europa sind die Niederländer, bei denen junge Männer durchschnittlich 1,83 Meter und Frauen ein paar Zentimeter weniger messen. Die Japaner sind mit durchschnittlich 1,70 Meter etwas kleiner. Deutlich geringer ist die

Körpergröße dagegen bei den Twa-Pygmäen in Zentralafrika: Ihre Männer bringen es im Durchschnitt nur auf 1,50 Meter. In dieser unterschiedlichen Statur spiegelt sich wahrscheinlich die Anpassung an die örtlichen Gegebenheiten wider, wie man sie auch bei unseren Vorfahren *Homo erectus* und *Homo ergaster* beobachtet.

Das Bild, das sich auf diese Weise herauskristallisiert, zeigt also einen dunkelhäutigen (allerdings vielleicht nicht so dunkel wie manche heutigen Afrikaner), relativ großen, schlanken Menschen – vielleicht mit Epikanthusfalte. Würde er uns mit Krawatte und Anzug in der Straßenbahn gegenübersitzen, erschiene er uns auch heute nicht deplatziert. Was nach meiner Vermutung auch nicht verwunderlich ist, lebte er doch vor nur 2500 Generationen.

Aus dem Nest

Nimmt man die Indizien ernst, dann ergibt sich daraus die Schlussfolgerung, dass Adam zu einer Bevölkerungsgruppe gehörte, die unmittelbare Vorfahren der San darstellt und vor rund 60 000 Jahren in Ost- und/oder Südafrika lebte. Das Datum für die ersten Populationen von Jetztmenschen – die ersten Vertreter unserer Spezies – bleibt noch zu klären; sie könnten vor 60 000, aber auch vor mehreren hunderttausend Jahren gelebt haben. Aus dieser Phase verfügen wir schlicht und einfach über keine genetischen Anhaltspunkte, weil die gesamte heutige Vielfalt bereits in einem einzigen Vorfahren zusammengeflossen ist. Die Befunde lassen aber eindeutig darauf schließen, dass die gesamte, heute weltweit verbreitete genetische Vielfalt der Menschen sich noch vor rund 60 000 Jahren in Afrika befand. mtDNA und Y-Chromosom legen die gleichen Zeitpunkte für die ältesten nichtafrikanischen Abstammungslinien nahe, und heute sind die meisten Genetiker übereinstimmend der Ansicht, dass die Menschen ungefähr zu dieser Zeit erstmals Afrika verlassen haben. Gelegentliche Vorstöße in den Nahen Osten könnte es schon früher gegeben haben – darauf lassen 100 000 Jahre alte menschliche Überreste an Ausgrabungsstätten wie Qafzeh und Skuhl im heutigen Israel schließen. Aber der östliche Mittelmeerraum war vor 100 000 bis 150 000 Jahren praktisch eine Fortsetzung des nordöstlichen Afrika und gehörte vermutlich zum ursprünglichen Verbreitungsgebiet des *Homo sapiens*. Die eigentliche Ausbreitung ging über das Mittelmeer hinaus in die unbekannten Regionen Asiens.

Hier stoßen wir auf nun tatsächlich auf ein Problem: Nach den datierten Funden aus Australien lebten dort, auf dem kürzesten Landweg 20 000 Kilometer von Afrika entfernt, vor 50 000 bis 60 000 Jahren ebenfalls bereits Menschen, zu einer Zeit, als eigentlich noch alle auf dem schwarzen Kontinent sein sollten. Würde ich zu Anfällen von Mystizismus neigen, so könnte ich daraus den Schluss ziehen, dass die Vorfahren der Aborigines bereits »den Raum falten« konnten, wie Frank Herbert es in seinem Science-fiction-Roman *Der Wüstenplanet* nennt. Da ich aber mit beiden Beinen (einigermaßen) fest auf dem pragmatischen, rationalen Boden der Wissenschaft stehe, muss ich mich anderswo nach Antworten umsehen.

Kapitel 4
An der Küste auf und davon

So kam es, dass an diesem ersten Morgen jeder schlummernde Ahne die Wärme der Sonne auf seinen Augenlidern lasten spürte und spürte, wie sein Körper Kinder gebar. Der Schlangenmann spürte, wie Schlangen aus seinem Nabel glitschten. Der Kakadumann spürte Federn. Der Witchettymann spürte ein Schlängeln, die Honigameise ein Kitzeln, das Geißblatt spürte, wie seine Blätter und Blüten sich öffneten. Der Bandikutmann spürte, wie junge Bandikuts unter seinen Armhöhlen hervorquollen. Alle »lebenden Geschöpfe«, ein jedes an seiner eigenen, gesonderten Geburtsstätte, streckten sich dem Licht des Tages entgegen.

Bruce Chatwin, Traumpfade

Als ich klein war, spielten meine Freunde und ich gern ein verrücktes Fragespiel, in dem wir unser Wissen über sonderbare Tatsachen unter Beweis stellen konnten. Eine Lieblingsfrage lautete: Welches ist die größte Insel der Erde? Die naive Antwort »Australien« führte stets zu einem missbilligenden Stöhnen, denn wir wussten, dass Australien nicht einfach eine große Insel ist, sondern ein Teil des Kontinents Australasien. Dazu gehören neben Australien auch Neuseeland, Tasmanien, Neuguinea und mehrere weitere Inseln im Osten Indonesiens. Australasien ist sozusagen der »Außenseiter« der geographischen Allgemeinbildung. Und ein seltsamer Kontinent ist es noch dazu.

Heute ist Australien der trockenste Subkontinent der Erde – auf über 90 Prozent seiner Fläche fallen pro Jahr weniger als 1000 Millimeter Niederschlag. Das Leben dort stellt eine echte Herausforderung dar, und unter anderem deshalb ist es auch der am stärksten urbanisierte Staat der Erde: Mehr als 90 Prozent der Bevölkerung wohnen in den Großstädten an der Küste. Es kann mit dem 2000 Kilometer langen Great Barrier Reef das weltweit größte zusammenhängende Korallenriff vorweisen, aber vielleicht das Interessanteste an Australien ist

Karte 1: Südasien

seine Tierwelt. Die Tiere Australiens unterscheiden sich stark von allen anderen Formen und ähneln nur denen aus Neuguinea – das ebenfalls zu Australasien gehört. Der Grund für diese Einzigartigkeit ist die extrem isolierte Lage. Wer schon einmal zwei Nächte von London nach Sydney im Flugzeug gesessen hat, kann die Schwierigkeiten einer solchen Reise bestätigen. Durch die Launen der Plattentektonik ist Australien schon seit rund 100 Millionen Jahren von den Kontinenten Eurasien, Amerika und Afrika getrennt – die jüngste Verbindung bestand mit der Antarktis! Diese Isolation hatte zur Folge, dass die Hauptlinie der Säugerevolution mit ihren vielen Arten von Plazentatieren an Australien vorbeigegangen ist. Und da »normale« Säugetiere fehlten, konnte die Evolution hier einen ganz anderen Weg einschlagen, der zu Kuriositäten wie Schnabeltier und Känguru führte. Außerdem führte es dazu, dass es in Australien bis vor kurzer Zeit keine Primaten gab – keine Klein- oder Menschenaffen, nicht einmal Buschbabys. Die einzige Primatenspezies auf dem Kontinent ist der Mensch.

Da es keine entwicklungsgeschichtlichen Vorläufer gibt, müssen die Menschen von woanders eingewandert sein und Australien besiedelt haben. Aber woher kamen sie? Selbst von den nächstgelegenen Kontinenten mussten sie einen beträchtlichen Teil der Reise per Boot zurücklegen. Auch wenn man Schwankungen des Meeresspiegels als Folge wechselnder Klimaverhältnisse in Rechnung stellt, war die Landmasse Sahul (zu der neben Australien auch Neuguinea und Tasmanien gehören), die in der kältesten Phase der letzten Eiszeit vor rund 20 000 Jahren entstand, immer noch fast 100 Kilometer vom übrigen Südostasien entfernt. Die Beantwortung der Frage, wie und wann Australien von Menschen besiedelt wurde, ist ein Schlüsselelement in unseren Bemühungen, die Verbreitung der modernen Menschen über die Erde nachzuzeichnen. Die Einzelheiten der Menschheitsgeschichte, die dabei zutage treten – und auch die Analysemethoden, mit denen man sie ausfindig macht – bestimmen die Prinzipien für unser weiteres Vorgehen.

Tod und Verwesung

Etwa 1000 Kilometer westlich von Sydney, in New South Wales, liegt der Lake Mungo. Von Mildura, der nächstgelegenen Stadt mit einem Flughafen, fährt man 120 Kilometer auf unbefestigten Straßen durch die heiße Buschsavanne, aus der das Landesinnere Australiens zum größten Teil besteht. Der Lake Mungo ist heute kein See mehr – das Wasser ist schon vor 10 000 Jahren ausgetrocknet und hat bizarre Sand- und Lehmformationen zurückgelassen, die an die Landschaft am Mono Lake im Norden Kaliforniens erinnern. Vor 45 000 bis 20 000 Jahren befand sich hier jedoch eine üppig grüne Oase namens Willandra Lakes. Die Seen wurden vom Willandra Creek gespeist, der sich weiter südlich mit dem Murray River vereinigt und schließlich in der Encounter Bay bei der heutigen Stadt Adelaide ins Meer mündet. Die rund um die Seen gefundenen Überreste von Tieren belegen eindeutig, dass hier früher mehrere Arten großer Beuteltiere lebten, darunter der büffelgroße *Zygomaturus* und *Procoptodon*, ein 200 Kilo schweres Känguru mit kurzer Schnauze. Alle Tiere in diesem Gebiet waren Pflanzenfresser und wären deshalb für räuberische Arten eine attraktive Beute gewesen.

Ziemlich am Anfang der genannten Zeitspanne wurde hier neueren Datierungen zufolge ein Mensch bestattet. Der Fund, den sein Entdecker Jim Bowler als »Mungo 3« bezeichnete, wurde bei seiner Ausgrabung 1974 auf ein Alter von 30 000 Jahren datiert. Mit neueren Verfahren gelangte man zu einer Altersbestimmung von 45 000 Jahren, und Überreste menschlicher Tätigkeit aus den Sedimentschichten unter Mungo 3 lassen auf ein Alter von bis zu 60 000 Jahren schließen. Wenn sich diese Datierung bestätigt, ist Mungo 3 weltweit der älteste Ort außerhalb Afrikas, an dem anatomisch moderne Menschen lebten.

Die ältesten menschlichen Überreste wurden in Australien wie an anderen Orten auf der ganzen Welt mithilfe des radioaktiven Zerfalls von Isotopen datiert. Bei diesen Methoden misst man, in welchem Verhältnis verschiedene Isotope eines chemischen Elements in dem Material enthalten sind. Fast alle Elemente kommen nämlich in verschiedenen Formen vor, deren Atome sich durch die Zahl bestimmter Bausteine (der Neutronen) unterscheiden. Wegen der Gesetzmäßigkeiten der Teilchenphysik geben »schwerere« Atome meist einen Teil ihrer Bausteine im Laufe der Zeit ab und verwandeln sich dadurch in die »leichtere« Form. Wenn man weiß, mit welcher Geschwindigkeit dieser Zerfall abläuft, und dann das Verhältnis zwischen schwereren und leichteren Atomen misst, kann man berechnen, wie lange der Zerfall schon andauert. Wie die in Kapitel 2 beschriebene molekulare Uhr, so ermöglicht auch diese Atomuhr wichtige Altersabschätzungen für urzeitliche Überreste von Menschen.

Das am häufigsten angewendete Verfahren der Isotopendatierung ist die so genannte Radiokarbonmethode. Dabei misst man in dem Material das Verhältnis zwischen Kohlenstoff-14 (C-14) und Kohlenstoff-12 (C-12). C-14 zerfällt durch ein kompliziertes Wechselspiel mit der Luft zu Stickstoff-14 (N-14). Die Abbaugeschwindigkeit hängt von der Halbwertszeit des C-14 ab, das heißt von der Zeit, in der die Hälfte der in einer Probe enthaltenen C-14-Atome zerfällt – sie liegt bei rund 5700 Jahren. Da Kohlenstoff der Grundstoff aller organischen Moleküle in pflanzlichem und tierischem Gewebe ist, eignet sich die Methode hervorragend zur Datierung menschlicher Überreste. Probleme treten nur bei Material auf, das mehr als 40 000 Jahre alt ist: Hier ist das C-14 bereits zum allergrößten Teil zerfallen, sodass man das Verhältnis von C-12 zu C-14 nicht mehr genau ermitteln kann. Nach 5700 Jahren ist noch die Hälfte des C-14 vorhanden, das zu Lebzeiten eines Organismus in sein Gewebe aufgenommen wurde, nach 11 400 Jahren ist es nur noch ein Viertel und nach 40 000 Jahren ungefähr ein Vierundsechzigstel – weniger als zwei Prozent. Solche Proben werden sehr leicht mit modernem Material verunreinigt, und dann gelangt man bei der Datierung zu einem falschen, zu geringen Alter. Am nützlichsten ist die Radiokarbonmethode deshalb für Material, das höchstens 30 000 Jahre alt ist; an archäologischen Stätten aus den letzten 10 000 Jahren ist sie die Methode der Wahl und liefert sehr genaue Ergebnisse.

Wenn wir aber weiter als 40 000 Jahre in die Vergangenheit vordringen, müssen wir uns anderer Isotope bedienen, die langsamer zerfallen. Zwei solche Substanzen sind Kalium-40 (K-40) und Uran-238 mit einer Halbwertszeit von 1,25 Milliarden beziehungsweise vier Milliarden Jahren. Diese stabileren Isotope werfen aber ein neues Problem auf: Sie kommen in den Steinen und Knochen selbst nicht vor, sodass man sie nur in den Sedimenten rund um die Überreste messen kann – bei K-40 handelt es sich dabei meist um Vulkanasche, bei Uran-238 um die Sedimente in Seen. Damit man sie nutzen kann, muss man also bei der Auswahl der Fundstätte viel Glück haben. Erfreulicherweise hat aber die geologische Aktivität im afrikanischen Rift-Tal zur Folge, dass man dort an vielen Stellen die K-40-Datierung anwenden kann.

Und wenn man kein Glück hat? Was tut man, wenn die Überreste außerhalb der Zeitspanne liegen, die von der Radiokarbondatierung abgedeckt wird, und gleichzeitig nicht in Sedimenten vorkommen, welche die Anwendung einer der anderen Methoden ermöglichen? In diesem Fall muss man auf drei relativ neue Verfahren der Isotopendatierung zurückgreifen, denen man recht kompliziert klingende Namen gegeben hat: Thermolumineszenz, optisch stimulierte Lumineszenz und Elektronenspinresonanz. Alle drei gründen sich auf die gleiche Beobachtung: Natürlich vorkommende Strahlung sorgt dafür, dass Elektronen – ein weiterer Typ subatomarer Teilchen – sich in Form eines Fließgleichgewichts in kleinen Kristallunregelmäßigkeiten einer Substanz anreichern, und zwar in Abhängigkeit von der Einwirkung einer »elektronenreinigenden« Strahlungsquelle wie Feuer oder Sonnenlicht. Es gibt viele Annahmen darüber, in welchem Umfang sich Elektronen in den Defekten angesammelt hatten, bevor sie der reinigenden Strahlungsquellen ausgesetzt wurden. Andere Annahmen betreffen die Schwankungen der Strahlungseinwirkung über längere Zeiträume. Aus diesen Gründen erhält man mit den Lumineszenz- und Elektronenresonanzverfahren nicht so genaue Ergebnisse wie mit C-14 oder K-40, aber an vielen Fundstätten gibt es zu ihrer Anwendung keine Alternative.

Gerade die zuletzt beschriebenen Methoden hat man in Australien in großem Umfang angewandt. Insbesondere wurden mehrere Fundstücke, die offenkundig von Menschen angefertigt wurden – manche davon sind künstlerische Darstellungen auf Gesteinsflächen – auf ein Alter von mehr als 40 000 Jahren datiert. Wegen der Ungenauigkeit der Methoden lässt sich natürlich nur schwer sagen, wie genau diese Angaben zutreffen. Auf Grund anderer Belege weiß man aber, dass Australien tatsächlich schon sehr lange von Menschen besiedelt ist. Richard Roberts und seine Kollegen von der Australian National University untersuchten die relativ einfachen Werkzeuge, die diese Frühmenschen benutzten, und gelangten damit für eine Fundstätte im Northern Territory zu einer Schätzung von bis zu 60 000 Jahren.

Die paläoanthropologischen Befunde sprechen heute eindeutig dafür, dass Jetztmenschen schon sehr frühzeitig in Australien heimisch waren – möglicherweise bereits vor 60 000

Jahren. Die ältesten archäologischen Stätten auf dem südostasiatischen Festland stammen aber erst aus der Zeit vor 40 000 Jahren. Wie konnten Menschen schon 20 000 Jahre früher in Australien leben – mussten sie nicht über Südostasien eingewandert sein? Die Lösung dieses Rätsels führt uns wieder nach Afrika, wo wir jetzt dem Garten Eden einen Besuch abstatten werden.

Wiesen und Wellen

Afrika ist von allen Kontinenten am stärksten äquatororientiert. Seine gesamte Landmasse liegt zwischen 38 Grad nördlicher und 34 Grad südlicher Breite, und 85 Prozent seiner Fläche befinden sich in der tropischen Zone zwischen den Wendekreisen von Krebs und Steinbock. Auf Meereshöhe sinkt die Temperatur in Afrika – im Gegensatz zu allen anderen Kontinenten – nur selten bis zum Gefrierpunkt. Im Inneren sind die Sahara und die hohen ostafrikanischen Vulkangebirge für Menschen unbewohnbar, aber große Teile Afrikas sind erstaunlich angenehm. Hier gibt es den größten zusammenhängenden Regenwald der Alten Welt, und die Savannen im Osten und Süden ernähren eine gewaltige Vielfalt großer Säugetiere. Die Kombination aus Regenwald und Savanne in enger Nachbarschaft, auch sie in der Alten Welt einzigartig, war vermutlich einer der Gründe, warum sich gerade hier die Menschen entwickelten. Der aufrechte Gang der Hominiden war mit ziemlicher Sicherheit vor vielleicht schon fünf Millionen Jahren eine der ersten Anpassungen an die baumlosen Graslandschaften Afrikas, wo man mehr Ressourcen nutzen konnte, wenn man die Sicherheit der Baumkronen im dichten Wald verließ.

Afrika lag nicht immer an der gleichen Stelle wie heute. Durch die Verschiebungen der Plattentektonik wanderte es in der Zeit vor 200 bis 20 Millionen Jahren durch den südlichen Indischen Ozean, bis es schließlich vor rund 15 Millionen Jahren mit der eurasischen Landmasse kollidierte. Zu dieser Zeit verbreiteten sich die Menschenaffen im Rahmen des ersten »afrikanischen Exodus« über die ganze Erde. Manche zogen nach Osten, wo sie sich zu Orang-Utans und Gibbons entwickelten, den Arten, die Eugène Dubois für unsere mutmaßlichen Vorfahren hielt. Andere blieben in Afrika und wurden zu Schimpansen und Gorillas – sowie schließlich, vor vielleicht 100 000 bis 200 000 Jahren, zu anatomisch modernen Menschen. Während all dieser Ereignisse änderte sich die geographische Lage Afrikas nicht mehr. Aber wie auf anderen Kontinenten war das Klima während der letzten paar hunderttausend Jahre dramatischen Schwankungen unterworfen.

Die Erforschung des Klimas vergangener Epochen ist Aufgabe der Paläoklimatologie. Vor 150 000 Jahren ging auf der Erde die so genannte Riss-Eiszeit ihrem Ende entgegen. Damals lagen die Temperaturen im Durchschnitt um zehn Grad niedriger als heute, zwischen den Kontinenten bestanden aber erhebliche Unterschiede. Vor rund 130 000 Jahren setzte eine Erwärmung ein, und als durch den steigenden Meeresspiegel mehr Wasser in die Atmosphäre gelangte, nahmen im tropischen Afrika die Niederschläge zu. Vor 120 000 Jahren kam es dann erneut zu einer Abkühlung, die sich vor 70 000 Jahren erheblich beschleunigte. So ging es (mit kurzfristigen Schwankungen) die nächsten 50 000 Jahre weiter, bis vor rund 20 000 Jahren der Tiefpunkt erreicht war.

Da Afrika vorwiegend in den Tropen liegt, hängt sein Klima weniger von der wechselnden Sonneneinstrahlung ab, die in höheren Breiten die Jahreszeiten entstehen lässt. Bestimmendes Wetterelement ist vielmehr der Niederschlag – das Leben auf dem gesamten Kontinent spielt sich im Rhythmus ausgeprägter Regen- und Trockenzeiten ab. Die berühmte Gnuwanderung in Tansania und Kenia beispielsweise wird im Juni durch die einsetzende Trockenzeit ausgelöst. Aber die Jahreszeiten hatten nicht immer die gleiche Intensität: Das Klima war in der Vergangenheit manchmal feuchter und manchmal trockener als heute. Solche langfristigen Schwankungen wirkten sich sicher auch auf die Wanderungen der Tiere einschließlich des Menschen aus.

Neuere Forschungsergebnisse des US-amerikanischen, in Mexiko tätigen Geophysikers Robert Walter legen die Vermutung nahe, dass das Klima in Afrika zu Beginn der letzten Eiszeit erheblich trockener wurde, was die Menschen vor allem in die Küstenregionen abwandern ließ. Die Savanne ist nämlich eigentlich eine ungewöhnliche Landschaft: Was die klimatischen Beziehungen angeht, ähnelt sie stark dem tropischen Regenwald, und das eine kann sich je nach der Niederschlagsmenge in das andere verwandeln. Im tropischen Afrika sind Regionen, in denen es mehr als drei Monate im Jahr regnet, von Wald bedeckt, bei weniger als drei Monaten sind es Savannen. Ist die Trockenzeit deutlich länger, wird die Landschaft zur Steppe und bei sehr geringer Feuchtigkeit schließlich zur Wüste. Im heutigen Afrika findet man alle diese Landschaftsformen, ihre Lage und Ausdehnung waren aber in früheren Zeiten starken Schwankungen unterworfen. Nach Walters Befunden wurden die ostafrikanischen Savannen mit zunehmender Trockenheit von Steppen verdrängt; eine Ausnahme bildete nur ein schmaler Streifen entlang der Küste, und in dieser Küstensavanne sammelten sich die Menschen, weil sie dort sowohl das Meer als auch die in der Nähe lebenden Landtiere als Nahrungsquellen nutzen konnten.

Ob diese Theorie allgemein Gültigkeit hat, ist nicht gesichert; möglicherweise beschreibt sie nur einen kleinen Seitenast in der Evolution des Menschen. Eines aber ist klar: Unumstrittene Belege sprechen dafür, dass die Frühmenschen sich bereits aus dem Meer ernähren konnten. In Eritrea am Horn von Afrika hat man große Abfallhaufen mit Muschel- und Austernschalen gefunden, die aus der Zeit vor 125 000 Jahren stammen. Unter den Abfällen entdeckte man auch Steinwerkzeuge, ein Beweis, dass Menschen in der Gegend lebten und die Ressourcen der Küste nutzten. Überreste zerlegter Nashörner, Elefanten und anderer Großtiere beschwören das Bild eines prähistorischen Gelages »aus Land und Meer« herauf. Anscheinend hatten unsere Vorfahren selbst in jenen offenbar sehr harten Zeiten einen gut entwickelten Feinschmeckergaumen.

Eine der spannendsten Einzelheiten in Walters Arbeiten ist die Erkenntnis, dass offenbar bereits ein Austausch mit anderen Küstenbewohnern stattfand, die mehrere tausend Kilometer entfernt in Südafrika die gleichen Ressourcen nutzten. Dies kann man aus den Ähnlichkeiten der an den verschiedenen Stätten gefundenen Werkzeuge schließen, die außerdem ungefähr auf das gleiche Alter datiert wurden. Anscheinend konnten die Menschen schon damals entlang der ostafrikanischen Küste große Entfernungen überwinden.

Und jetzt kommt der große Gedankensprung: Wenn die Menschen innerhalb eines Kontinents weite Strecken zurücklegen konnten, warum sollte es dann mit der gleichen Technologie und denselben Ressourcen nicht auch zwischen den Kontinenten möglich gewesen sein? Die Route entlang der Küste war vielleicht so etwas wie eine prähistorische Autobahn: Sie ermöglichte eine hohe Mobilität, ohne dass die vielschichtigen Anpassungen an neue Umweltbedingungen notwendig waren, die ein Weg durch das Landesinnere erfordert hätte. In Eritrea wurden im Wesentlichen die gleichen Ressourcen genutzt wie an der arabischen Küste, im Westen Indiens, in Südostasien oder – ja, genau – Australien. Und da die Küste eine so problemlose Fortbewegung ermöglichte, konnte die Wanderung relativ schnell vonstatten gehen. Die Menschen brauchten weder Gebirge noch Wüsten zu überwinden, keine neuen Werkzeuge oder schützende Kleidung zu erfinden, keine drastischen Schwankungen der verfügbaren Nahrungsmenge zu ertragen. Die Route entlang der Küste erscheint gegenüber der durch das Landesinnere unendlich viel attraktiver. Nur wenige Abschnitte mit offenem Wasser mussten per Boot überquert werden; diese Fahrzeuge waren vermutlich sehr einfach – sie bestanden vielleicht nur aus ein paar zusammengebundenen Holzbalken –, aber da Holz sehr schnell verrottet, haben wir dafür keinen unmittelbaren Beleg. Jedenfalls schafften sie die Überfahrt.

Die Vorstellung, dass Menschen in Australien schon kurz nach der Auswanderung aus Afrika anzutreffen waren, weil sie als Strandläufer entlang der südasiatischen Küste gewandert waren, ist mit Sicherheit plausibel. Allerdings fehlen noch zwei Puzzlesteine – und zwar zwei sehr entscheidende. Gibt es ein charakteristisches genetisches Muster, das auf eine von Afrika ausgehende Wanderung entlang der Küste hindeutet? Ein solches Muster hängt davon ab, wie die Wanderung sich abspielte und was die Menschen unterwegs getan haben. Man könnte mit einem Streifen von besonderen genetischen Markern rechnen, in denen sich die Küstenbewohner von der Bevölkerung im Landesinneren unterscheiden. Vielleicht haben sich solche Signale aber auch bei den Nachkommen von Küstenbewohnern und jenen, die später den Landweg nahmen, vermischt. Das alles lässt sich nur feststellen, indem man das genetische Muster in den Bevölkerungsgruppen entlang der Wanderungsroute untersucht. Die zweite entscheidende Frage betrifft die archäologischen Überreste an der mutmaßlichen Wanderungsroute – lassen sie sich mit einer solchen Reise vereinbaren?

M&M

Wie wir bereits erfahren haben, reichen die Abstammungslinien, die man in Mitochondrien-DNA und Y-Chromosom erkennt, in Afrika weiter zurück als in allen anderen Gebieten. Was bedeutet das eigentlich? Wenn wir uns die genetischen Verwandtschaftsbeziehungen zwischen den heutigen Mitochondrien tatsächlich als Baum vorstellen – beispielsweise als große Eiche –, stehen Wurzeln und Stamm sowie die Zweige, die dem Erdboden am nächsten sind, ausschließlich in Afrika. Diese Zweige bildeten sich an dem wachsenden Baum als erste und sind deshalb am ältesten. Daraus kann man schließen, dass das Wachstum des Baumes in Afrika begann. Bewegen wir uns am Stamm weiter nach oben, tauchen auch Zweige auf, die man beim Menschen außerhalb Afrikas findet und die sich demnach später gebildet haben. Wie weit müssen wir hochsteigen, bis wir die ersten Nichtafrikaner finden? Die Antwort: ziemlich weit. Wenn der Baum vor 150 000 Jahren – dem Alter der Wurzel – zu wachsen begann, befinden sich die ersten nichtafrikanischen Zweige viel näher am oberen Ende; sie sind nicht älter als 60 000 Jahre. Die Evolution des Menschen hat sich zum größten Teil in Afrika abgespielt, und deshalb ist es plausibel, dass man dort die größte Vielfalt findet. Die meisten Zweige des Baumes sind ausschließlich bei Afrikanern vorhanden.

Das Schöne an den genetischen Befunden ist, dass sie uns das eindeutige Bild einer schrittweisen Auswanderung aus Afrika nach Eurasien und Amerika vermitteln. Die Vielfalt, die wir auf der ganzen Welt finden, gliedert sich in zwar verwandte, aber durchaus unterscheidbare Einheiten, die jeweils durch eigene Marker charakterisiert sind – Nachkommen früherer Mutationsereignisse. Trägt man diese Marker auf einer Weltkarte ein, kann man daraus Einzelheiten über die Wanderungsbewegungen der Vergangenheit ableiten. Betrachtet man die Reihenfolge, in der sich die Mutationen ereignet haben, und schätzt man außerdem Zeitpunkte besonderer demographischer Vorgänge ab (beispielsweise das Verschwinden oder die Zunahme von Bevölkerungsgruppen), kann man daraus Erkenntnisse über die Einzelheiten der Reise gewinnen. Ein erster Beleg stammt von einem ganz bestimmten Mann, in dessen Y-Chromosom sich vor 31 000 bis 79 000 Jahren zufällig eine recht wichtige Mutation ereignete. Er wurde auf den ziemlich prosaischen Namen M168 getauft. Poetischer könnte man ihn als eurasischen Adam bezeichnen – er ist der Ur ...ururgroßvater aller heute lebenden Männer außerhalb Afrikas. Die Wanderungen seiner Söhne und Enkel bestimmten den weiteren Verlauf der Menschheitsgeschichte.

Dass der eindeutige Beleg für die Wanderungsroute unserer Vorfahren aus dem Y-Chromosom stammt, mag vielleicht verwundern – neigen Männer nicht dazu, »ihren Samen auszusäen«, sodass regionale genetische Signale eine weite Verbreitung finden? Seltsamerweise nein – und der schnelle Verlust alter Suppenrezepte in der männlichen Abstammungslinie (mit dem wir das späte Auftauchen Adams erklärt haben) bedeutet, dass die männlichen Bewohner einer bestimmten Region in der Regel auch in relativ junger Vergangenheit einen gemeinsamen Vorfahren haben, sodass sich eindeutige »Fingerabdrücke« verschiedener geographischer Gebiete ergeben. Demnach liefert das Y-Chromosom tatsächlich die eindeutigen Indizien für die Wanderungsbewegungen der Frühmenschen. Genau genommen handelt es sich dabei nur um eine »Reise der Männer«, aber es ist unser bestes Hilfsmittel, wenn wir auf Einzelheiten des Reiseablaufes schließen wollen. Natürlich ist es wichtig, dass man auch an der weiblichen Abstammungslinie untersucht, ob sie den gleichen Gesetzmäßigkeiten unterliegt, aber das Y-Chromosom liefert nun einmal das schärfste Spiegelbild der Verbreitungsgeschichte der Menschen.

Betrachtet man die Anordnung der Zweige am Stammbaum der Mitochondrien genauer, so findet man ein ähnliches Muster – hier stammen alle nichtafrikanischen Äste von einer einzigen Abzweigung am Stamm des Baumes, was darauf schließen lässt, dass unser Adam M168 auch eine Eva hatte. Erfreulicherweise lebte diese eurasische Eva vor rund 50 000 bis 60 000 Jahren, und das legt den Gedanken nahe, dass sie und Adam sich gekannt haben könnten. Sie trägt den (ebenfalls) recht schmucklosen Namen L3, und ihre Töchter begleiteten die Söhne von M168 auf ihrer Wanderung, mit der sie die Welt bevölkerten.

Die heutige Verteilung der Nachkommen von M168 und L3 lässt wahrscheinlich den Schluss zu, dass beide im Nordosten Afrikas im Gebiet des heutigen Äthiopien und Sudan lebten. Wie alle heutigen Männer, so hatte auch M168 eine tiefer reichende Verbindung zu seinen afrikanischen Vettern. Seine Abstammungslinie stellt eine große Abzweigung vom Stammbaum der Menschen dar, und die von ihm abstammenden »letzten Verzweigungen« findet man in der DNA aller heutigen Eurasier. M168 verbindet sie also mit den afrikanischen Wurzeln unserer Spezies. In der Metapher des Baumes entspricht jeder untersuchte Marker einer Verzweigung – einer Stelle, an der ein Ast sich in zwei kleinere Äste aufspaltet. Gäbe es neben M168 und L3 keine weiteren Marker, wäre es ein sehr spärlicher Baum mit einer Wurzel (Adam und Eva), einer durch M168 oder L3 definierten Verzweigung in dem Zweig, der aus Afrika herausführt, und einem weiteren Zweig, der in Afrika blieb. Glücklicherweise hat der Baum aber eine dichte Krone, und das durch sie definierte Wachstum spiegelt den Verlauf unserer Reise wider.

Interessanterweise findet man sowohl im Mitochondrien- als auch im Y-Zweig unmittelbar nach M168 und L3 jeweils weitere Verzweigungen, die den eurasischen Ast in Gruppen unterteilen – zwei bei der mtDNA, drei beim Y-Chromosom.[1] Dabei ist die eine wesentlich zahlreicher als die andere – sie macht bei der Mitochondrien-DNA etwa 60 Prozent und beim Y-Chromosom sogar über 90 Prozent der nichtafrikanischen Verzweigungen aus. Mit anderen Worten: Die Mehrzahl der heute außerhalb Afrikas lebenden Menschen stammt von der jeweils größeren Gruppe der mtDNAs und Y-Chromosomen ab. Dies gilt für Menschen auf der ganzen Welt, von Afrika über Europa bis nach Feuerland. Die kleineren Zweige dagegen beschränken sich in ihrer Verbreitung auf Asien, Australasien und Amerika. Diese seltenen Zweige stellen auch die Mehrheit der Mitochondrien- und Y-Typen, die bei den australischen Ureinwohnern vorkommen.

Unserer kleineren Mitochondriengruppe gab man den Namen M. Biblisch gesprochen, brachte Eva L3 hervor, und L3 brachte M hervor. Nach neueren Untersuchungen des katalonischen, in Paris tätigen Wissenschaftlers Lluis Quintana-Murci weist die Verteilung der Gruppe M auf eine frühzeitige Auswanderung aus Afrika hin, die entlang der südasiatischen Küste verlief und sich schließlich bis nach Südostasien und Australien erstreckte. M fehlt im Nahen Osten fast völlig und ist in Europa überhaupt nicht zu finden, macht aber in Indien über 20 und in Australien fast 100 Prozent der Mitochondrientypen aus. Nach Quintana-Murcis Schätzungen ist die Gruppe 50 000 bis 60 000 Jahre alt, und ihre Verteilung lässt

1 Von den drei Gruppen, die sich beim Y-Chromosom abgrenzen lassen, werden hier nur zwei genauer erörtert. Die dritte, die vorwiegend in Afrika vorkommt, ist durch einen Marker namens YAP oder M1 definiert. Außerhalb Afrikas spaltet sie sich in zwei Abstammungslinien, die sich im Wesentlichen entlang der gleichen Wanderungsrouten verfolgen lassen wie die beiden hier näher beschriebenen Gruppen. Da sie zu unseren Kenntnissen über die Auswanderung aus Afrika so wenig beitragen und bei den meisten nichtafrikanischen Bevölkerungsgruppen nur selten vorkommen, habe ich mich entschlossen, sie außer Acht zu lassen. Meine Entschuldigung geht an Mike Hammer, der den YAP-Marker Anfang der neunziger Jahre entdeckte.

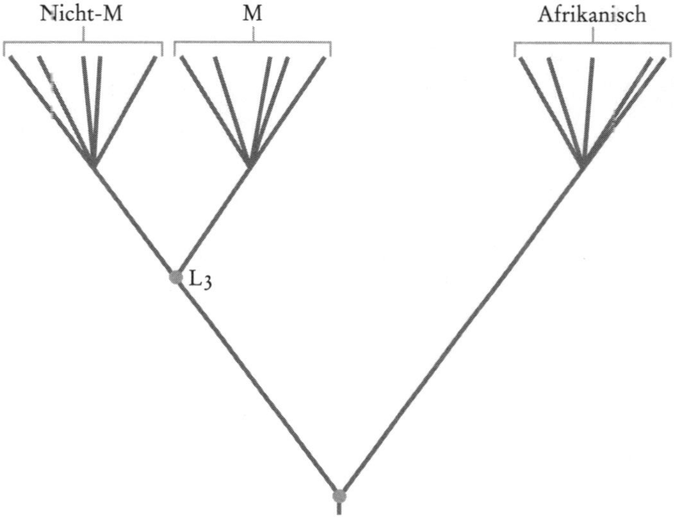

Abb. 3: Der Stammbaum der mtDNA; man erkennt die Aufspaltung zwischen den Abstammungslinien von M und Nicht-M außerhalb Afrikas.

den Schluss zu, dass Menschen mit der Abstammungslinie M im Nahen Osten niemals ins Landesinnere vordrangen. Dies lässt sich am einfachsten damit erklären, dass die »M-Menschen« Afrika sehr frühzeitig verließen und ihr charakteristisches genetisches Kennzeichen entlang der Küste quer über den gesamten Süden des Kontinents mitnahmen.

Und wie steht es mit dem Y-Chromosom? Gibt es zur Mitochondrienlinie M auch ein männliches Gegenstück? Erfreulicherweise lautet die Antwort ja. Bedienen wir uns noch einmal des biblischen Stils: Adam zeugte M168, und M168 zeugte M130. M130 begleitete die M-Mitochondrien offenbar auf der Reise entlang der Küste, und die heutige Verbreitung seiner Nachkommen liefert uns Erkenntnisse darüber, wie die Reise ablief. Wie die Mitochondrienlinien M, so sind auch die Y-

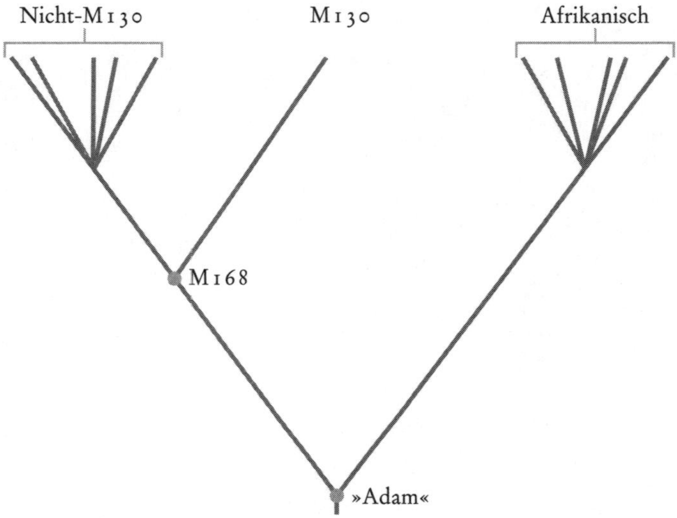

Abb. 4: Der Stammbaum des Y-Chromosoms; man erkennt die Aufspaltung in die Abstammungslinien von M130 und Nicht-M130, die von einem Vorfahren mit M168 ausgehen.

Chromosomen von M130 auf Asien und Amerika beschränkt, aber durch das dynamische Aussterben, das man beim Y-Chromosom beobachtet, ist hier ein viel auffälligeres Muster entstanden als bei den entsprechenden Mitochondrienlinien. Westlich des Kaspischen Meeres gibt es praktisch keine Nachkommen von M130, unter den Männern Australasiens machen sie dagegen einen erheblichen Anteil aus. Auf dem indischen Subkontinent ist M130 selten – der Anteil liegt bei fünf Prozent oder weniger. Vor dort aus nach Osten nimmt seine Häufigkeit aber zu: In Malaysia können zehn, in Neuguinea 15 und in Australien 60 Prozent der männlichen Ureinwohner ihre Abstammung unmittelbar auf M130 zurückverfolgen. Erstaunlich häufig ist M130 auch im Nordosten Asiens, insbesondere in der Mongolei und Ostsibirien; dies lässt auf eine spätere Wanderungswelle schließen, auf die wir in Kapitel 7 zurückkommen werden. Was aber unsere Geschichte über Australien angeht, ist M130 ein klarer Hinweis auf eine Wanderung, die sich von Afrika aus entlang der Küste vollzog.

Auf eine unmittelbare Verbindung zwischen Afrika und Australasien lässt auch ein anderes Indiz schließen: das äußere Erscheinungsbild. In unserer heutigen Zeit der politischen Korrektheit ist es vielleicht keine »richtige« Feststellung, dass die dunkle Haut der australischen Ureinwohner an Afrikaner erinnert, aber es verlangt nach einer Erklärung. Die meisten heutigen Bewohner Südostasiens würde man als »mongolid« bezeichnen, womit gesagt ist, dass sie eine gemeinsame Vergangenheit mit den Menschen weiter nördlich in China und Sibirien haben. Es gibt aber überall in Südostasien auch isolierte Gruppen so genannter Negritos, die stark den Afrikanern ähneln. Die offenkundigsten Beispiele findet man auf der Inselgruppe der Andamanen, die politisch zu Indien gehört, aber nur 400 Kilometer vor der Westküste Thailands liegt. Die größten dortigen Stammesgruppen, die Onge und Jarawa, haben viele Merkmale mit den afrikanischen Buschleuten und Pygmäen gemeinsam, so unter anderem die geringe Körpergröße, dunkle Haut, dicht gelockte Haare und die Epikanthusfalte. Andere Negritogruppen, so die Semang in Malaysia und die Aeta auf den Philippinen, haben sich stark mit mongoliden Gruppen vermischt und sehen eher »asiatisch« aus. Die Bewohner der Andamanen dagegen sind wegen ihrer isolierten Heimat auf den Inseln der Vermischung auf dem Festland weitgehend entgangen. Deshalb hält man sie heute für einen Überrest der vormongolischen Bevölkerung Südostasiens – gewissermaßen für »lebende Fossilien«. Nach den Vermutungen vieler Anthropologen, unter ihnen insbesondere Peter Bellwood von der australischen National University, bestand die Bevölkerung Südostasiens vor bis zu 6000 Jahren vorwiegend aus Gruppen von Jägern und Sammlern, die den heutigen Negritos sehr ähnlich waren. Während der letzten Jahrtausende ließ dann die Einwanderung aus Nordasien fast alle Spuren der früheren Ostasiaten verschwinden, mit Ausnahme kleiner Gruppen, die in abgelegenen Gebieten oder auf Inseln wie den Andamanen leben.

Sowohl das Y-Chromosom als auch die mtDNA zeichnen also das eindeutige Bild einer schnellen Wanderung entlang der Küste von Afrika nach Südostasien und weiter nach Australien. Den genetischen Befunden zufolge könnten die Jetztmenschen diese Strecke ungefähr zu der Zeit zurückgelegt haben, für die auch die ältesten archäologischen Befunde auf eine Besiedelung Australiens hindeuten. Die DNA hat uns eine Ahnung von dieser Reise vermittelt, die mit ziemlicher Sicherheit an der Küste entlang und über Indien führte. Aber findet man auf der langen Strecke auch entsprechende archäologische Spuren?

Schwimmen in Ceylon

Damit sind wir wieder bei der Frage der Datierung und insbesondere ihrer Anwendung auf Überreste aus Australien. Belege für die Gegenwart anderer Hominiden hat man auf diesem Kontinent nicht gefunden – *Homo erectus* lebte zwar nur wenige hundert Kilometer entfernt in Java, aber die lange Reise über das offene Meer gelang ihm nicht. Da *Homo sapiens* in Australien als einzige Hominidenart gefunden wurde, ist die Zuordnung aller Anhaltspunkte für menschliche Besiedelung so klar wie die sprichwörtliche Kloßbrühe. Steinwerkzeuge, die in Arnhemland ausgegraben werden, können nur von einer Spezies stammen: von unserer. Und wenn wir aus den radiometrischen Befunden entnehmen können, dass die Steinwerkzeuge in Australien schon vor 50 000 bis 60 000 Jahren entstanden sind, also fast unmittelbar nachdem wir den genetischen Befunden zufolge nur in Afrika heimisch waren, müssen die Jetztmenschen eine Route genommen haben, die ein äußerst schnelles Vorwärtskommen ermöglichte. Dafür kommt aller Wahrscheinlichkeit nach nur die »Küstenautobahn« infrage.

Aber wie wir bereits erfahren haben, lebten an dem Weg der Strandläufer schon andere Hominiden. Auch sie stellten Steinwerkzeuge her, und die hat man überall in Eurasien gefunden. Im Osten erstreckte sich das Verbreitungsgebiet des *Homo erectus* bis nach Java, und möglicherweise überlebte er bis vor 40000 oder 50000 Jahren – so lange, dass die Küstenwanderer auf ihrem Weg durch die indonesischen Inselwelt mit Vertretern dieser Spezies zusammentrafen. Klar ist aber, dass *Homo erectus* unmittelbar nach dem Eintreffen der Jetztmenschen oder vielleicht schon davor ausstarb. Man kann allerdings nicht mit Sicherheit sagen, ob diese Hominiden gewaltsam verdrängt wurden – eine Ausrottung, mit der wir uns später im Zusammenhang mit Europa noch genauer befassen werden.

Genau wie man ausgestorbene Hominidenarten an der Größe und Form ihrer Knochen erkennen kann, so lassen sich auch Steinwerkzeuge und andere Artefakte nach ihrem Stil einteilen. Als Parallele bietet sich hier die Entwicklung einer Ikone der amerikanischen Kultur während des 20. Jahrhunderts an: die Coca-Cola-Flasche. In den ersten siebzig Jahren des Jahrhunderts war sie eine 250-Milliliter-Glasskulptur, deren charakteristisch geschwungene Form an die Bars und Drive-In-Lokale der fünfziger Jahre denken lässt. In den siebziger Jahren kam eine größere, leichtere Plastikflasche in die Supermärkte, die aber immer noch die bekannte Stundenglasform besaß, als wollte sie an die vergangene Epoche der früheren Version erinnern. In den achtziger Jahren jedoch hatte man die geschwungene Form zu Gunsten einer standardisierten, glatten Plastikflasche aufgegeben, die heute von allen Getränkeproduzenten verwendet wird. In der Größe gibt es geringfügige Abweichungen – in Großbritannien und den USA sind 2-Liter-Bolzen üblich, Kontinentaleuropa bevorzugt die etwas elegantere 1,5-Liter-Version –, aber der neue Stil hat sich überall durchgesetzt.

Einen ganz ähnliche Siegeszug einer allgemein verbreiteten Standardform beobachtet man bei allen Werkzeugen, vom Hammer über Messer und Gewehre bis zu Bratpfannen. Alle entwickelten sich mit der Zeit weiter, und die praktischste Form findet die weiteste Verbreitung. Sie gewinnt gegenüber konkurrierenden Formen schnell die Vorherrschaft, und irgendwann kann man sich an die früher benutzte Version kaum noch erinnern. Selbst in unserer globalisierten Welt gibt es »Killerapplikationen«, die alles andere in den Schatten stellen. In der Epoche, um die es hier geht – der Zeit von 50000 bis 60000 Jahren –, gehörten die Killerapplikationen zu einem verbreiteten Kulturphänomen, das man als späte Altsteinzeit oder fachsprachlicher als oberes Paläolithikum bezeichnet. Die Werkzeuge des oberen Paläolithikums stellen eine radikale Abkehr von früheren Formen dar und sind ein klarer Beleg, dass es zu jener Zeit anatomisch moderne Menschen gab, im Gegensatz zu *Homo erectus* oder Neandertalern, die in der Zeitfalle des mittleren Paläolithikums gefangen blieben.

Mit dem Übergang vom mittleren zum oberen Paläolithikum werden wir uns im nächsten Kapitel im Einzelnen befassen; im Zusammenhang mit der Geschichte unserer australischen Küstenbewohner reicht zunächst die Feststellung, dass die frühesten Werkzeuge aus dem oberen Paläolithikum die erste Einwanderung der Jetztmenschen in ein geographisches Gebiet kennzeichnen. Deshalb ist Indien ein ungewöhnlicher Fall: Dort gibt es aus dieser Zeit tatsächlich fast keine Funde. Überreste der Menschen selbst aus allen Epochen bis hin zum oberen Paläolithikum sind auf dem Subkontinent allgemein Mangelware, aber zumindest Steinwerkzeuge aus älteren Zeiten gibt es dort in großer Zahl. Erst sehr spät tauchen charakteristische Spuren des oberen Paläolithikums auf, und dann auch an einem ganz unerwarteten Ort.

Die ältesten Spuren des oberen Paläolithikums auf dem indischen Subkontinent finden wir in der Höhle Fa Hien in Sri Lanka. Das eigentlich Überraschende daran ist die Datierung: Die ersten eindeutig modernen Artefakte stammen frühestens aus der Zeit vor 31 000 Jahren. Nicht weit davon entfernt, in der Höhle Batadomba Lena, fand man die ältesten Skelettreste anatomisch moderner Menschen, und auch die sind rund 30 000 Jahre alt. Alter und Ort liefern gemeinsam zwei Anhaltspunkte für unsere Suche nach Spuren der Wanderung entlang der Küste. Zunächst einmal lassen die Höhlen in Sri Lanka darauf schließen, dass die ersten Menschen von Süden nach Indien kamen und nicht auf dem Landweg von Norden, wie man es eigentlich vermuten sollte. Demnach liegt die Vermutung nahe, dass sie an der Küste lebten, was mit der Theorie von einer frühen Wanderung auf dieser Route übereinstimmt.

Den zweiten Hinweis liefert das Datum: Die Menschen von Batadomba können nicht die Vorfahren der Australier sein, denn sie lebten mindestens 20 000 Jahre nachdem es den Funden zufolge die ersten Siedlungen in Arnhemland gab. Wieder einmal stehen wir vor einem Rätsel. Möglicherweise werden sich in archäologischen Schichten unterhalb der bereits ausgegrabenen Funde weitere ältere Spuren moderner Menschen finden, aber vorerst sieht es so aus, als sei Batadomba zu jung und könne uns deshalb in der Frage der Wanderung nicht weiterhelfen. Auch auf dem gesamten übrigen Weg nach Australien findet man nur relativ späte Daten. In der thailändischen Höhle Lang Rongrien zum Beispiel gibt es aus der Zeit vor 37 000 Jahren erste Anzeichen einer Besiedelung, aus früheren Epochen aber nicht. Je näher wir dem Zentrum des Geschehens kommen, desto älter werden die Daten – auf der Halbinsel Huon im Osten Neuguineas hat man 40000 Jahre alte, hoch entwickelte Steinwerkzeuge aus dem oberen Paläolithikum gefunden. Das wäre der letzte Meilenstein der Reise, aber auch dort reicht nichts auch nur annähernd an die 50000 bis 60000 Jahre der Fundstätten in Australien heran. Im Gegensatz zu den genetischen Spuren, die auf eine frühe Wanderung von Afrika entlang der Küste hinweisen, lässt uns die Archäologie anscheinend im Stich. Wo ist der Beleg für die Küstenroute?

Die kurze Antwort lautet: Wir wissen es nicht, aber es gibt eine plausible Hypothese. Da heute fast alle archäologischen Arbeiten an Land stattfinden, entgehen uns wahrscheinlich viele Artefakte, die unter Wasser liegen. »So ein Unsinn – Atlantis ist doch nur ein Mythos!«, wird jetzt vielleicht mancher einwenden. Ja und nein. Für eine ganze Zivilisation, die in einer großen Katastrophe dem Meer zu Opfer fiel, gibt es tatsächlich nur spärliche Indizien; unbestritten ist aber, dass der Meeresspiegel während der letzten 100000 Jahre beträchtlichen – allerdings langsamen – Schwankungen unterworfen war. Vor 50000 Jahren lag er rund 100 Meter niedriger als heute, weil große Wassermengen in den wachsenden Eiskappen der nördlichen Erdhalbkugel gebunden waren. Das mag sich nach einem geringen Unterschied anhören, aber interessant ist dabei ja nicht der Höhenunterschied, sondern die Landflächen, die durch solche Schwankungen freigelegt wurden. Da den Kontinenten meist ein Sockel mit relativ flachem Wasser vorgelagert ist, bevor sie steil in die Tiefsee abfallen, kann ein Unterschied von 100 Höhenmetern zu einer beträchtlichen Ausweitung der trockenen Landflächen führen. Vor der Westküste Indiens beispielsweise würde auf diese Weise ein 200 Kilometer breiter Landstreifen freigelegt. Sri Lanka und Indien wären dann durch eine Landbrücke verbunden, der Persische Golf und der Golf von Siam wären fruchtbare Flussmündungsgebiete, Australien und Neuguinea würden die verbreiterten Enden einer einzigen Landmasse darstellen. Insgesamt dürfte die Küstenroute vor 50 000 Jahren ganz anders ausgesehen haben als heute.

Angesichts des heutigen Meeresspiegels muss man also davon ausgehen, dass unsere Küstenwanderer, die sich ja vorwiegend aus dem Meer mit Nahrung versorgten, als Wohnorte zahlreiche heute versunkene Gebiete aussuchten. Das Verteilungsmuster der Y-Chromosomen in Eurasien zeigt, dass der Marker M130 vorwiegend im südlichen und östlichen Teil des Kontinents vorkommt. Außerdem scheinen M130-Chromosomen im Süden älter zu sein als weiter nördlich, was auf eine spätere, von den tropischen Gebieten ausgehende Wanderungsbewegung schließen lässt. Diese Befunde lassen in Verbindung mit dem Fehlen archäologischer Belege für eine Besiedelung vor mehr als 40 000 Jahren den Schluss zu, dass die ersten Küstenwanderer sich nicht weit vom Meer entfernten. Sie hatten sich auf das Leben an der Küste eingestellt und drangen offenbar nicht nennenswert ins Landesinnere vor. Vor dem Hintergrund dieser Erkenntnisse sollten die Archäologen nicht mit dem Geologenhelm, sondern im Taucheranzug auf die Suche nach den ersten Indern gehen. Die ältesten Werkzeuge aus dem oberen Paläolithikum wird man auf dem Subkontinent wahrscheinlich unter Sand und Korallen vieler Jahrtausende finden.

Ein australischer Ararat?

Die Kleinstadt Laura, 30 Kilometer nordwestlich von Cairns in dem australischen Bundesstaat Queensland gelegen, ist aus zwei Gründen bekannt. Erstens war es das regionale Zentrum des Goldbergbaues von Cape York und damit der Inbegriff brutaler europäischer Siedlungspolitik. Viel wichtiger für die Aborigines heute ist aber, dass alle zwei Jahre auf einem großen Wiesengelände am Stadtrand das Laura Festival of Aboriginal Art and Culture stattfindet. Es mag vielleicht verwundern, dass dieses wichtige internationale Festival an einem Ort abgehalten wird, der bis vor kurzem noch nicht einmal über eine asphaltierte Straßenverbindung zur übrigen Welt verfügte – und der außerdem eine solche Vergangenheit der kolonialistischen Ausbeutung hat. Aber Laura wurde dazu ausersehen, weil sich hier mehrere heilige Stätten der Ureinwohner befinden – auf großen Felsblöcken rund um die Stadt finden sich detaillierte künstlerische Darstellungen aus über 15 000 Jahren. Die Kunstwerke werden von den Quinkans bewacht, zwei Geistern namens Timara und Imjim, die eine Art kollektives Gewissen bilden. Timara ist der Teuflische – er hat die Aufgabe, die Bevölkerung zur Räson zu bringen; Imjin dagegen – den man in den Abbildungen an seinem gewaltigen Penis erkennt – ist eher der Kobold und hat Spaß an dummen Streichen.

Die Quinkans und ihr uralter Stammbaum sind ein Beweis, wie stark sich die Aborigines mit ihrem Land verbunden fühlen. Ihre Traumpfade sind die Spuren längst vergangener Reisen kreuz und quer durch die Landschaft, die eine stammesgeschichtliche Verbindung bis zu den Anfängen der Menschheit bilden. Wie viele indigene Völker auf der ganzen Welt, so glauben auch die Aborigines, sie hätten schon immer in ihrer Heimat gelebt. Als Beweis führen sie die ständig wechselnden Schätzungen der Wissenschaftler an, die das Datum der Besiedelung während der letzten fünfzig Jahre immer weiter in die Vergangenheit gerückt haben, von wenigen tausend Jahren Anfang der Sechziger bis zu den heutigen 60 000 Jahren. Mit der Anwendung neuer Datierungsmethoden – die jeweils mit ihren eigenen Fehlerquellen behaftet sind – auf die australische Frühgeschichte wurde der mutmaßliche Zeitraum der menschlichen Besiedelung immer länger. Wie wir noch genauer erfahren werden, reichen die Belege für eine Besiedelung durch Jetztmenschen in Europa nicht weiter als 40 000 Jahre zurück, das heißt, die Aborigines stehen zu ihrer Heimat sicher in einer viel älteren Verbindung als die Europäer, die Australien in den letzten 200 Jahren kolonisiert haben.

Die genetischen Befunde zeigen allerdings ganz eindeutig, dass auch die Australier ihre Abstammung wie alle anderen heutigen Menschen nach Afrika zurückverfolgen können. Darauf haben die Aborigines eine Antwort. Greg Singh, ein Ureinwohner und Künstler, der in Cairns lebt, meint dazu: In Wirklichkeit wurde die Erde von Australien aus besiedelt, und das ist die Erklärung für die Verbindungen zu Afrika. Genau wie die Radiokarbonmethode durch die Thermolumineszenz verdrängt wurde, so Singh, werde auch eine Neubewertung der genetischen Befunde zu der Erkenntnis führen, dass Australien in der Frühgeschichte der Menschheit eine zentrale Rolle spielt. Das ist natürlich nicht möglich – der Ursprung unserer Spezies liegt eindeutig in Afrika –, aber man kann die Frage stellen, ob der Weg nach Australien, in das erste besiedelte Gebiet außerhalb Afrikas, eine Art prähistorischer Ararat ist. Wenn Afrika am Anfang stand, könnte Australien oder Südasien dann die wichtigste Zwischenstation gewesen sein, von der die weitere Reise ausging?

Um die Antwort auf diese Frage zu finden, müssen wir wieder nach Afrika zurückkehren und nach der zweiten Hauptlinie der genetischen Vielfalt suchen.

Kapitel 5

Sprünge und Grenzen

Sprache ist die Kleidung der Gedanken.
Samuel Johnson, *Lives of the English Poets*

Mein Y-Chromosom ist durch einen Marker namens M173 definiert. Demnach hat sich irgendwann in der Vergangenheit bei einem einzigen Mann an einer bestimmten Stelle in der Nucleotidsequenz des Y-Chromosoms ein Wechsel von A nach C abgespielt. Diesen Mann könnte man nach dem Marker ebenfalls als M173 bezeichnen. Seine sämtlichen Söhne trugen ebenfalls die veränderte Sequenz und waren damit als seine männlichen Nachkommen besonders gekennzeichnet. Diese Männer gaben den Marker wiederum an ihre Söhne weiter, und im Laufe der Zeit nahm seine Häufigkeit zu. Heute ist M173 in Westeuropa weit verbreitet – er kommt in Südengland bei über 70 Prozent aller Männer vor, ein Zeichen, dass wir alle in nicht allzu ferner Vergangenheit einen gemeinsamen Vorfahren hatten. Aber ich trage nicht nur diesen Marker: Wenn ich meine genetische Abstammungslinie weiter in die Vergangenheit zurückverfolge, stoße ich auf Polymorphismen namens M9 und M89, auch sie jeweils einzigartige Abweichungen an ganz bestimmten Stellen des Y-Chromosoms. Ein weiterer, der Marker M168, lokalisiert meine Vorfahren wie die aller anderen Eurasier vor rund 50 000 Jahren in Afrika. Anhand der Reihenfolge dieser Marker kann ich verfolgen, auf welchem Weg meine Vorfahren während der letzten 50 000 Jahre auf die britischen Inseln gelangt sind, und sie lässt auch faszinierende Verwandtschaftsbeziehungen zwischen Menschen auf der ganzen Welt erkennen. Die gleiche Übung kann man natürlich für jeden anderen heute lebenden Mann wiederholen. Es ist fast so, als würde ich das von meinen Eltern

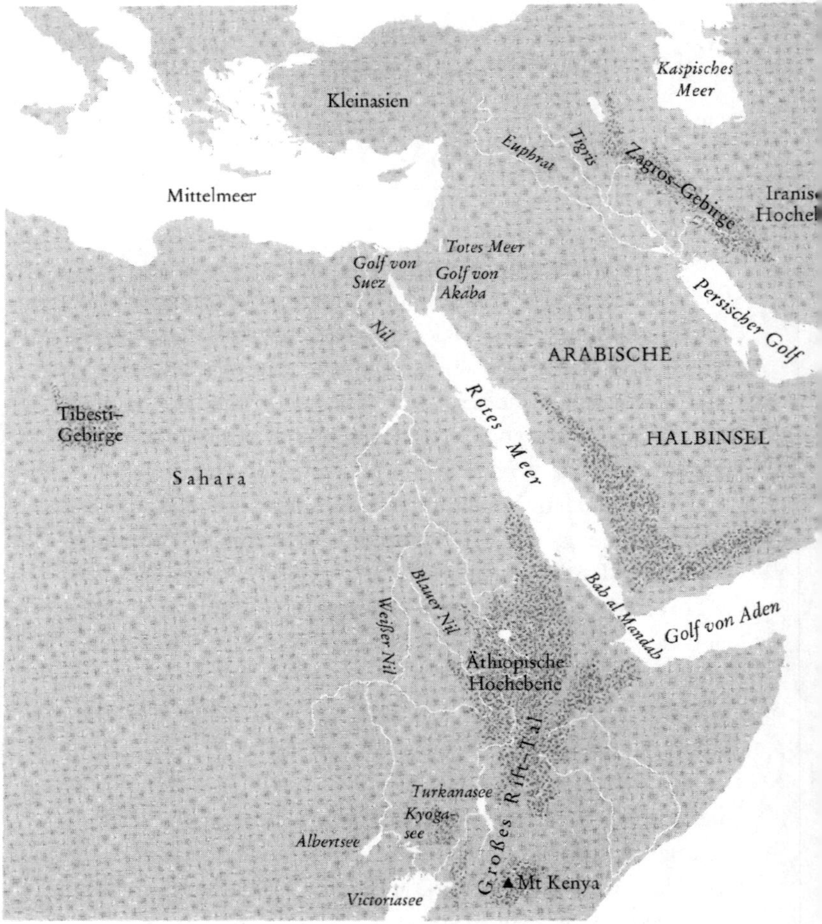

Karte 2: Der Nordosten Afrikas und der Nahe Osten

ererbte Bouillabaisse-Rezept auseinander nehmen und die einzelnen Veränderungen verfolgen, die frühere Generationen an den Zutaten vorgenommen haben, bis ich schließlich bei der Quelle angelangt bin – bei dem ursprünglichen afrikanischen Suppenrezept.

Wie wir im vorhergehenden Kapitel erfahren haben, ist die Mehrzahl aller männlichen Australier durch einen Marker namens M130 gekennzeichnet. Diese lässt sich ebenfalls nach Afrika zurückverfolgen, und seinen gemeinsamen Vorfahren mit meinem Y-Chromosom finden wir, wenn wir bei M168 angelangt sind, dem eurasischen Adam. In der begrenzten Verbreitung von M130 unter den Bevölkerungsgruppen der Erde spiegelt sich die Wanderung von Afrika entlang der asiatischen Südküste wider, die auf der gesamten Strecke faszinierende Spuren hinterlassen hat. Aber waren auf dieser Wanderung auch Männer mit M89 dabei, dem nächsten Marker meiner Abstammungslinie? Begann die Besiedelung Eurasiens vor 50 000 Jahren an der südasiatischen Küste?

Bevor wir diese Frage beantworten und die von M89 ausgehenden eurasischen Suppenrezepte analysieren können, müssen wir eine entscheidende Frage beantworten: Wenn es schon vor 150 000 Jahren in Afrika die ersten Menschen gab – und alle archäologischen Befunde sprechen dafür –, warum ließen sie sich dann mit dem Auswandern so lange Zeit?

Geistige Gymnastik

Über der ostafrikanischen Savanne geht die Sonne unter, und es wird merklich kühler. Der Mann zittert und ist froh, dass er zusammen mit den anderen Mitgliedern seines Jäger- und Sammler-Trupps eine fußlahme Gazelle erlegen konnte. Heute Abend hat die Sippe genug zu essen. Sie kehren ins Lager zurück, und jeder greift nach einem einfachen steinernen

Schneidwerkzeug – es ist auf einer Seite scharf und auf der anderen stumpf –, und gemeinsam zerlegen sie das Tier. Die Werkzeuge, die ein heutiger Anthropologe dem Mousterién (der mittleren Steinzeit) zuordnen würde, sind einfach, aber praktisch. Sehnen und Knochen werden schnell durchtrennt, und schon bald sitzen alle gemütlich um das Lagerfeuer, über dem das Fleisch brutzelt. In der Ferne heult eine Hyäne, und der Mann kommt zum ersten Mal seit Stunden dazu, über etwas anderes nachzudenken.

Während er sich die Jagd des heutigen Tages durch den Kopf gehen lässt, beschleicht ihn ein Gefühl der Dankbarkeit. Er hat wieder einmal Glück gehabt, aber es sieht so aus, als ob die Tierherden schrumpfen. Natürlich weiß er es nicht, aber das Klima in Afrika wird tatsächlich immer trockener, und für die Herden steht einfach nicht mehr so viel Nahrung zur Verfügung wie früher. Nach dem Abendessen bringt seine Frau ihm den Sohn. Er ist zwar ein kräftiges, gesundes Kind, aber unser Mann macht sich dennoch Sorgen – der Junge sieht so ganz anders aus als die übrigen Kinder. Zum einen hat er mit zwei Jahren schon sprechen gelernt, was andere Kinder frühestens im dritten Lebensjahr schaffen. Außerdem kann er viele Dinge offensichtlich viel besser herstellen als die übrigen Kinder der Sippe, und er spielt begeistert mit den kleinen Steinbrocken, die überall im Lager herumliegen. Offensichtlich lässt er sich auch stärker von Gefühlen leiten – seine häufigen Temperamentsausbrüche machen den anderen in der Gruppe Angst. Was aber am seltsamsten ist: Er zeichnet Bilder in den Staub, die den ins Lager gebrachten Tieren ähneln. Das findet sein Vater besonders Furcht erregend, und wenn er es sieht, verwischt er die Zeichnungen schnell wieder. Andere in der Sippe haben es ebenfalls bereits bemerkt und murmeln hinter vorgehaltener Hand über dieses seltsame Betragen.

Als er älter wird, bringt sein Vater ihm bei, wie man jagt und einfache Werkzeuge herstellt, aber schon bald übertrifft sein

Wissen das der Älteren. Mit scheinbar übernatürlichen Fähigkeiten kann er voraussehen, wie die Tiere sich verhalten werden, und das macht ihn in der Sippe beliebt. Schon frühzeitig – mit ungefähr fünfzehn Jahren – wird er zum allgemein anerkannten Anführer der kleinen Gruppe. Unter seiner Leitung hat der Trupp immer genug zu essen, und es geht allen gut. Er zeugt viele Kinder, und auch die sind offensichtlich viel schlauer als die anderen in der Gruppe. Wenige Generationen später können alle Mitglieder der Sippe ihre Abstammung auf ihn zurückführen. Er wird zum »Stammvater« der Gruppe, zu der nun definitionsgemäß all diejenigen gehören, die seine Nachkommen sind. Andere Sippen besitzen weder die wundersamen Kenntnisse über das Verhalten der Tiere noch die Fähigkeit zur Herstellung effektiverer Werkzeuge, die seiner Gruppe einen so großen Vorteil bei der Jagd verschaffen, und wandern deshalb entweder ab oder lösen sich nach Überfällen der klügeren Menschen auf. Die Frauen werden von den Eroberern entführt und in den Clan aufgenommen, die Männer dagegen werden getötet oder verjagt. Schon bald ist die Sippe so groß, dass sie nicht mehr in einem kleinen Gebiet leben kann, und während der nun folgenden Auseinandersetzungen über die Lebensmittelverteilung machen einige jüngere Männer sich zusammen mit ihren Partnerinnen in neue Gebiete auf. Das Gleiche wiederholt sich in den folgenden Jahrtausenden viele, viele Male, bis praktisch jeder Mann in der Gegend seine Abstammung auf das erste kluge Kind zurückführen kann.

Der gerade beschriebene Vorgang dürfte sich vor 60 000 bis 70 000 Jahren in Afrika abgespielt haben, nachdem ein einziges glückliches Ereignis den weiteren Ablauf der menschlichen Evolution verändert hatte. Wie so viele historische Vorgänge hing er davon ab, dass der richtige Mensch sich zur richtigen Zeit am richtigen Ort befand – eine Dreiheit der Zufälle, die eine Umwälzung ins Rollen brachte. Aber muss es sich unbedingt so abgespielt haben?

Die kurze Antwort: Wir wissen es schlicht und einfach nicht. Den von Jared Diamond geprägten Begriff »Großer Sprung nach vorn« (mit dem Mao Tse-Tung in den fünfziger Jahren des 2. Jahrhunderts den Plan für die Industrialisierung Chinas bezeichnete) wandten die Anthropologen auf die grundlegenden technologischen Veränderungen zu Beginn des oberen Paläolithikums an, die sich vor 5 000 bis 70 000 Jahren abspielten. Diese »Killerapplikationen«, wie wir sie im letzten Kapitel genannt haben, kennzeichnen die radikale Abkehr von der bisherigen Lebensweise und bedürfen einer genaueren Erklärung. Wie kam es dazu, dass die Menschen ihr Verhalten so deutlich änderten?

Richard Klein, einer der überzeugtesten Anhänger der Theorie vom großen Sprung nach vorn, nennt drei bedeutsame Veränderungen in den archäologischen Funden aus jener Zeit. Erstens wurden die Werkzeuge wesentlich vielgestaltiger, und der Stein, aber auch andere Materialien, wurden dabei effizienter genutzt. Zweitens tauchen die ersten Kunstwerke auf, was auf einen Sprung im begrifflichen Denken schließen lässt. Und drittens schließlich nutzten die Menschen ungefähr zur gleichen Zeit auch die Nahrungsquellen erstmals erheblich effizienter. Alle diese Indizien sprechen für eine wichtige Veränderung im Verhalten der Menschen. Als Grund nennt Klein unsere DNA.

Veränderungen, wie man sie zu Beginn des oberen Paläolithikums beobachtet, setzten nach seiner Überzeugung voraus, dass die Menschen sich besser verständigen konnten. Daraus schließt er, dass das obere Paläolithikum auch den Ursprung der Sprache im heutigen Sinn kennzeichnet, mit ihrer reichhaltigen Syntax und ihren vielfältigen Möglichkeiten, sich auszudrücken. Die meisten Anthropologen sehen in diesem Aufblühen der Sprachfähigkeit eine unentbehrliche Voraussetzung für die weitere Gesellschaftsentwicklung. Die Entstehung komplizierter sozialer Wechselbeziehungen war mit ziemlicher Sicherheit der Auslöser der Verhaltensänderungen im oberen Paläolithikum, und sie spielte sich nach Kleins Überzeugung ab, weil sich in unserem Gehirn auf Grund einer genetischen Veränderung eine neue Vernetzung ausbildete.

Eine Vorstellung von diesen Veränderungen können wir uns verschaffen, wenn wir heutige Kinder betrachten. Der Schweizer Psychologe Jean Piaget stellte Mitte des 20. Jahrhunderts einen genauen Zeitplan für die Entwicklung eines normalen Kindes auf. Dieser umfasst den Übergang vom Erkennen einzelner Gegenstände zu einem immer komplexeren Verständnis für die Beziehungen der Objekte untereinander. In den ersten Stadien liegt das Schwergewicht auf der Organisation konkreter Gegenstände (beispielsweise Flasche, Klapper oder Papas Gesicht), später wird das System durch Verhaltensanpassung immer komplexer (wenn ich Papas Gesicht sehe, bekomme ich meistens die Flasche, oder manchmal auch die Klapper). Das klingt kompliziert, aber anscheinend ist es tatsächlich eine Erklärung für die Art, wie Kinder durch Ausprobieren den Umgang mit ihrer Umwelt erlernen. Außerdem schafft es einen Rahmen für den Erwerb der Sprache, dieses ausschließlich menschlichen Verhaltens.

Wenn Kinder zu sprechen beginnen, »brabbeln« sie zunächst: Sie produzieren Zufallslaute, die einfach von der Zunge rollen. Mit etwa einem Jahr geht das Brabbeln in erkennbare Wörter über. Nach Ansicht vieler Psychologen und Linguisten sind die ersten Wörter eines Kindes wie »Mama« und »Papa« in irgendeiner Form durch die Anatomie des menschlichen Stimmapparats vorgegeben und deshalb am einfachsten zu erlernen. Sie kommen in fast allen Sprachen vor, und man kann deshalb vermuten, dass in dieser Behauptung ein Körnchen Wahrheit steckt. Die amerikanische Linguistin Merritt Ruhlen hält die allgemeine Verbreitung dieser Wörter allerdings nicht für ein anatomisch vorprogrammiertes Nebenprodukt, sondern für ein entwicklungsgeschichtliches

Überbleibsel des gemeinsamen Ursprunges aller Sprachen – für eine Spur der ursprünglichen Sprache, die vor zigtausend Jahren gesprochen wurde. Wahrscheinlich haben beide Erklärungen ihre Berechtigung – möglicherweise wurden die ganz grundlegenden Laute in der ersten menschlichen Sprache gerade deshalb verwendet, *weil* unser Stimmapparat sie am einfachsten hervorbringen kann.

Die Brabbel- und Einzelwortphase setzt sich ein weiteres Jahr fort, wobei der Wortschatz sich bereits stark erweitert. Allmählich tauchen dabei die ersten Zwei-Wort-Sätze auf, in denen das Kind zwei Wörter zu einer neuen Bedeutung verbindet. Margot, meine älteste Tochter, sagte in diesem Stadium beispielsweise »Margot Kuss« und »Mama halten«. Dann, ungefähr mit zwei Jahren, durchläuft die Sprachfähigkeit einen starken Entwicklungsschub. In diesem Alter bilden die Kinder dann kompliziertere Sätze aus drei Wörtern – nicht mehr nur »Margot Kuss« oder »Mama halten«, sondern »Margot küssen Papa« – mit der Struktur von Subjekt, Verb und Objekt (SVO), die für die meisten Sprachen charakteristisch ist. Die Struktur SOV (»Margot Papa küssen«) kennzeichnet nur wenige Sprachen (darunter Japanisch, Koreanisch und Tibetanisch), und rund 15 Prozent der Sprachen bedienen sich der Muster VSO (zum Beispiel das Walisische) und VOS (Malagasy). Am seltensten ist die Struktur OSV, die vielleicht vor allem durch die Sprache des Jedimeisters Yoda in dem Film *Das Imperium schlägt zurück* bekannt wurde: »Krank bin ich geworden«, und so weiter; in Wirklichkeit kommen solche Strukturen nur bei wenigen Sprachen im brasilianischen Amazonasgebiet vor. Aus dieser syntaktischen Vielfalt können wir den Schluss ziehen, dass die Wortreihenfolge für das Verstehen eines Satzes eine entscheidende Rolle spielt. Oder, wie die alte Journalistenweisheit sagt: »Hund beißt Mann« ist langweilig und trivial, aber »Mann beißt Hund« ist eine Nachricht.

Die Zunahme der sprachlichen Komplexität bei Zweijährigen ist also eine Folge der Syntaxbeherrschung, und von nun an können die Sätze in rascher Folge immer komplizierter werden. Der große Sprung nach vorn schließt die Überwindung der Syntaxbarriere ein, und ohne ihn kann alles Weitere nicht geschehen. Genau das beobachtet man an Schimpansen wie Kanzi, dem Bonobo, dem man die Amerikanische Zeichensprache beibrachte. Kanzi konnte wie ein Kleinkind von achtzehn Monaten ein breites Spektrum von Zwei-Wort-Sätzen verstehen und hervorbringen, aber die kompliziertere Syntax eines Zweijährigen beherrschte er nie. Der entscheidende Unterschied in der Kommunikation von Menschen und Menschenaffen liegt offenbar in der Entstehung von Gehirnstrukturen, die das Syntaxverständnis und damit die Übermittlung komplexer Inhalte möglich machen.

Um dies noch besser zu verstehen, können wir uns ein weiteres Experiment ausmalen. Angenommen, jemand wird auf einer abgelegenen Insel ausgesetzt, bei einem Stamm von Menschen, die ein unbekannte Sprache sprechen. Nichts darin erscheint dem Neuankömmling bekannt – es gibt keine Ähnlichkeiten mit irgendetwas aus seiner Muttersprache. Nun will er herausfinden, wo er sich befindet und wie er wieder nach Hause kommt. Was würde er tun? Anfangs würde er wahrscheinlich zur Verständigung die Fähigkeiten einsetzen, die er als kleines Kind erlernt hat – Herumprobieren mit einzelnen Verben und Substantiven. Er zeigt vielleicht auf einen Baum und hebt dabei fragend die Augenbrauen, das heißt, er verlässt sich auf die fast allgemeine Gültigkeit von Gesichtsausdrücken (die ihrerseits vielleicht ein entwicklungsgeschichtliches Überbleibsel aus der Zeit vor Entstehung der komplexen Sprache sind). Bald darauf hat er so viele Wörter gelernt, dass er einfach Sätze wie »Ich trinke« oder »Jetzt essen« bilden kann. Der letzte Sprung besteht dann im Hervorbringen komplizierter Sätze, die mehr Information vermitteln als einzelne

Verben und Substantive. Wenn er schließlich bei der Leistung eines Zweijährigen angelangt ist und »ich jetzt nach Hause gehen« sagt, kann er sich beglückwünschen. Die Einheimischen haben dann ein Aha-Erlebnis und bringen ihn zur anderen Seite der Insel, wo er von der örtlichen kleinen Landepiste aus den Heimflug antreten kann.

Diese fantasievolle Schiffbruchsgeschichte soll die Nützlichkeit der Syntax für die Kommunikation unter Menschen deutlich machen und vermittelt uns eine gute Vorstellung davon, warum sie für unsere ersten Vorfahren einen so großen Sprung nach vorn bedeutete. Die Geschichte besagt aber nichts darüber, was die Ursache dieser Entwicklung gewesen sein könnte. Wenn die geistige Kluft zwischen Menschen und Affen durch die Syntax überbrückt wird, müssen wir fragen, warum die Brücke nur bei unseren Vorfahren entstand, nicht aber bei denen von Schimpansen und Gorillas. Auch hier kommt uns die Primaten-Verhaltensforschung zu Hilfe. Einer der Gründe, die Schimpansen am Erwerb einer komplexen Syntax hindern, ist nach Aussagen von Sue Savage-Rumbaugh das begrenzte Kurzzeitgedächtnis. Wenn man die Bedeutung eines komplexen Satzes verstehen will, muss man sich noch an den Anfang erinnern, wenn man am Ende angelangt ist, und dann beides miteinander verbinden. Das ist in dem Satz »Mann beißt Hund« vielleicht nicht weiter schwierig, aber beispielsweise die komplizierten Vergangenheitskonstruktionen im Deutschen, bei denen das aktive Verb ganz am Ende steht, stellen hier erheblich höhere Anforderungen. Das begrenzte Kurzzeitgedächtnis dürfte bei Schimpansen die Ursache der sehr geringen Sprachfähigkeit sein.

Dass sich bei unseren Affenverwandten nie ein Kurzzeitgedächtnis entwickelt hat, das mit unserem vergleichbar wäre, dürfte an ihrer Lebensweise liegen. Alle Menschenaffen leben im Wald und sind zumindest teilweise Baumbewohner. Dagegen gaben unsere Vorfahren das Leben auf den Bäumen anscheinend schon vor mehreren Millionen Jahren auf. Die Australopithecinen konnten aufrecht gehen, und das war nur in einer Umwelt ohne Bäume von Vorteil. Das afrikanische Ökosystem mit seinen weiten Savannen und unmittelbar benachbarten Wäldern ist der ideale Lebensraum für einen Primaten, der den Übergang von den Bäumen zum Erdboden vollzieht. Dieser Sprung von den Bäumen setzte den Evolutionsweg in Gang, der schließlich zu Syntax und modernen Sprachen führte.

Unter den meisten Anthropologen hat sich heute die Erkenntnis durchgesetzt, dass die frühen Hominiden aufrecht gehen konnten, bevor sich ihre höheren geistigen Fähigkeiten entwickelten. Die Gehirngröße unserer ältesten Vorfahren war wie bei Raymond Darts Kind von Taung mit der von Menschenaffen vergleichbar, am Knochenbau sind aber bereits die Abwandlungen erkennbar, die auf eine zweibeinige Fortbewegung hindeuten. Der aufrechte Gang vermittelte in einer baumlosen Umgebung mehrere Vorteile: besseren Überblick aus größerer Höhe, effizientere Fortbewegung am Boden, und Hände, die für den Werkzeuggebrauch frei waren. Nichts davon ist von großer Bedeutung, solange man sich vorwiegend im Wald von Ast zu Ast hangelt. Notwendigkeit ist, wie man so sagt, die Mutter der Erfindungen – für die Evolution gilt das mit Sicherheit. Aber was trieb unsere Vorfahren überhaupt aus dem Wald in die Graslandschaften?

Afrikas Wälder wurden immer wieder durch Klimaveränderungen verheerend geschädigt – durch geringen Niederschlag nahm ihre Fläche in den letzten zehn Millionen Jahren mehrmals beträchtlich ab. Insbesondere eine Trockenphase in der Zeit vor fünf bis sechs Millionen Jahren, die sogar zum Verschwinden des Mittelmeeres führte, veränderte in Afrika das Klima. Während dieser langen Dürreperiode zogen manche baumbewohnenden Menschenaffen wahrscheinlich an die Waldränder, um auch die Nahrungsquellen in der offenen

Graslandschaft zu nutzen. Aber während die im Wald lebenden Affenarten Sammler sind (Schimpansen töten und fressen zwar gelegentlich Kleinaffen, ihre Nahrung besteht aber vorwiegend aus Früchten und Insekten), mussten jene, die sich in der Savanne einrichteten, zu Jägern werden. Große Primaten können nämlich in einer Graslandschaft kaum ausschließlich vom Sammeln leben – dazu ist der Nährwert von Pflanzen und Insekten einfach nicht groß genug. Dagegen bilden Tiere, und insbesondere Säugetiere, eine kalorien- und proteinreiche Nahrung. Die Notwendigkeit, die Säugetiere der Savanne zu jagen und zu töten, wobei man gleichzeitig den anderen dort lebenden Fleischfressern entkommen musste, war wahrscheinlich die Triebkraft für die Entwicklung des menschlichen Gehirns.

Ein wenig sinnvoller erscheinen Ursachen und Wirkungen der Gehirnevolution, wenn man sich das Leben als Schachpartie vorstellt. In guten Zeiten und bei stabilen Umweltbedingungen kann Schach sehr einfach sein – manchmal reicht es sogar zum Narrenmatt. Wenn man Hunger hat, findet man eine Frucht oder man stochert mit einem Grashalm ein paar Termiten aus einem Loch. Ganz einfach. So ist das Leben im Wald tagein, tagaus. Dass so viele Arten aussterben, wenn die Wälder zerstört werden, liegt schlicht daran, dass sie mit der neuen Umgebung nicht zurechtkommen – sie sind an ihren bisherigen Lebensraum zu gut angepasst. Ein Orang-Utan eignet sich glänzend für das Leben im Regenwald Südostasiens, aber an Felder, die durch Brandrodung gewonnen wurden, kann er sich nicht gewöhnen. In schwierigeren Zeiten und bei wechselnden Umweltbedingungen muss man Züge im Voraus planen – und dann wird Schach das anspruchsvollere Spiel. Genau deshalb konnten die Menschen gedeihen: Unsere Spezies entstand im Schmelztiegel einer Umwelt, die an den Rand gedrängt war und sich ständig wandelte. In einem gewissen Sinn sind wir biologisch dazu angepasst, uns anzupassen. Aber während andere Tiere über komplexe körperliche Anpassungen verfügen, haben wir nur unseren Geist, und unsere Anpassung besteht in Verhaltensänderungen.

Der höchst anpassungsfähige Geist ermöglichte unter anderem auch die Entstehung einer komplexen Kultur. Anfangs war sie vielleicht eine Erweiterung der Kooperation bei der Jagd, die zu einer starken Selektion auf Intelligenz und Sozialverhalten führte. Später ging die Kultur der Menschen aber über das rein Praktische hinaus und schloss Kunst, Wissenschaft, Sprache sowie alle anderen Errungenschaften des »humanen« Lebens ein. Zwar waren wir nicht die ersten Hominiden, die außerordentliche kulturelle Anpassungen vollzogen, aber als Einzige trieben wir sie derart ins Extrem. Bei den Neandertalern zum Beispiel gibt es Anzeichen, dass Kranke von der Gruppe gepflegt wurden, und an Ausgrabungsstätten wie Teschik-Tasch im heutigen Usbekistan weisen verschiedene Indizien darauf hin, dass sie sich tiefere Gedanken über ihren Platz in der Welt machten – ein Neandertalerkind wurde beispielsweise in ritualisierter Form umgeben von Ziegenhörnern bestattet. Aber mehr als jede andere Spezies ist der *Homo sapiens* durch seine komplexe Kultur gekennzeichnet – sie macht uns zu dem, was wir sind. Ohne ihre ersten Anfänge hätten unsere Vorfahren sich nie über den Rand des afrikanischen Waldes hinaus in die Savanne gewagt. Und ohne die Kultur in der Hinterhand hätten sie nicht überlebt, als sie vor rund 50000 Jahren von Afrika nach Eurasien wanderten.

Bakteriensuppe

Wenn man eine einzelne Bakterienzelle in eine Nährlösung bringt, sodass sie sich erst in zwei Zellen teilt, dann in vier, acht und so weiter, geschieht etwas Interessantes. Wie wir bereits erfahren haben, treten bei jedem Kopieren der DNA – das heißt bei jeder Fortpflanzung – zufällige Fehler auf. Diese als Mutationen bezeichneten Veränderungen gehören von Natur aus dazu, wenn das Suppenrezept an die nächste Generation weitergegeben wird. Das Gleiche gilt auch für Bakterien, die sich teilen. In unserer sich schnell vermehrenden Bakteriensuppe tauchen einzigartige genetische Abstammungslinien auf, die auf Grund kleiner Veränderungen in ihrem Genom eine eigene Form annehmen. Untersucht man nach einigen Generationen eine Stichprobe von DNA-Sequenzen aus der Bakterienpopulation, erkennt man kaum Unterschiede. Wartet man aber mehrere hundert Generationen ab (was bei Bakterien nur ein paar Tage dauert), findet man ein gewaltiges Spektrum von Abweichungen. Zuckerkandls und Paulings Erkenntnis über die Proteinevolution gilt auch hier: Je länger eine Population heranwächst, desto größer wird die Variationsbreite. Oder einfach ausgedrückt: Zwischen zwei zufällig ausgewählten Bakterien aus der älteren Population bestehen größere Unterschiede als bei zwei Exemplaren aus dem jüngeren Bestand.

Das Experiment mit der Bakterienbrühe zeigt deutlich, was sich in einer exponentiell wachsenden Population abspielt, in der sich die Zahl der Nachkommen mit jeder Generation verdoppelt. Am offenkundigsten ist, dass die Populationsgröße rapide zunimmt – Bakterien, die sich uneingeschränkt immer wieder verdoppeln, würden nach wenigen Tagen die ganze Erde bedecken. Viel wichtiger ist in unserem Zusammenhang aber der Grund für die gewaltige Vermehrung: Jedes Individuum in der Population bringt Nachkommen hervor. In der Evolutionslotterie gibt es keine Verlierer – alle bekommen Bakterienbabys, die wieder Babys haben, und so weiter. Daraus ergibt sich für die genetische Struktur der Population eine interessante Folgerung.

Wie viele Unterschiede bestehen im Durchschnitt zwischen

den Bakterien in der Population? Die Antwort, das wissen wir bereits, hängt davon ab, wie lange die Vermehrung der Bakterien schon läuft. Es gibt sogar eine *Häufigkeitsverteilung* der Unterschiede, und die ähnelt stark der glockenförmigen Gauss-Kurve, mit der wir uns im Mathematikunterricht herumquälen mussten. Der *Mittelwert* dieser Verteilung – die durchschnittliche Zahl der Unterschiede zwischen zwei Individuen in dem Bestand – hängt von dem *Zeitraum* ab, in dem die Population bereits wächst. Stellen wir uns die Kurve als Welle vor, die sich mit der Anhäufung einer immer größeren Zahl von Unterschieden von links nach rechts bewegt, dann haben sich in der Population umso mehr Mutationen angesammelt, je weiter rechts (das heißt vom Nullpunkt entfernt) sich die Kurve befindet. Und wie im Vergleich der Hämoglobinsequenzen von Pferd und Gorilla, so lässt sich auch hier voraussagen, mit welcher Geschwindigkeit die Welle von links nach rechts wandert, weil Mutationen – die molekulare Uhr, die bei A (und auch bei C, G und T) anschlägt – sich immer mit gleicher Häufigkeit ereignen. Deshalb kann man berechnen, wie lange die Population schon exponentiell wächst, indem man den Mittelwert der Verteilung misst – das heißt die Mitte der Welle. Na schön, wird jetzt mancher vielleicht sagen, das mag ja eine interessante Übung für ein Genetikpraktikum an der Universität sein, aber so wahnsinnig bedeutsam ist es nicht … es sei denn, die gleiche Gesetzmäßigkeit wäre auch bei anderen Lebewesen zu beobachten.

Genau diese Analyse stellten der Anthropologe Henry Harpending von der Pennsylvania State University und seine Kollegen an den Sequenzunterschieden der menschlichen Mitochondrien-DNA an. Dabei fanden sie eine verblüffende Gesetzmäßigkeit. Zunächst einmal ließ das Muster der Unterschiede – die so genannte Fehlpaarungsverteilung – eindeutig darauf schließen, dass die menschliche Bevölkerung ganz ähnlich wie Bakterien sehr schnell gewachsen war. In den Daten

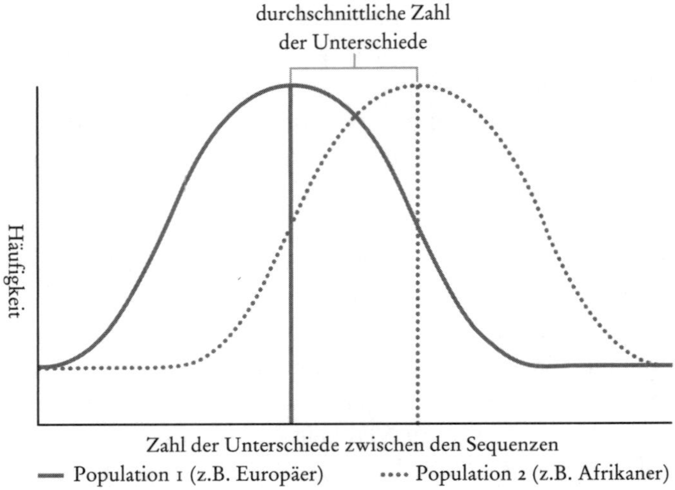

Abb. 5: Verteilung der Fehlpaarungen in der Mitochondrien-DNA (mtDNA) zweier wachsender Populationen. Je länger eine Population wächst, desto größer ist die durchschnittliche Zahl der Sequenzunterschiede.

war die charakteristische Welle zu erkennen – eine glatte, glockenförmige Kurve, der zufolge die menschliche Bevölkerung sich mit großer Geschwindigkeit vermehrt hatte. In Populationen mit konstanter (oder abnehmender) Größe verschwimmt die Verteilung – sie wird im Laufe der Zeit immer unregelmäßiger, weil genetische Abstammungslinien durch Gendrift oder vielleicht auch durch Selektion unterschiedlich schnell verloren gehen. Demnach besagt hier ein eindeutiges genetisches Signal, dass die Bevölkerung rapide zugenommen hat. Das spannendste Ergebnis erhielt Harpending jedoch, als er den Zeitpunkt des starken Wachstums abschätzte: Es ereignete sich vor ungefähr 50 000 Jahren, eine gute Entsprechung zu unseren Vermutungen über die Zeit, als die ersten Jetztmenschen aus Afrika auswanderten, und eine fast genaue Übereinstimmung mit dem Beginn des oberen Paläolithikums.

Harpending und seine Kollegen analysierten die Befunde an mtDNA von 25 Bevölkerungsgruppen aus der ganzen Welt, und an 23 davon waren Anzeichen für eine starke Vermehrung während der letzten 50 000 Jahre zu erkennen. Die beiden Gruppen mit einer eher gezackten Verteilung waren (wie man auf Grund anderer Befunde wusste) erst in jüngerer Zeit drastisch geschrumpft, das heißt, die Analyse ermöglichte eine eindeutige Unterscheidung zwischen beiden Vorgängen. Außerdem sah es so aus, als seien die Bevölkerungsgruppen fast unabhängig voneinander gewachsen. Bei den Afrikanern begann es vor rund 60 000 Jahren, vor 50 000 Jahren folgten dann die Asiaten und vor 30 000 Jahren schließlich die Europäer. Es war ein erstaunliches Ergebnis. Die Befunde an der mtDNA stimmten hervorragend mit den archäologischen Belegen für den technologischen Fortschritt des oberen Paläolithikums überein: Er vollzog sich zunächst in Afrika, dann in Asien und zuletzt in Europa – sogar die Zeitpunkte waren die gleichen. Anscheinend hatte der große Sprung nach vorn seine Spuren in unserer DNA hinterlassen, die demnach die Verbreitung der »Killerapplikation« rund um die Welt mitvollzog. Außerdem waren auch Anhaltspunkte für die Wanderungsroute zu erkennen – aber die Einzelheiten der Wanderung konnte man erst aufklären, als Adams Söhne den Weg wiesen.

Die große Kälte

Ich bin in der Stadt Lubbock im der so genanten »Panhandle« von Texas aufgewachsen. Dort wurden geographische Strecken häufig als Zeiten angegeben. Die Entfernung zu der Kleinstadt Brownfield betrug dann beispielsweise nicht 80 Kilometer, sondern »etwa 45 Minuten«. Dem lag die Annahme zugrunde, dass jeder die Strecke mit dem Auto zurücklegen würde, und da die meisten Autofahrer sich an eine Geschwindigkeit von rund 100 Stundenkilometern hielten, ergab sich ein einfacher Umrechnungsfaktor für Zeit und Entfernung.

Ganz ähnlich wurden Entfernungen auch während des größten Teils der Menschheitsgeschichte ausgedrückt. Die ersten Menschen beschrieben Entfernungen nach der Zeit, in der man sie zu Fuß zurücklegen konnte. Diese Zeilen schreibe ich in einem Haus in East Anglia nicht weit von dem Marktflecken Sudbury, aber wenn ich es einem Vorfahren aus dem Paläolithikum beschreiben wollte, sollte ich erwähnen, dass ich »etwa drei Tagesmärsche« von London entfernt bin. Auch ihr Territorium stellten sich unsere Vorfahren vor mehreren zehntausend Jahren unter dem Gesichtspunkt der Zeit und Anstrengung vor, die zu seiner Durchquerung erforderlich waren. Wie Luca Cavalli-Sforza und der Archäologe Albert Ammerman berechneten, dringt eine Bevölkerung, die Landwirtschaft betreibt, jedes Jahr ungefähr einen Kilometer weit in neues Gebiet vor. Jäger und Sammler sind mobiler: Sie kommen auf ein Mehrfaches dieser Geschwindigkeit. Natürlich ist damit die eigentliche Ausbreitung gemeint – die gesamte in einem Jahr zurückgelegte Strecke ist wesentlich größer. Aber einige Kilometer pro Jahr sind eine gute Schätzung für die Geschwindigkeit, mit der heutige Jäger und Sammler sich in neuem Territorium verbreiten – und die leben ganz ähnlich wie unsere Vorfahren im oberen Paläolithikum.

Legt man diese Wanderungsgeschwindigkeit zugrunde, muss der Weg vom Nordosten Afrikas bis zur Beringstraße am anderen Ende der eurasischen Landmasse mehrere tausend Jahre in Anspruch genommen haben. Die Ausbreitung über Eurasien vollzog sich fast unmerklich und im Zeitmaßstab von Generationen. Diese »langsamere« Uhr tickte, während einzelne Gruppen in immer neue Gebiete vorstießen, weil sie Tiere verfolgten, Wasser und Pflanzen oder vielleicht auch

Steine für ihre Werkzeuge suchten. Für manche Wanderungen waren vielleicht auch Konflikte mit anderen Menschengruppen der Anlass. Vermutlich spielten alle diese Gründe mit, und auch viele andere, die wir uns heute nicht einmal ausmalen können. Wie die Beweggründe für den »afrikanischen Exodus« – so ein Begriff des Paläoanthropologen Chris Stringer – auch aussahen, man darf sich die Wanderung nicht als bewusstes Vorhaben zur Durchquerung des Kontinents vorstellen; sie war vielmehr die allmähliche Erweiterung des Verbreitungsgebietes, ausgelöst durch scheinbar unbedeutende lokale Entscheidungen. Eine wichtige Rolle spielte das Klima. Probleme in der bisherigen Heimat erzwangen einen Ortswechsel, aber Klimaveränderungen konnten in entfernten Gebieten auch zur Entstehung neuer Ressourcen führen. Gemeinsam zwangen diese Kräfte die menschliche Bevölkerung zum Wandern, und da der Druck über Jahrtausende nicht nachließ, kamen die Menschen von ihrem ursprünglichen Verbreitungsgebiet aus weit voran.

Damit dürften die Motive, die unsere Vorfahren zur Wanderung quer durch Eurasien veranlassten, zwar zutreffend beschrieben sein, aber vor allem interessieren wir uns für die genetischen Befunde, mit denen wir Rückschlüsse auf die Details des ganzen Ablaufes ziehen können. Nachdem wir mit der Genetik die Fragen nach dem *Wer* (Afrikaner) und *Wann* (vor 50 000 Jahren) beantwortet haben, wollen wir als Nächstes wissen, *wie* die ersten modernen Menschen den Sprung nach Eurasien schafften – und auf welchem Weg. Dazu müssen wir uns wieder der Paläoklimatologie zuwenden und untersuchen, wie der Nordosten Afrikas vor fünfzig Jahrtausenden aussah.

Vor rund 70 000 Jahren wurde es kälter – die letzte Eiszeit erreichte mit Gefrierschranktemperaturen ihren Höhepunkt. Das dürfte der Auslöser für den großen Sprung nach vorn gewesen sein, denn als die Klimaverschlechterung das Leben immer schwieriger machte, wurden Intelligenz und komplexe

Sozialstrukturen begünstigt. Die Wälder schrumpften und machten in Ostafrika den Graslandschaften von Savanne und Steppe Platz, in denen eine Fülle großer Huftiere lebte. In dieser Graslandschaft spürten die Menschen den Tieren nach und jagten sie, wobei sie immer kompliziertere Fähigkeiten der Werkzeugherstellung und des sozialen Umganges entwickelten. Es war ein unglaublich betriebsames Leben, in dem sich alle Anstrengungen darauf konzentrierten, durch Jagen und Sammeln den Lebensunterhalt zu sichern. Die glockenförmige Häufigkeitsverteilung der Fehlpaarungen in der mtDNA lässt darauf schließen, dass dies den Menschen recht gut gelang, denn selbst als das Wetter kälter und unwirtlicher wurde, nahm ihre Zahl weiter zu.

Konkurrenz und die schwierigen Lebensbedingungen im Landesinneren in Verbindung mit knapperem Nahrungs- und Wasserangebot waren zweifellos für einige Bevölkerungsgruppen ein Grund, an der Küste zu leben. Diese Menschen dürften die Vorfahren der Australier gewesen sein: Sie wanderten von Afrika aus entlang der Südküste Asiens, sobald die Verhältnisse einen leichten Zugang zur eurasischen Landmasse ermöglichten. Am einfachsten war das zwischen Dschibuti und dem heutigen Jemen, geradewegs vom Rift-Tal an die endlosen Küsten Südasiens.

Diese Küstenbewohner waren auf die Nahrungsgewinnung aus dem Meer angewiesen und dürften deshalb relativ sesshaft gewesen sein. Die bestimmenden Elemente in ihrem Tagesablauf waren mit ziemlicher Sicherheit Ebbe und Flut, die reichhaltige Muschel- und Krustentierbestände in der Gezeitenzone freilegten und wieder bedeckten. Zwar gingen sie vermutlich auch auf die Jagd, aber wenn sie an der Küste blieben, hatten sie eher die Gewähr, dass ihre Mühen sich auszahlten. Wie wir im vorangegangenen Kapitel erfahren haben, zeigt sich dies auch in den genetischen und archäologischen Befunden; man kann also davon ausgehen, dass sie in dieser

Frühzeit nicht sehr weit ins Landesinnere vordrangen. Das überließen sie den aktiven Jägern, die große Entfernungen zurücklegen mussten, um die notwendigen Nahrungsmittel – Tiere, Pflanzen und Wasser – zu beschaffen. Die Jäger waren es, die den Sprung ins Unbekannte weitab von der Küste wagten und das wilde Innere Eurasiens erkundeten.

Es gehört zu den offenkundigen Rätseln der Biologie, dass die größten Tiere der Erde meist in den gemäßigten Klimazonen zu Hause sind. In der Ökologie kennt man die so genannte Bergmann-Regel: Danach nimmt die Körpergröße mit der geographischen Breite zu. Das gilt zwar nicht für alle Arten, aber als grobe Verallgemeinerung trifft es zu. Das Wollmammut, das größte Landtier der letzten paar hunderttausend Jahre, war in den Tundragebieten im Norden Eurasiens und Amerikas zu Hause. Das Meer enthält in den kälteren Regionen der Erde mehr Biomasse als in wärmeren Bereichen. Trotz der Schwindel erregenden Artenvielfalt an den Korallenriffen ist die Gesamtmasse aller Lebewesen dort erheblich geringer als in den Polargebieten. In den Polarmeeren hat beispielsweise das Plankton die größte Dichte – winzige Pflanzen und Tiere, von denen sich die größten Tiere der Erde ernähren, die Bartenwale mit ihrer filtrierenden Lebensweise. Sie haben sich im Laufe der Erdgeschichte hervorragend auf diese ungewöhnliche Nahrungsquelle spezialisiert, und die Überreste ihres Landlebens von zigmillionen Jahren sind heute fast nicht mehr zu erkennen.

Ganz ähnlich verhält es sich auch mit den tropischen Regenwäldern: Sie enthalten eine Riesenzahl von Arten, aber die Größe – und Individuendichte – jeder einzelnen Art ist recht gering. Da Nährstoffe außerdem fast vollständig in den Lebewesen gebunden sind, enthält der Boden nur sehr wenig Mineralstoffe und organische Substanzen. In einem ausgewachsenen Regenwald ist der Boden allen Hollywood-Klischees von Macheten schwingenden Entdeckern zum Trotz normalerweise nicht von üppigem Unterholz bedeckt. Deshalb ist die Regenwaldzerstörung so schlimm: Ein blühendes Ökosystem verwandelt sich innerhalb weniger Jahre in nackte, leblose Wüste. Die tropische Umwelt steht immer auf Messers Schneide zwischen Fruchtbarkeit und Tod, und sie ist äußerst empfindlich gegenüber relativ geringfügigen Störungen.

Dagegen besitzen die gemäßigten Klimazonen eine erheblich größere Widerstandsfähigkeit. Ihre Artenvielfalt ist zwar nur ein Bruchteil dessen, was man im Regenwald beobachtet, aber die hier heimischen Lebewesen können auch tief greifende Umwälzungen besser überstehen. Das liegt insbesondere an den Unwägbarkeiten des Lebens in kühleren Zonen. Das stabile tropische Klima begünstigt seit vielen Millionen Jahren die Entstehung immer neuer Arten, und die Bedingungen ändern sich (abgesehen von geringfügigen Schwankungen der geographischen Verbreitung) praktisch nie. Dagegen waren riesige Teile der eurasischen Landmasse immer wieder phasenweise von Eis bedeckt, oder sie verwandelten sich in den gleichen Zeiträumen in Wüsten. Dieser langfristige Kreislauf ist letztlich ein Spiegelbild der jährlichen Wetterschwankungen, die in den gemäßigten Breiten die Jahreszeiten entstehen lassen: In der Mongolei macht die trockene Sommerhitze wenige Monate später eisigen Winterstürmen Platz. Wegen solcher gewaltiger Schwankungen in den Umweltbedingungen waren die Tiere der gemäßigten Zonen auf zwei entscheidende Anpassungen angewiesen, um am Leben zu bleiben: Investition und Wanderung.

Genau wie viele Menschen sich entschließen, sich die sofortige Genugtuung zu versagen und nicht jeden verdienten Cent sofort in einem andauernden Kaufrausch auszugeben, sondern einen Teil des Geldes für schlechte Zeiten oder Altersversorgung zurückzulegen, so sparen sich auch Tiere, die an Schwierigkeiten gewöhnt sind, Ressourcen aus guten Zeiten auf. Das ist bei ihnen natürlich keine bewusste Entscheidung, sondern ein Instinktverhalten, das sich in der Evolution entwickelt hat – eine Anpassung an das Leben auf der meteorologischen Achterbahn. In der arktischen Tundra zum Beispiel läuft jedes Jahr im Frühling und Sommer eine Orgie von Wachstum und Fortpflanzung ab. Die Pflanzen blühen und schieben zum ersten Mal seit zehn Monaten wieder Sprösslinge aus dem Permafrostboden. Mücken hüllen alles, was sich bewegt, in eine summende, Blut saugende Wolke ein, und die Säugetiere des Nordpolargebietes, beispielsweise Rentiere und Walrosse, bringen ihre Jungen zur Welt. In dieser Phase des Überschwanges, wenn die Temperaturen manchmal um fast 100 Grad höher liegen als an den kältesten Wintertagen, könnte man ohne weiteres auf den Gedanken kommen, der hohe Norden sei die produktivste Region der Erde – eine wimmelnde Masse von Lebewesen, deren einziges Ziel es ist, sich zu paaren, bevor der Winter einsetzt und alles abstirbt. Aber die Verrücktheit der Lebewesen im hohen Norden hat Methode. In dieser Zeit bereiten sich alle Arten auf das Ende der Party vor, und das kommt pünktlich Anfang September, wenn die Temperaturen wieder unter den Gefrierpunkt sinken. Kein tropisches Säugetier würde sich in der Evolution jemals so entwickeln, dass es Fettreserven für Hungerzeiten anlegt, für die meisten Arten der kühleren Breiten dagegen ist dies eine Selbstverständlichkeit. Das Körpergewicht der Rentiere nimmt im arktischen Sommer um bis zu einem Drittel zu und bildet dann den Vorrat für den langen, dunklen Winter. So können sie diese Notzeit, die 70 Prozent des Jahres ausmacht, überstehen. Es macht sie aber auch zu einem verlockenden Ziel für Raubtiere.

Mit der Anpassung an das Leben in den ostafrikanischen Ebenen lernten die Menschen auch immer besser, die dort heimischen großen Säugetiere zu jagen, darunter mehrere Antilopenarten. Zu den Verhaltensänderungen, die ungefähr mit Beginn des oberen Paläolithikums eingesetzt haben dürften, gehörte die Spezialisierung der menschlichen Bevölkerungsgruppen auf bestimmte Arten von Beutetieren, auf die sie sich mit Jagdmethoden und Waffen einstellten. Eine Gazelle bringt man beispielsweise mit ganz anderen Methoden zur Strecke als ein Mammut oder Nashorn. Eine solche Spezialisierung erlaubte die effiziente Nutzung der tierischen Nahrung in der Region, sie erforderte aber auch eine größere Mobilität: Waren die Herden in einer Gegend zu stark dezimiert, mussten die Menschen weiterziehen. Auch die jahreszeitlich gebundene Jagd begann offenbar um diese Zeit; manche Indizien sprechen dafür, dass die ersten Menschen den Herden grasender Tiere – insbesondere Antilopen – von ihren Sommerweiden in den Hügeln an Mittelmeer und Rotem Meer in die wärmeren Winterquartiere an der Küste folgten. Dieses jahrhunderte- oder sogar jahrtausendelange Auf und Ab der Tierbestände dürfte die Jetztmenschen und ihre steinzeitlichen Werkzeuge vor rund 45 000 Jahren in den Nahen Osten geführt haben.

In der Levante (dem östlichen Mittelmeerraum) gibt es moderne Menschen schon mindestens seit 110 000 Jahren, aber die Bevölkerung war nie sehr umfangreich und beschränkte sich auf wenige Orte. In dieser Frühphase der letzten Eiszeit war der östliche Mittelmeerraum eigentlich eine Fortsetzung Nordafrikas mit ähnlichen Klimaverhältnissen und ähnlichem Tierbestand. Die Höhlenfundorte von Qafzeh und Skuhl im heutigen Israel waren zu der Zeit, als die Jetztmenschen sie in Besitz nahmen, in der Regel von Tieren aus Äthiopien bewohnt. Später, in der Zeit vor 80 000 bis 50 000 Jahren, waren die Menschen an diesen Orten plötzlich verschwunden. In einigen Fällen traten Neandertaler mit dickem Schädel und kräftigem Knochenbau an ihre Stelle. Dies liefert uns einen Anhaltspunkt, was zu jener Zeit in der Levante geschah.

Von der Zeit vor 80 000 Jahren an gingen die Temperaturen rund um das östliche Mittelmeer stark zurück. Wahrscheinlich sank die weltweite Durchschnittstemperatur in dieser Zeit um fünf bis zehn Grad Celsius, mit starken Auswirkungen auf die Verbreitung von Pflanzen und Tieren. Die ersten Jetztmenschen, die bei feuchterem, wärmerem Klima aus Afrika über Ägypten in die Levante eingewandert waren, konnten nun nicht mehr auf die Tiere zählen, die sie seit Jahrtausenden gejagt hatten. Sie starben entweder aus oder zogen sich einfach wieder nach Afrika zurück, kamen aber mit der Eroberung des Inneren von Eurasien offensichtlich nicht weiter. Wahrscheinlich sollte man in diesen Jetztmenschen einen ersten Stoßtrupp sehen, der in die Welt außerhalb Afrikas vordrang und es einfach nicht weiter schaffte.

Dann, vor 45 000 Jahren, tauchten erneut Jetztmenschen in der Levante auf, aber dieses Mal gab es einen entscheidenden Unterschied. Hatten die Menschen 40 000 Jahre zuvor ganz ähnliche Werkzeuge verwendet wie ihre Neandertaler-Zeitgenossen, so brachten die Eindringlinge jetzt die »Killerapplikation« mit. Sie waren die Erben des großen Sprunges nach vorn mit seiner fortgeschrittenen Technologie und komplexen Kultur. Ihre Werkzeuge aus dem oberen Paläolithikum und das kooperative Verhalten bei der Jagd – das an den jahreszeitlichen Wanderungen und der Spezialisierung auf bestimmte Beutetiere deutlich wird – verschafften ihnen den Vorteil, der den früheren Jetztmenschen noch gefehlt hatte. Nachdem sie einmal auf der Bildfläche erschienen waren, stand ihnen der weitere Weg auf den Kontinent offen.

Welchen Weg sie auf ihrem Gewaltmarsch durch Eurasien einschlugen, zeigt sich an den genetischen Verteilungsmustern. Auf der nächsten Etappe unserer Reise müssen wir also Steine und Knochen beiseite lassen und uns wieder in DNA-Sequenzen vertiefen.

Kapitel 6

Die Hauptroute

Hierzulande musst du so schnell rennen, wie du kannst, wenn du am gleichen Fleck bleiben willst. Und um woandershin zu kommen, muss man noch mindestens doppelt so schnell laufen.
Lewis Carroll, *Alice hinter den Spiegeln*

Wie ich zu Beginn des vorigen Kapitels erwähnt habe, geht die Abstammungslinie meines Y-Chromosoms auf einen DNA-Polymorphismus namens M168 zurück, den Vorfahren aller Menschen außerhalb Afrikas. M168 verbindet mich mit den australischen Küstenwanderern, die sich wie ich in die Zeit vor 50 000 Jahren und nach Afrika zurückverfolgen lassen. Damit können wir alle Nichtafrikaner auf diesem Kontinent unmittelbar nach den ersten archäologischen Spuren des großen Sprunges nach vorn einordnen, und das legt die Vermutung nahe, dass zwischen dieser kulturellen Umwälzung und der Wanderung der Jetztmenschen aus Afrika ein Kausalzusammenhang besteht. Sowohl die Menschen, die in Afrika blieben, als auch die Auswanderer waren in jeder Hinsicht modern – technologisch, kulturell und künstlerisch. Die Mitochondrien-DNA lässt darauf schließen, dass die Bevölkerungszahl zu jener Zeit beträchtlich zunahm, was auch mit der archäologisch belegten Ausweitung des Verbreitungsgebietes im Einklang steht. Die Analysen von Y-Chromosom und mtDNA weisen auf zwei Wanderungsrouten hin. Eine davon verlief vor 50 000 bis 60 000 Jahren entlang der Küste unmittelbar nach Australien. Aber wie steht es mit der zweiten, der heute die Mehrheit der gesamten Weltbevölkerung zuzuordnen ist?

Bevor wir die Reihenfolge weiterer genetischer Marker in meiner Abstammungslinie und ihre Bedeutung für unser Thema betrachten, müssen wir klarstellen, was eine solche Reihenfolge eigentlich aussagt. Es geht dabei um zwei Fragen, und für beide spielt der zeitliche Ablauf eine Rolle. Um die erste zu verstehen, die man als relative Datierung bezeichnen könnte, kehren wir noch einmal in unsere hypothetische Suppenküche zurück. Wie die Suppenrezepte von Vater und Mutter, so ist auch das genetische Rezept, die jeder von uns ererbt hat, eine Kombination verschiedener Zutaten oder Marker, durch die es sich von jedem anderen Rezept unterscheidet. Um festzustellen, in welcher Reihenfolge die Zutaten abgewandelt wurden, müssen wir viele verschiedene Rezepte vergleichen – erst dann können wir Gesetzmäßigkeiten erkennen. Also rühren wir ein wenig in der genetischen Suppe.

Angenommen, wir veranstalten eine internationale Schlemmerparty, zu der jeder Eingeladene eine typische Suppe aus seinem Heimatland mitbringen soll. Schließlich stehen mehrere Dutzend Suppentöpfe auf dem Küchentisch. Die Rezepte sind jeweils ein wenig anders, stammen aber letztlich alle aus der gleichen Quelle. Woher wissen wir das? Weil als Grundzutat immer der Impala dient, eine Antilopenart, die von Natur aus ausschließlich in Afrika vorkommt. Impalafleisch zu bekommen, ist in vielen Teilen der Welt äußerst schwierig, aber es bildet den Kern aller Suppenrezepte und darf auf keinen Fall fehlen.

Beim Verkosten der Suppen fällt uns nach und nach noch etwas anderes auf. Manche enthalten schwarzen Pfeffer, in anderen wurde Salz verwendet. Das sind die beiden Hauptkategorien der Suppen – in jeder kommt nur entweder das eine oder das andere vor. Unter den Rezepten mit Salz finden sich viele weitere Abwandlungen – manche mit Fisch, manche mit Gerste, einige mit ungewöhnlichen, nicht identifizierbaren Gewürzen –, aber das Salz ist allen gemeinsam. Auch in den Rezepten mit schwarzem Pfeffer finden sich viele weitere Zutaten: Thymian, Beeren, Schweinefleisch, Nüsse; aber auch hier fehlt der schwarze Pfeffer nie.

Jetzt wenden wir in unserem Suppenspiel Ockhams Erkenntnis über den historischen Wandel an und leiten damit die Reihenfolge ab, in der die verschiedenen Zutaten hinzugefügt wurden. Wenn wir davon ausgehen, dass solche neuen Zutaten in regelmäßigen Zeitabständen hinzukommen und dass einmal aufgenommene Zutaten nicht mehr weggelassen oder ausgetauscht werden, müssen die am weitesten verbreiteten Bestandteile als Erste in der Suppe enthalten gewesen sein, denn nur bei dieser Reihenfolge lassen sich die Suppenrezepte mit einer möglichst geringen Zahl von Veränderungen erklären. Probieren wir beispielsweise fünf der auf dem Tisch stehenden Suppen, finden wir vielleicht folgende Rezepte:

- Impala, Senf, schwarzer Pfeffer, Käse, Oregano
- Impala, Salz, Loganbeeren, Erdnüsse, Chilischoten
- Impala, Senf, schwarzer Pfeffer, Muscheln, Basilikum
- Impala, schwarzer Pfeffer, Krabben, Wacholderbeeren
- Impala, Salz, Thymian, Petersilie, Schweinefleisch

Was können wir daraus über die Reihenfolge schließen, in der die Zutaten eingeführt wurden? Nun, zunächst einmal enthalten alle Suppen Impalafleisch. Dieser Bestandteil dürfte also schon zu der ursprünglichen Suppe gehört haben – das ist viel wahrscheinlicher, als dass alle Köche sich irgendwann unabhängig entschlossen hätten, Impala zuzugeben. Wie gesagt: Diese Zutat ist in den meisten Regionen der Erde sehr schwer zu beschaffen. Auch die zweite Gesetzmäßigkeit ist uns bereits aufgefallen: In manchen Rezepten kommt Salz vor, in anderen Pfeffer. Nach der gleichen Überlegung, der zufolge Impala die erste Zutat war – weil nämlich die Zahl der unabhängigen Veränderungen damit so gering wie möglich bleibt –, waren Salz und Pfeffer die nächsten Ergänzungen des Rezepts. Der Senf, der zwei Rezepten gemeinsam ist, kam dann nach dem Pfeffer hinzu. Damit haben wir eine Reihen-

Karte 3: Eurasien

Beringsee
Alaska
CHINA

folge abgeleitet, in der unsere Vorfahren die Zutaten ergänzt haben: Impala, gefolgt von Salz oder Pfeffer, und dann (in der Pfeffer-Abstammungslinie) der Senf. Aus dem Chaos erwächst Ordnung.

Natürlich haben wir bei unseren Suppen die Möglichkeit außer Acht gelassen, dass Zutaten unabhängig hinzukommen können. Warum gibt es beispielsweise keine Rezepte mit Salz und Senf? Wenn es um allgemein verbreitete Zutaten geht, wäre das natürlich denkbar, aber man sollte sich die Suppenbestandteile als seltene, selbst hergestellte Lebensmittel vorstellen, die nur in kleinen Mengen produziert werden und nur in winzigen Läden vor Ort erhältlich sind. Dann ist es praktisch unmöglich, dass zwei Köche in Mexiko und Namibia die gleiche Sorte Senf verwenden – mit unserem geschulten Gaumen könnten wir den Unterschied feststellen. Dass die gleiche Zutat zweimal unabhängig hinzugefügt wurde, können wir praktisch ausschließen.

Genau eine solche Analyse hat man für die Marker vorgenommen, die unsere genetischen Abstammungslinien definieren. M168, der Marker, der allen nichtafrikanischen Gruppen gemeinsam ist, entspricht dann dem Impala in dem Rezept – er vereinigt alle Menschen außerhalb Afrikas. In der nächsten Aufspaltung zwischen Salz und Pfeffer können wir uns M130 – den australischen Marker – als genetisches Salz vorstellen, und der Pfeffer ist durch einen anderen Marker namens M89 repräsentiert. Auf Grund der Reihenfolge, in der die Zutaten zugefügt wurden, können wir den Schluss ziehen, dass M130 und M89 ungefähr gleich alt sind. Da wir wissen, dass in Australien vor 50000 bis 60000 Jahren bereits Menschen lebten und dass M130 in Afrika nicht gefunden wurde, können wir diese Zahlen als Obergrenze für das Alter der beiden Marker ansetzen – wahrscheinlich entstanden sie ungefähr um diese Zeit oder kurz danach. Eine unabhängige Möglichkeit zur Beurteilung ihres Alters bietet die Archäologie. Aber angenommen, wir wollten das Alter ausschließlich mit genetischen Methoden abschätzen. Geht das?

Die Antwort lautet ja, und damit sind wir bei der zweiten Datierungsmethode. Sie ist das Gegenstück zu der relativen Datierung, mit der wir die Reihenfolge der Zutatenveränderungen ermittelt haben. Wie bei den in Kapitel 4 erörterten Isotopen-Datierungsmethoden, so besteht auch bei genetischen Verfahren zur Altersbestimmung eine große Fehlerspanne, weil in die Datumsberechnung eine ganze Reihe unsicherer Annahmen einfließen. Dennoch ermöglichen sie für die Marker – und damit die Menschen – eine Altersabschätzung, die von den archäologischen Befunden unabhängig ist. Um diese Methoden kennen zu lernen, wollen wir noch einmal den Vergleich mit dem Suppenrezept bemühen und das absolute Alter der Zutatenveränderungen herausfinden – mit anderen Worten: Wir wollen wissen, wann die einzelnen Zutaten zum ersten Mal in das Rezept eingefügt wurden.

Wie bereits erwähnt, setzt man bei der absoluten Datierung voraus, dass die Zutaten in regelmäßigen zeitlichen Abständen hinzukommen. Und zweitens wird jede Zutat, die einmal beigefügt wurde, zu einem ständigen Bestandteil des Rezepts – sie kann später nicht mehr weggelassen werden, wenn sie uns nicht schmeckt. Auf Grund dieser beiden Regeln kann man leicht voraussagen, dass die Suppenrezepte im Laufe der Zeit immer komplizierter werden müssen. Je länger immer neue Zutaten eingeführt werden, desto mehr kulinarische Vielfalt erleben wir. Und da die Zutaten von ganz bestimmten Personen in früheren Zeiten hinzugefügt wurden, sind sie gewissermaßen die kulinarische Signatur unserer Vorfahren: Sie kennzeichnen nicht nur Bestandteile der Suppe, sondern auch die Personen, von denen sie eingeführt wurden. Mit einer Datierung der Zutaten datieren wir also auch die Köche, die unsere Rezepte weitergegeben haben.

Nehmen wir nun einmal an, dass alle zehn Generationen

eine Zutat hinzukommt. Die meisten Menschen kochen die Suppe mit Vergnügen genauso wie ihre Eltern, und nur ungefähr alle zehn Generationen ist jemand so geschmäcklerisch, dass er das Rezept geringfügig abwandelt und »verbessert«. Dann können wir abschätzen, wie viele Generationen vergangen sind, seit die erste Impala-Suppe gekocht wurde. Jedes der zuvor aufgeführten Rezepte enthält noch vier weitere Zutaten, das heißt, die Veränderungen haben sich im Laufe von 40 Generationen angesammelt. Setzen wir dann noch für jede Generation 25 Jahre an (das durchschnittliche Alter der Eltern, wenn sie Kinder bekommen), gelangen wir zu einer Zeitspanne von 1000 Jahren, in der alle Änderungen zusammenkamen. Die Person, die zum ersten Mal die Suppe mit Impalafleisch bereitete, lebte also vor rund 1000 Jahren. Untersuchen wir nun noch, wo die einzelnen Zutaten leicht erhältlich sind, können wir sogar Vermutungen darüber anstellen, wo diese Person zu Hause war. Angenommen, neu hinzukommende Zutaten wurden aus dem regionalen Angebot ausgewählt – wo hat dann die Person, die sich für Impala entschied, vermutlich gelebt? Da die Impala eine afrikanische Spezies ist, würden wir auf Afrika tippen.

Mit der Betrachtung der Suppen und ein paar Annahmen über ihren Wandel haben wir also zweierlei erreicht. Wir haben die Reihenfolge abgeleitet, in der Zutaten hinzugekommen sind, und wir konnten begründete Vermutungen über Zeit und Ort der Veränderungen anstellen. Oder anders ausgedrückt: Mit Geschmacksproben und Mathematik haben wir etwas über das *Wer, Wo* und *Wann* der Suppenenvergangenheit erfahren. Schon verblüffend, was man alles aus so wenigen Geschmacksrichtungen schließen kann.

Genau wie die Verkostung der Suppen uns etwas über die kulinarische Vergangenheit verrät, so können wir auch aus einer genetischen »Verkostung« – die wir DNA-Analyse nennen – etwas über die Vergangenheit der Menschen erfahren.

Durch Ableitung relativer und absoluter Daten sowie mit der Frage, wo der mutmaßliche Ursprung liegt, können wir tatsächlich weltweite frühere Wanderungsbewegungen nachzeichnen. Die erste Zwischenstation liegt am Rand des sinkenden Mittelmeeres, kurz bevor die ganze Gegend austrocknete und ein paar Menschen vor rund 45 000 Jahren im Mittelmeerraum festsaßen.

Kontinentale Leitplanken

Wie wir bereits erfahren haben, war der Nahe Osten immer eine Fortsetzung Nordafrikas, und zwar sowohl für die grasenden Tiere als auch für die Menschen, die sie jagten. So war es schon Jahrmillionen früher gewesen, als der kurz zuvor in Afrika entstandene *Homo erectus* über die Levante in den Kaukasus zog. Aber zwischen der Heimat der Hominiden im Rift-Tal und dem angenehmen Mittelmeerklima liegt der Ostrand der Sahara. Damit haben wir einen Anhaltspunkt über Zeit und Weg, sodass wir unsere genetischen Annahmen überprüfen können.

Die Verbreitung der Lebewesen wurde immer durch geographische Schranken behindert – durch Meere, Wüsten und Gebirge. Die einzigartige Tier- und Pflanzenwelt Australasiens zum Beispiel konnte nur deshalb erhalten bleiben, weil sich zwischen dem Kontinent und der übrigen Welt ein ununterbrochenes Stück offenes Meer befindet. Ganz ähnlich können auch Gebirge, deren eisige Gefilde jede Durchquerung verhindern, als Schranke wirken.

Meere und Gebirge stellen (zumindest im Zeitmaßstab der Evolution des Menschen) gewaltige Hindernisse für Wanderungsbewegungen dar, aber Wüsten sind in dieser Hinsicht wesentlich wandelbarer. Wie wir bereits am Beispiel der afrikanischen Wälder und Savannen gesehen haben, können sie leicht in andere Ökosysteme übergehen. Sinkt der Niederschlag unter eine gewisse Grenze, kommt es fast über Nacht zur Wüstenbildung, und umgekehrt kann der Sand bei zunehmender Regenmenge ganz plötzlich zu fruchtbarem Boden werden. Deshalb sollte man Wüsten eigentlich als veränderliche Ökosysteme betrachten, die bei trockenem Klima wachsen und bei mehr Feuchtigkeit wieder schrumpfen.

In Afrika liegt die größte Wüste der Welt: die Sahara. Schon der Name lässt an endlose Dünen, Kamele, Oasen, Dattelpalmen und glühende Hitze denken – er ist fast gleichbedeutend mit »Wüste«. Die Sahara stellte während der gesamten Menschheitsgeschichte eine so wirksame Barriere für Wanderungsbewegungen dar, dass man Afrika geographisch in zwei Teile gliedert: die Sahara und den südlich davon gelegenen Teil. Historisch stand die Sahararegion immer dem Mittelmeerraum näher, weil die Siedlungen sich auf einen schmalen Streifen entlang der Küste beschränkten. Die Gebiete südlich davon, jenseits des sechsten Nilkatarakts der Pharaonen, war ein entferntes, geheimnisvolles Gebiet, abgetrennt durch einen 2000 Kilometer breiten Streifen aus Sand und Hitze. Die Sahara ist eindeutig eine wichtige Barriere.

Aber so war es nicht immer. Im Frühstadium der Entstehung des Jetztmenschen herrschte hier relativ feuchtes Klima, und es gab durchaus auch Menschen. Funde aus dem mittleren Paläolithikum vor 80 000 bis 100 000 Jahren kennt man von vielen Stellen, und erst vor weniger als 80 000 Jahren, als die letzte Eiszeit an Stärke zunahm, verschwanden die Menschen aus der Sahara. Eine kurze »Spitze« mit höheren Temperaturen (und entsprechend stärkerem Niederschlag) gab es anscheinend vor 50 000 Jahren, als die Nordhalbkugel sich ein paar tausend Jahre lang geringfügig erwärmte, aber im Allgemeinen ging der Trend seit der Zeit vor 70 000 Jahren zu immer niedrigeren Temperaturen. Für Afrika bedeutete das mehr Trockenheit und eine Ausweitung der Sahara. Belege dafür sind die Zunahme der Sandmenge in Mittelmeersedimenten aus dieser Zeit und das Verschwinden der savannentypischen biologischen Arten aus der Wüste.

Die ersten Menschen des oberen Paläolithikums dürften in der relativ warmen und feuchten Phase vor rund 50 000 Jahren in den Nahen Osten eingewandert sein, als die östliche Sahara schrumpfte und entlang des Roten Meeres einen Landweg eröffnete. Vielleicht wanderten sie nilabwärts zum Mittelmeer und dann nach Osten über die Sinai-Halbinsel, oder aber die ersten Menschengruppen gelangten über die Straße von Bab al Mandab nach Südarabien, eine kurze Überfahrt von nur etwa zwanzig Kilometern. Dort und entlang des gesamten westarabischen Küstengebirges, das den feuchten Westwind vom Roten Meer abfing, regnete es relativ viel, sodass die Menschen in den dadurch entstehenden Savannen jagen konnten. Noch heute erstreckt sich ein schmaler Steppenstreifen in Saudi-Arabien bis zu der nördlich gelegenen Stadt Medina, eine Besonderheit auf der sonst meist sehr unwirtlichen arabischen Halbinsel. Früher dürfte diese schmale Steppe bis zu ihrem ökologischen Gegenstück gereicht haben, das sich vom Golf von Akaba in Jordanien nach Süden erstreckte; auf diese Weise eröffnete sich ein Weg in das Innere von Eurasien.

Der Neurobiologe William Calvin, der zahlreiche Werke über Klima und Evolution des Menschen geschrieben hat, bezeichnet die Sahara als »Hominidenpumpe«. In feuchteren Phasen konnte sie eine menschliche Bevölkerung ernähren, die sich vielleicht um Oasen und Flüsse konzentrierte oder in begrenzten Gebieten von feuchten Winden profitierte. Wenn es dann trockener wurde, verwandelte die Sahara sich wieder in unbewohnbare Wüste, sodass die Menschen zum Auswandern gezwungen waren. Nach Calvins Vermutung dürfte die Klimaverschlechterung vor 50 000 Jahren der Anlass gewesen sein, dass die Menschen des oberen Paläolithikums aus Nordafrika in den Nahen Osten zogen.

Unabhängig davon, wie die ersten Vertreter des oberen Paläolithikums an das östliche Mittelmeer gelangten, ist eines unumstritten: Die Klimaverschlechterung vor 45 000 Jahren zwang sie, in der neuen Heimat zu bleiben. Vor 40 000 bis 20 000 Jahren war die Sahara am trockensten, und wahrscheinlich wurden auch zuvor bewohnbare Gebiete in dieser Zeit von der Wüste verdrängt. Die Jetztmenschen waren auf einem neuen Kontinent gefangen.

Dies zeigt sich im genetischen Muster, und dort finden wir auch den nächsten Anhaltspunkt für die weitere Wanderung. Für den Marker M89, der in der nach Eurasien weisenden Hauptlinie unmittelbar nach M168 auftaucht, wurde mit der zuvor beschriebenen Methode zur absoluten Datierung ein Alter von 40 000 Jahren ermittelt. Wegen möglicher Fehler in den Annahmen, die in die Berechnung einfließen – unsicher ist vor allem, mit welcher Geschwindigkeit sich neue Mutationen ereignen –, ist diese Schätzung in Wirklichkeit gleichbedeutend mit einer Spanne von 30 000 bis 50 000 Jahren, und angesichts der Klimadaten kann man wahrscheinlich davon ausgehen, dass der Marker eher zu Beginn des genannten Zeitraumes entstand, also vor 45 000 bis 50 000 Jahren. Er verbindet nämlich Bevölkerungsgruppen aus dem Nordosten Afrikas – insbesondere in Äthiopien und dem Sudan – mit denen am östlichen Mittelmeer. Dass das Tor durch die Sahara sich schloss, nachdem die Gruppen mit M89 diesen Weg genommen hatten, kann man aus der Beobachtung schließen, dass eurasische Marker, die in der M89-Abstammungslinie *später* entstanden sind, in Nordostafrika nur sehr selten vorkommen. Wären Afrika und die Levante während des gesamten oberen Paläolithikums ein ununterbrochenes Verbreitungsgebiet der Menschen gewesen, würde man in der gesamten Region mit einer relativ gleichmäßigen Verteilung der Marker rechnen. Anscheinend kennzeichnet die Auswanderung der Gruppen mit M89, den wir auch als Nahost-Marker bezeichnen können, den letzten nennenswerten Austausch zwischen dem südlichen Afrika und Eurasien im oberen Paläolithikum. Von nun an war die Welt in Afrika und Eurasien geteilt, und erst mehrere zehntausend Jahre später sollte wieder ein Austausch in größerem Umfang stattfinden.

Dass M89 sowohl im Nordosten Afrikas als auch im Nahen Osten vorkommt, ist in Verbindung mit dem Alter der archäologischen Funde in der Levante ein wichtiger Anhaltspunkt zur Beantwortung der Frage, ob Eurasien von Afrika aus durch eine einzige Wanderungsbewegung entlang der Küste besiedelt wurde. In Afrika findet man keine Chromosomen mit M130, was darauf schließen lässt, dass dieser küstentypische Marker erst auf dem Weg nach Australien in einem Chromosom mit M168 entstanden ist. Umgekehrt findet man in Australien und Südostasien keine Y-Chromosomen mit M89, im Nordosten Afrikas dagegen kommen sie in recht hoher Dichte vor. Daraus kann man ableiten, dass M89 ein wenig später als M130 entstanden ist, und zwar in einer Population, die in Afrika zurückgeblieben war, nachdem die Küstenwanderer sich nach Australien auf den Weg gemacht hatten. Diese Menschen, deren Chromosomen kein M130 enthielten, besiedelten als Erste den Nahen Osten. Archäologische Anhaltspunkte sprechen dafür, dass Jetztmenschen vor 45 000 Jahren am östlichen Mittelmeer lebten – sie können also durchaus zu dieser Zeit dorthin gewandert sein. Die einzige Region, in der man archäologische Funde ähnlichen Alters kennt, ist Nordostafrika – und was entscheidend ist: Dort findet man auch die gleichen genetischen Marker wie in der Levante. Genetische und archäologische Befunde sprechen also gleichermaßen dafür, dass es eine zweite Einwanderungswelle von Afrika in den Nahen Osten gab.

Nachdem die Auswanderer im östlichen Mittelmeerraum eingetroffen waren, stand ihnen der weitere Weg nach Eurasien offen. Hier erstreckten sich ununterbrochene Steppen –

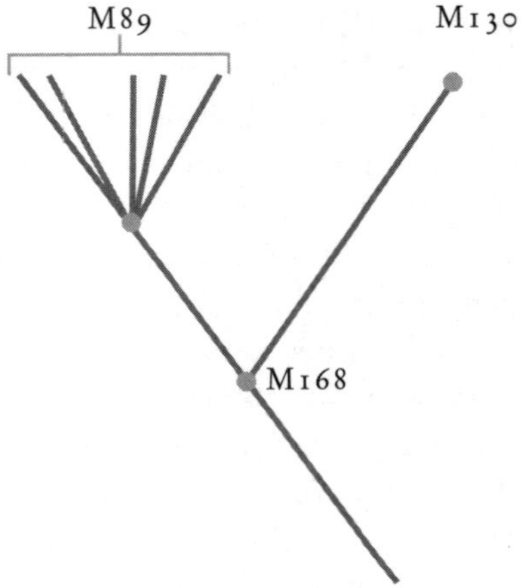

Abb. 6: M89 definiert die größte Hauptabstammungslinie des Y-Chromosoms von Nichtafrikanern.

die in ihrem biologischen Artenbestand der afrikanischen Savanne nicht unähnlich waren – vom Golf von Akaba bis in den nördlichen Iran sowie darüber hinaus bis nach Zentralasien und in die Mongolei. Nachdem die Hürde der Sahara überwunden war, hing die weitere Verbreitung dieser anatomisch völlig modernen Menschen nur noch von ihrer eigenen Wanderlust ab. Sie verfügten über alle geistigen Voraussetzungen für die Eroberung des Kontinents, und die begann mit einer Wanderung über die Steppen, die auf dem Kontinent das Gegenstück zu dem bequemen Weg entlang der Küste waren.

Wild gab es zu jener Zeit in Hülle und Fülle. Die großen Pflanzenfresser der Steppen, insbesondere Antilopen und die Vorfahren unserer Kühe, waren eine leichte Beute für die Frühmenschen, die sich vermehrten und ihr Verbreitungsgebiet erweiterten. Auf ihrer Wanderung nach Norden und Westen gelangten sie schon bald auf den Balkan – damit waren die Jetztmenschen in Europa angekommen. Allerdings waren es noch nicht sehr viele, denn es war viel einfacher, in der Steppe zu bleiben, an die sie sich so gut angepasst hatten. Die Berge und Wälder der Balkanhalbinsel mit ihrem gemäßigten Klima müssen auf die Menschen des oberen Paläolithikums sehr fremdartig gewirkt haben, und das zeigt sich auch an den genetischen Befunden. Wie man an den Y-Chromosomen erkennt, können nur sehr wenige Europäer ihre Abstammung unmittelbar in die Levante und die Zeit vor 45 000 Jahren zurückverfolgen. M89, der charakteristische Marker der Abstammungslinie vom östlichen Mittelmeer, kommt in Westeuropa nur mit einer Häufigkeit von wenigen Prozent vor. Vielleicht brachten diese wenigen Einwanderer aus dem Nahen Osten die ersten Anzeichen des oberen Paläolithikums nach Europa: Ihre Kultur ist unter dem Namen Chattelperronién bekannt, aber sie hinterließen keine dauerhaften Spuren. Die eigentliche Eroberung Europas und der Untergang des Moustérien mussten auf eine spätere Einwanderungswelle warten, auf Menschen, in deren genetischer Suppe sich ein paar weitere Zutaten befanden.

Auf nach Osten!

Die Hauptmasse der Menschen verbreitete sich im oberen Paläolithikum nach Osten. Wie andere Wanderungsbewegungen der Frühmenschen, so war auch diese mit ziemlicher Sicherheit kein bewusstes Vorhaben, von einem Ort zum anderen zu ziehen. Anscheinend bot der ununterbrochene Steppengürtel, der sich quer durch Eurasien zieht, eine einfache Ausbreitungsmöglichkeit, und so folgten die Menschen schlicht und einfach dem Wild. In dieser Zeit tauchte in der M89-Abstammungslinie ein weiterer Marker auf, der als M9 bezeichnet wird. Die Nachkommen von M9, eines Mannes, der vielleicht vor 40 000 Jahren in den Ebenen des Iran oder des südlichen Zentralasien geboren wurde, erweiterten ihr

Verbreitungsgebiet während der folgenden 30 000 Jahre bis in die letzten Winkel der Erde. Die Menschen, die M9 tragen, bezeichnen wir von jetzt an als eurasische Sippe.

Als die Jäger über die Steppen nach Osten wanderten und die eurasische Abstammungslinie ins Innere des eurasischen Kontinents trugen, stießen sie auf die bis dahin bedeutsamste geographische Leitplanke: die großen Gebirgszüge, die als Begrenzung des südlichen zentralasiatischen Hochlandes dienen – Hindukusch in West-Ost-Richtung, Himalaya von Nordwesten nach Südosten und Tien Shan von Südwesten nach Nordosten. Alle gehen vom so genannten Pamir-Knoten im heutigen Tadschikistan aus wie die Speichen eines Rades.

Die ersten Menschen, die diese Gebirge sahen, müssen geradezu in Ehrfurcht erstarrt sein. Zwar hatten sie im westlichen Iran bereits das Zagros-Gebirge kennen gelernt, aber das war eine überwindbare Barriere mit vielen Tälern und niedrigen Pässen, die ein leichtes Weiterkommen ermöglichten. Der Zagros selbst gehörte sogar zum Verbreitungsgebiet der Beutetiere, die von den Menschen des oberen Paläolithikums gejagt wurden; die Herden zogen im Sommer auf höher gelegene Weiden und kamen im Winter in die umgebenden Tiefebenen. Das Hochgebirge Zentralasiens war da ein ganz anderes Kaliber. In allen drei Gebirgszügen ragen manche Gipfel 5000 Meter und noch höher in den Himmel (im Tien Shan und Himalaya sogar über 7000 Meter), und die strahlenförmig verlaufenden Bergkämme stellten für die weitere Wanderung ein erhebliches Hindernis dar. Man muss bedenken, dass die letzte Eiszeit die Welt noch im Griff hatte und dass wesentlich extremere Temperaturen herrschten als heute. Wegen der Gebirge teilten die eurasischen Wanderer sich in zwei Gruppen: Die eine zog nördlich des Hindukusch weiter, die andere wanderte in südlicher Richtung nach Pakistan und auf den indischen Subkontinent. Woher wissen wir das? Auch hier zeichnen die Y-Chromosomen den Weg nach.

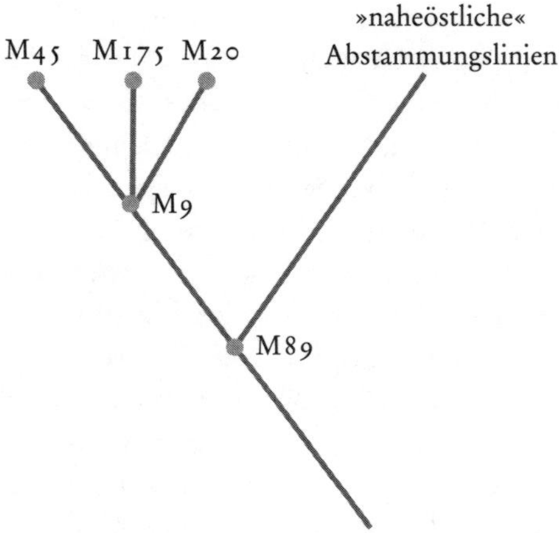

Abb. 7: Die von M89 abstammenden Linien sind charakteristisch für verschiedene geographische Regionen Europas.

Diejenigen, die sich in nördlicher Richtung nach Zentralasien auf den Weg machten, trugen in ihrer eurasischen Chromosomen-Abstammungslinie weitere Mutationen, mit denen wir uns später noch genauer befassen werden. Dagegen besaßen jene, die nach Süden wanderten, im Y-Chromosom noch eine damit überhaupt nicht verwandte Mutation namens M20. Diese Variante findet sich außerhalb Indiens nirgendwo in größerer Häufigkeit – in der Bevölkerung des Nahen Ostens liegt ihr Anteil bei etwa einem bis zwei Prozent. In Südindien dagegen tragen rund 50 Prozent aller Männer M20. Daraus kann man schließen, dass dieser Marker die erste größere Besiedelung Indiens kennzeichnet und einen speziell indischen genetischen Nährboden bildet – man kann auch von einer indischen Sippe sprechen –, der älter ist als alle späteren Einwanderungswellen aus dem Norden. Die Vorfahren der indischen Sippe, die vor 30 000 Jahren nach Südindien kamen, müssen dort auf die zuvor bereits entlang der Küste zugewanderten Menschen getroffen sein. Das genetische Muster legt die Vermutung nahe, dass eine eventuelle Vermischung mit ihnen nicht auf Gegenseitigkeit beruht: Wie wir in Kapitel 4 bereits erfahren haben, findet man in der Mitochondrien-DNA noch deutliche Spuren der Küstenwanderung in Form der Haplogruppe M, das Y-Chromosom dagegen lässt vorwiegend die später von Norden zugewanderten Menschen erkennen. Wenn wir uns noch einmal an das Szenario für die Entstehung des oberen Paläolithikums in Afrika erinnern, erwartet man genau diese Verteilung, wenn die Eindringlinge sich ihre *Frauen* aus der Küstenbevölkerung suchten, während die *männlichen* Küstenbewohner vertrieben, getötet oder schlicht an der Fortpflanzung gehindert wurden. Dies hatte zur Folge, dass die mtDNA der Abstammungslinie M sich in der indischen Bevölkerung ausbreitete, während die Y-Chromosomen der Küstenbewohner bei weitem nicht so häufig vorkommen – und genau das beobachten wir heute. Der küstentypische Marker auf dem Y-Chromosom hat in Südindien nur einen Anteil von fünf Prozent und wird nach Norden hin noch seltener. Man kann also vermuten, dass die Küstenbewohner zumindest auf der männlichen Seite nur einen geringen Beitrag zur heutigen Bevölkerung leisteten. Der Unterschied zwischen den Befunden für Männer und Frauen vermittelt uns eine Ahnung vom Verhalten der ersten Inder und weist auf eine kulturelle Gesetzmäßigkeit hin, die wir in Kapitel 8 noch genauer untersuchen werden.

Die durch Eurasien wandernden Menschengruppen wurden natürlich nicht nur hinunter nach Indien gelenkt, sondern manche wanderten auch in den Norden des Hindukusch und damit in die Mitte Zentralasiens. Der Tien Shan dürfte dabei eine noch stärkere Barriere gebildet haben als der Hindukusch, sodass die Jäger des oberen Paläolithikums aus Westchina fern gehalten wurden. Ungefähr zu dieser Zeit ereignete sich in der eurasischen Abstammungslinie eine weitere Mutation. Sie ist unter dem Namen M45 bekannt und wird uns helfen, zwei sehr wichtige spätere Wanderungsbewegungen nachzuzeichnen. Mit den Methoden zur absoluten Datierung kann man den Schluss ziehen, dass die Mutation M45 vor rund 35 000 Jahren in Zentralasien auftrat. Heute findet sie sich nur bei Bewohnern Mittelasiens, die ihre Abstammung auf diese Region zurückführen können, das heißt, sie definiert eine zentralasiatische Sippe. Deren Nachkommen leben heute nur vereinzelt im Nahen Osten und Ostasien; etwas häufiger sind sie in Indien, wo sie offenbar viel später eingewandert sind (was sich durch weitere Mutationen verrät). Die »ursprüngliche« Form – die tief gehendste stammesgeschichtliche Aufspaltung bei den Y-Chromosomen der zentralasiatischen Sippe – findet man ausschließlich in Zentralasien. Damit können wir etwas über den Geburtsort eines »regionalen Adam« aussagen, ganz ähnlich wie wir den afrikanischen Adam als Vorfahren der heutigen San-Buschleute identifiziert haben. Die am weitesten reichende Verzweigung im Stammbaum von M45 finden wir heute nicht in Indien, Europa oder Ostasien, sondern in Zentralasien; dort ist M45 also entstanden.

Die begrenzte Verbreitung der ersten Nachkommen aus der zentralasiatischen Sippe lässt vermuten, dass die dortige Bevölkerung bei ihrer Entstehung von den Bewohnern anderer Teile des Kontinents isoliert war. Dass sie nicht nach Indien einwandern konnten, lässt sich mit der Barriere des Hindukusch begründen, aber warum diese Gruppe keinen Kontakt zu den Bewohnern des Nahen Ostens hatte, ist nicht geklärt. Immerhin war die eurasische Sippe ja auf diesem Weg nach Zentralasien gelangt – warum konnte die dortige Sippe nicht den umgekehrten Weg nehmen? Man muss daraus schließen, dass eine weitere Barriere eine Rolle spielte; da diese aber mehrere tausend Jahre zuvor, als die Vorfahren der zentralasiatischen Sippe den Kontinent besiedelten, keine unüberwindliche Schranke gewesen war, kann man davon ausgehen, dass sie erst nach der ersten Wanderungsbewegung auftauchte.

Die Wüstengebiete Dasht-e Kavir und Dasht-e Lut im mittleren Iran sind heute öde und verbrannt. Ihre spärliche Bevölkerung lebt mehr schlecht als recht von einer hoch entwickelten Form der Landwirtschaft mit *Ghanats*, unterirdischen Bewässerungskanälen, die schon seit Jahrtausenden in Gebrauch sind. Die Bewohner von Städten wie Yazd schützen sich vor der Tageshitze in unterirdischen Kammern, die über lange Röhren mit kühlendem Wind belüftet werden; dabei entsteht ein unaufhörliches Heulen, das schon aus mehreren Kilometern Entfernung zu hören ist. Dass Menschen sich hier ohne eine derart gut angepasste Lebensweise längere Zeit aufhalten können, ist unvorstellbar. Das Jagen und Sammeln wäre – zumindest heute – unmöglich. Ganz ähnlich sind die Verhältnisse auch in den zentralasiatischen Wüsten Karakum und Kyzylkum: In diesen öden Gebieten leben außer ein paar Nomadenhirten kaum Menschen.

Rund um die zentraliranischen Wüsten ziehen sich aber zwei Steppengürtel: einer im Norden nicht weit vom Kaspischen Meer, der andere im Süden am Persischen Golf. Vor rund 40 000 Jahren, als die Welt klimatisch tief gespalten war, dürfte die Luftfeuchtigkeit in den Steppen und Wüsten des Zentraliran phasenweise ähnlich wie heute oder sogar noch größer gewesen sein. Dazu könnten auch Veränderungen der vorherrschenden Windrichtung beigetragen haben, durch die mehr Feuchtigkeit vom Arabischen Meer herantransportiert wurde. In diesen – vermutlich recht kurzen – feuchteren Perioden konnten die Menschen wahrscheinlich ohne weiteres durch das iranische Hochland nach Zentralasien einwandern – wieder einmal blieben Beutetiere und Jagdmethoden dabei auf dem ganzen Weg praktisch gleich. Dass diese Wanderung stattfand, wissen wir aus den genetischen Spuren, die sie in den Nachkommen hinterlassen hat: Sie führen vom östlichen Mittelmeer geradewegs bis nach Zentralasien.

Als die Temperatur aber in der Eiszeit unter einen kritischen

Wert gesunken war, nahm die Luftfeuchtigkeit wegen der geringeren Verdunstung stark ab, und im Norden gefror das Wasser in den wachsenden Eiskappen. Das geschah anscheinend vor 20 000 bis 40 000 Jahren und führte dazu, dass auf unserer Route eine neue Wüste als Barriere entstand. Die Bevölkerung des Kontinents war jetzt in nördliche, südliche und westliche Gruppen gespalten, denen nun die kälteste Phase der Eiszeit bevorstand. Die Bewohner Indiens und der Levante hatten den Vorteil, dass das Meer bei ihnen die Auswirkungen des immer kälteren und trockeneren Klimas abmilderte. Dagegen mussten jene, die nördlich des Hindukusch festsaßen, sich an die immer unwirtlicheren Bedingungen der eurasischen Steppe anpassen – oder sie gingen zugrunde.

Diese ersten Bewohner Zentralasiens wären wahrscheinlich in den relativ warmen Steppen des Südens geblieben, hätte die fortschreitende Wüstenbildung sie nicht zum Weiterziehen gezwungen. Einige zogen sich an den Fuß des Hindukusch zurück, wo das Schmelzwasser der Gletscher und die Tierbestände den Lebensunterhalt sicherten. Die meisten jedoch folgten offenbar den wandernden Tierherden in nördlicher Richtung – und gingen damit eigentlich dem Sturm entgegen. In dieser Phase gelangten sie wahrscheinlich zum ersten Mal nach Sibirien, denn im Altai-Gebirge tauchen vor 40 000 Jahren die ersten Werkzeuge aus dem oberen Paläolithikum auf. Die hier herrschenden Bedingungen unterschieden sich unvorstellbar stark von jenen, die ihre Vorfahren 10 000 Jahre früher in Afrika hinter sich gelassen hatten. Die Temperatur sank im Winter auf minus 40 Grad oder noch tiefer, sodass sie den größten Teil ihrer Zeit darauf verwenden mussten, zu jagen oder sich warm zu halten. Aber die Tiere, die es hier zu erlegen gab, waren es wert, die Schwierigkeiten zu überwinden.

Wie wir bereits erfahren haben, ist eine beträchtliche Körpergröße gemäß der Bergmann-Regel ein charakteristisches

Merkmal von Tierarten, die in hohen Breiten zu Hause sind. Große Tiere haben im Verhältnis zum Volumen eine geringere Körperoberfläche als kleinere, und Wärme geht über die Oberfläche verloren. Eine Spitzmaus muss ständig fressen, um ihren sehr aktiven Stoffwechsel in Gang zu halten, unter anderem weil sie die Wärme wegen ihrer geringen Größe kaum festhalten kann. In kalten Klimazonen begünstig die Selektion deshalb große Tiere mit einem gemächlicheren Stoffwechsel (weil auch Nahrung nicht in so großen Mengen zur Verfügung steht wie in wärmeren Regionen) – hier entstanden große, schwerfällige Arten, die nicht sonderlich schlau waren. Auf diese Weise brachte die natürliche Selektion so auffällige Tiere wie das Wollmammut vor.

Als die Menschen des oberen Paläolithikums zum ersten Mal einem Wollmammut begegneten – vermutlich im Süden Sibiriens oder in Zentralasien –, waren sie sicher nicht wenig eingeschüchtert. Die traditionellen Beutetiere dieser geschickten Jäger waren vielleicht zwei- oder dreimal so groß wie ein Mensch, ein Mammut dagegen hatte war um vieles gewaltiger, es hatte Furcht erregende Stoßzähne und ein dickes Fell. Als sie aber diese seltsamen Riesen beobachteten, stellten sie sicher recht schnell fest, dass das Mammut auf Grund seiner Größe auch langsam und unbeholfen war. Mit den richtigen Jagdmethoden und geeigneten Hilfsmitteln konnte man es leicht erlegen. War das gelungen, konnte eine ganze Großfamilie sich wochenlang von dem Fleisch eines einzigen Tieres ernähren; mit anderen Worten: Die Anstrengung lohnte sich.

Wahrscheinlich nutzten die Menschen des oberen Paläolithikums auch die Kadaver toter Mammuts. Aus den Überresten von Tieren, die man an entsprechenden Fundstellen in Südafrika entdeckte, zog der Anthropologe Lewis Binford den Schluss, dass die Aasverwertung beträchtlich zur Ernährung der ersten Menschen beitrug. Wie groß die Anteile von Aas und selbst gejagten Tieren bei unseren frühesten Vorfahren waren, wurde unter den Fachleuten hitzig diskutiert, wahrscheinlich aber wurden zumindest in einem gewissen Umfang tote Tiere verwertet. Und angesichts der großen Fleischmenge waren die Kadaver von Mammuts für die ersten Bewohner Eurasiens sicher von besonderem Interesse.

Das Innere des eurasischen Kontinents war für unsere Vorfahren eine sehr harte Schule. Sie konnten nur mit hoch entwickelten Problemlösungsstrategien überleben, und deshalb ist es auch verständlich, dass die Menschen den größten Teil der Erde erst besiedeln konnten, nachdem ihre geistige Kapazität den großen Sprung nach vorn vollzogen hatte. Auf ihren Wanderungen durch die Steppen entwickelten die Jetztmenschen ein ganzes Arsenal spezialisierter Werkzeuge, darunter Nadeln aus Knochen, mit denen sie Tierhäute zusammennähen konnten. Die so entstandenen Kleidungsstücke hielten bei den arktischen Temperaturen warm, ermöglichten aber bei der Jagd auf Rentiere und Mammut dennoch die notwendige Beweglichkeit. Die Menschen mussten ihre schützenden Hügel und Höhlen verlassen, aber auf der einzigen offenen Steppe und in der Tundra waren tragbare Unterkünfte unentbehrlich. Ihre Wanderung führte sie weit über die offenkundigen Quellen des feinkörnigen Gesteins hinaus, aus dem sie bisher ihre Waffen hergestellt hatten, sodass sie bei der Werkzeugherstellung sparsamer vorgehen mussten. Das führte zur Entwicklung der Mikrolithen, kleiner, spitzer Steine, die beispielsweise als Speerspitzen an hölzerne Stangen gebunden wurden und so als Waffen dienen konnten.

An dieser problemorientierten Intelligenz, mit der die Menschen des oberen Paläolithikums in den unwirtlichen Steppen des nördlichen Eurasien überlebten und riesige Tiere erlegten, wird ein Phänomen deutlich, das man als »Willen zum Töten« bezeichnet hat. Das Überleben hing davon ab, dass man trotz aller Hindernisse ausreichend Nahrung fand – und die Steppen waren eine regelrechte Vorratskammer für Fleisch. Die

Notwendigkeit der Nahrungsbeschaffung trieb die Menschen in die Kälte und führte sie weit über Zentralasien hinaus. Die Steppen ermöglichten die Wanderung bis zum äußersten Ende des Kontinents, und nachdem sie sich auf die unwirtlicheren Bedingungen eingestellt hatten, eröffnete sich ihnen eine ganz neue Welt.

Essstäbchen

In ihrer genetischen Zusammensetzung waren diese ersten Bewohner Sibiriens eine Mischung aus den Abstammungslinien der zentralasiatischen und der ursprünglichen eurasischen Sippe.

M45 ist zwar der Marker, aus dem wir auf die Wanderungen der ersten Jäger durch die zentralasiatische Steppe schließen konnten, es lebten aber auch noch viele Männer, deren Y-Chromosom nicht durch M45 gekennzeichnet war – sie besaßen den eurasischen Marker M9 ohne weitere Kennzeichnung. Die Häufigkeit eines neuen Markers nimmt nämlich nicht sofort so stark zu, dass alle anderen – beispielsweise die ursprüngliche M9-Abstammungslinie – verloren gehen. Alle untersuchten Marker des Y-Chromosoms sind irgendwann in der Vergangenheit bei einem einzigen Mann entstanden; ihre Häufigkeit betrug demnach eins (diese eine Person), dividiert durch die Gesamtzahl der Männer in der Population – und das ist, außer in sehr kleinen Gruppen, eine äußerst geringe Häufigkeit. Dass sie sich in der Folgezeit stärker verbreiten, liegt vorwiegend an der Gendrift, das heißt an den zufälligen Häufigkeitsveränderungen, die für alle Bevölkerungsgruppen charakteristisch sind. Die ersten Menschen, die in das südliche Sibirien vordrangen, gehörten also teilweise zur zentralasiatischen M45-, teilweise aber auch zu der älteren eurasischen M9-Sippe. Die ursprünglichen nahöstlichen Chromosomen waren damals allerdings durch Gendrift anscheinend schon weitgehend verloren gegangen.

Wie die Eurasier, die auf der anderen Seite des Hindukusch nach Indien vordrangen, so wanderten auch einige Angehörige dieser eurasischen Sippe nach Norden und Osten, wobei das Tien Shan-Gebirge die Richtung vorgab. Einige von ihnen nutzten möglicherweise die so genannte Dsungarische Pforte, über die Jahrtausende später auch Dschingis Khan nach Zentralasien vordrang, und gelangten bis ins heutige China. Die Mehrzahl wanderte aber wahrscheinlich weiter im Norden über die Steppen und nahm den Umweg durch Südsibirien, um die unwirtlichen Wüsten im Westen Chinas zu meiden. Jedenfalls schafften sie es. Das wissen wir, weil sie auf dem Y-Chromosom die Nachkommen eines weiteren Markers hinterließen, der fast ausschließlich auf Ostasien beschränkt ist und im Westen Asiens sowie in Europa völlig fehlt; dieser Marker heißt M175.

M175, der auf einem eurasischen M9-Chromosom entstand, findet sich mit der größten Häufigkeit – etwa 30 Prozent – in der Bevölkerung Koreas. Sein absolutes Alter wurde mit entsprechenden Methoden auf ungefähr 35 000 Jahre bestimmt, was gut mit dem ersten Auftauchen des oberen Paläolithikums in Korea und Japan übereinstimmt. Mehrere später entstandene Marker (insbesondere M122, der in Kapitel 8 eine wichtige Rolle spielen wird) haben M175 als Vorfahren, und gemeinsam machen diese verwandten Abstammungslinien in Ostasien heute 60 bis 90 Prozent aller Y-Chromosomen aus. Wie eine gemeinsame Zutat, die in einer ganzen Gruppe von Suppenrezepten vorkommt, so vereinigt auch M175 die meisten asiatischen Männer, die östlich von Hindukusch und Himalaya zu Hause sind; damit ist eine ostasiatische Sippe definiert.

Als diese Jetztmenschen nach Ostasien kamen, befanden sie sich in einer Region, die bereits seit fast einer Million Jahren von ihren entfernten Verwandten der Spezies *Homo erectus* bewohnt war. Dubois' fehlendes Bindeglied hatte Verwandte in China, die man als Pekingmenschen bezeichnete, bis man sie mit ihren Vettern aus dem weiter südlich gelegenen Java zusammenfasste. Rätselhafterweise hat man aber an Fundstätten in China keine Überreste von Mitgliedern der Spezies *Homo erectus* entdeckt, die jünger als 100 000 Jahre wären – in den Funden klafft eine Lücke, bis vor rund 40 000 Jahren der moderne *Homo sapiens* auftauchte. Was diese Unterbrechung verursachte, ist nicht geklärt, wahrscheinlich ist aber – wieder einmal – das ständig schlechter werdende Klima schuld. Die Höhle von Zhoukoudian zum Beispiel, in der viele Überreste von *Homo erectus* gefunden wurden, liegt im Nordosten Chinas nicht weit von Beijing – in einer Gegend, wo der Winter auch heute extrem kalt sein kann. Bei den sehr niedrigen Temperaturen der vorletzten Eiszeit vor rund 250 000 bis 150 000 Jahren war es in Nordchina ausgesprochen ungemütlich. Dafür spricht auch, dass man in Zhoukoudian keine Spuren des *Homo erectus* aus der Zeit vor weniger als 250 000 Jahren gefunden hat. Wahrscheinlich wurden sie von den eisigen Temperaturen vertrieben – oder getötet.

Wir wissen, dass der *Homo erectus* sich in Ostasien ungefähr eine Million Jahre lang nicht nennenswert veränderte, vielleicht weil der Selektionsdruck im Wesentlichen gleich blieb. Die Isolation von anderen Hominiden und relativ gleichförmige Klimabedingungen dürften nicht Wandel, sondern Kontinuität begünstigt haben, und es gibt keine Anhaltspunkte, dass auch der *Homo erectus* einen großen Sprung nach vorn machte. Manche chinesischen Wissenschaftler vertreten zwar ein Evolutionsmodell, das als »regionale Kontinuität« bezeichnet wird und in dem der ostasiatische *Homo erectus* sich unabhängig von den Vorgängen in Afrika zu einer lokalen Variante von *Homo sapiens* entwickelte, aber dafür gibt es absolut keine genetischen Belege. Außerdem zeigen die genetischen Befunde, dass in Ostasien noch nicht einmal Kreuzungen zwischen den eingewanderten Jetztmenschen und *Homo erectus* stattfanden – wenn vor 40 000 Jahren dort überhaupt noch eine Population existierte, ist sie für die heutige Archäologie völlig unsichtbar. Der Genetiker Li Jin und seine Kollegen stellten kürzlich in einer Analyse mit über 12 000 Männern aus ganz Ostasien fest, dass jeder Einzelne davon seine Abstammung innerhalb der letzten 50 000 Jahre nach Afrika zurückverfolgen kann – denn jeder Mann trägt auf seinem Y-Chromosom unseren alten Freund M168. Wirklich jeder. Dieser Befund ist unangenehm für alle, die nach Indizien für eine regionale Kontinuität in Ostasien suchen, denn er lässt sich nicht mit irgendeiner Form der lokalen Evolution aus *Homo erectus* oder auch nur mit einer Vermischung vereinbaren – zumindest was die männliche Abstammungslinie angeht. Die gleiche Antwort liefert auch Mitochondrien-DNA aus Ostasien: Die vielen tausend Proben, die bisher untersucht wurden, lassen sich alle nach Afrika zurückverfolgen. Kurz gesagt, gibt es keinerlei genetische Anhaltspunkte, dass *Homo erectus* zum Genbestand der heutigen Ostasiaten beigetragen hätte. Dubois' Affenmensch war vielmehr anscheinend eine Sackgasse der Evolution und wurde vollständig durch die Jetztmenschen verdrängt.

Bis hierher ist das alles eine geradlinige, in sich geschlossene Geschichte. Aber so einfach ist das Leben leider nie. Die Komplikation besteht in diesem Fall darin, dass die Abstammungslinie der Küstenwanderer in manchen ostasiatischen Bevölkerungsgruppen mit großen Anteilen vertreten ist. Sie kommt in der Mongolei mit einer Häufigkeit von 50 Prozent vor und ist überall im Nordosten Asiens verbreitet. Wie sie dorthin kam, bleibt ein Rätsel; wahrscheinlich wanderten die ersten Küstenbewohner irgendwann auch ins Landesinnere und dann im Laufe mehrerer Jahrtausende nach Norden. Für eine solche Wanderung spricht auch, dass die M130-Chromosomen im

Süden älter sind als im Norden. Irgendwann, vielleicht vor rund 35 000 Jahren, trafen sie auf die Nachkommen der anderen, größeren Wanderer-Abstammungslinie unserer ostasiatischen Neuankömmlinge. Die Tatsache, dass in der heutigen Bevölkerung Ostasiens die Abstammungslinien von der Küste und aus Eurasien vorkommen, belegt die umfangreiche Vermischung zwischen ihnen.

Daraus erwächst ein Bild, in dem Ostasien von Norden und von Süden wie in einer Zangen- oder Essstäbchenbewegung durch Menschen besiedelt wurde. Die nördliche Route, die durch Angehörige der eurasischen Sippe gekennzeichnet ist, ging vermutlich von den Steppen Südsibiriens aus und endete vor rund 35 000 Jahren. Auf der südlichen wanderten vor allem Angehörige der Küstensippe, die wahrscheinlich bereits früher eintrafen – möglicherweise schon vor 50 000 Jahren. Spuren dieser alten Nord-Süd-Zweiteilung sind in der ostasiatischen Bevölkerung noch heute zu erkennen. Luca Cavalli-Sforza untersuchte in Zusammenarbeit mit chinesischen Kollegen bei ostasiatischen Populationen mehrere Dutzend Polymorphismen, die sich nicht auf dem Y-Chromosom befinden. Dabei zeigte sich eine deutliche Trennung zwischen Nord- und Südchinesen. Selbst Angehörige der gleichen ethnischen Gruppe, beispielsweise die nördlichen und die südlichen Han, sind nicht mit ihren *ethnischen*, sondern mit ihren *geographischen* Nachbarn am engsten verwandt: die nördlichen Han mit anderen Gruppen im Norden, die keine Han sind, die südlichen Han als eigenständige Gruppe. Die zwei Wege der Besiedelung sind offensichtlich noch im Blut der heutigen Chinesen zu erkennen.

Damit ist unsere nahöstliche Sippe also im äußersten Osten des Kontinents angelangt. Unterwegs sind bei ihr zusätzliche Marker entstanden, Kennzeichen der weit verbreiteten eurasischen sowie der indischen und der zentralasiatischen Sippe. Die Gebirge Zentralasiens bildeten vor 40 000 Jahren eine wirksame Grenze, eine Funktion, die sie bis heute nicht verloren haben. Dies hatte zur Folge, dass ein isoliertes ostasiatisches Y-Chromosom entstand, das im Westen nur sehr gelegentlich auftaucht. Aber während ein geradliniger Weg nach Ostasien führte, erforderte die Besiedelung Europas größere Umwege. Wie bereits erwähnt wurde, enthält die Suppe der heutigen Europäer so viele Zutaten, dass sie nicht unmittelbar von der nahöstlichen Suppe abstammen kann. Die Suche nach den Vorfahren der ersten Europäer ist unser nächstes Thema.

Kapitel 7

Blut aus dem Stein

Der Rabe schickte Vögel, damit sie die Mauer der Dämmerung durchlöcherten. Einer pickte ein Loch hinein, und zum ersten Mal schienen die Strahlen der Sonne hindurch. Dann verstreute er Seehundknochen im Morgenlicht auf der Erde, und die Knochen nahmen Menschengestalt an: der erste Mann und die erste Frau entstanden.
Schöpfungsmythos der Tschuktschen

Als ich Postdoc an der Stanford University war, wohnte ich mit meiner späteren Frau in San Francisco. Jeden Tag pendelten wir über die »Halbinsel« nach Palo Alto. Zu der täglichen Fahrerei hatten wir uns entschlossen, weil wir die Betriebsamkeit und die multikulturelle Mischung der Großstadt bevorzugten. Unsere Wohnung lag im Bezirk Richmond, mitten im Viertel der russischen Einwanderergemeinde und nur einen Steinwurf von der »New Chinatown« an der Clement Street entfernt. Abends auf der Heimfahrt hörte ich zum Zeitvertreib häufig den Kultursender National Public Radio. Eines Abends im Herbst 1997 – ich befand mich gerade auf der 25th Avenue – hörte ich in den Nachrichten eine Meldung, bei der ich den Wagen fast in einen entgegenkommenden Bus gelenkt hätte. Ich hielt an, hörte zu und merkte mir jedes Wort.

Wie ich erfuhr, hatte eine Wissenschaftlergruppe unter Leitung des Professors Svante Pääbo von der Universität München gerade die DNA-Sequenz eines Neandertalers veröffentlicht. Damit hatte Pääbo gewissermaßen den Heiligen Gral der Anthropologie gefunden – jetzt bestand die Aussicht, eine der ältesten und umstrittensten Fragen des Fachgebietes zu beantworten: Sind die heutigen Europäer entwicklungsgeschichtliche Nachkommen der Neandertaler, oder wurden die Neandertaler von Gruppen verdrängt, die aus anderen Gebieten einwanderten?

Die Neandertaler waren 1856 die ersten Hominiden, die man entdeckte – der Name weist auf den Fundort hin, eine Höhle nicht weit von Düsseldorf. Die Erkenntnis, dass auch die Menschen eine Evolution durchgemacht haben, setzte sich anfangs nur zögernd durch, aber einige Jahrzehnte später glaubte man allgemein, die Neandertaler seien die Vorfahren der heutigen Europäer. Diese Theorie wurde in den achtziger Jahren des 20. Jahrhunderts durch genetische Untersuchungen infrage gestellt. Wenn man aus der Mitochondrien-DNA ablesen kann, dass alle Menschen erst vor relativ kurzer Zeit aus Afrika kamen, wie sollten dann die heutigen Bewohner Europas in der Evolution aus einem Hominiden wie dem Neandertaler hervorgegangen sein, der schon vor 250 000 Jahren auf dem Kontinent zu Hause war? Die Frage war umstritten; manche Anthropologen, so Milford Wolpoff von der University of Michigan, hielten die Ergebnisse der DNA-Untersuchungen für fehlerhaft und beharrten darauf, die Europäer seien ursprünglich Neandertaler.

Wenn man aus Daten, die man heute gewonnen hat, Details über die Vergangenheit ableiten will, stellt sich ein Problem, von dem in Kapitel 2 bereits die Rede war: Man muss eine theoretische Vorstellung davon haben, wie sich DNA über längere Zeiträume hinweg verändert. Solche Theorien werden zwar durch die Arbeiten mehrerer Generationen von Genetikern und Evolutionsforschern gestützt, aber es sind dennoch nur Theorien. Leider ist es nicht möglich, auf einer Reise in die Vergangenheit die Belege zu prüfen und festzustellen, ob unsere theoretischen Annahmen stimmen. Oder doch? Können wir die DNA unserer längst verstorbenen Vorfahren untersuchen?

Was die Untersuchung sehr alter DNA angeht, leisteten Svante Pääbo und seine Kollegen (unter ihnen Allan Wilson, der mit der Eva der Mitochondrien berühmt wurde) in Berkeley und München Pionierarbeit. Mit ihren Forschungen wollten sie genau das erreichen, was ich gerade als unmöglich bezeichnet habe: in vergangene Zeiten vorzudringen und die DNA längst verstorbener Individuen zu analysieren. Das Ziel bestand letztlich darin, eine genetische Zeitmaschine zu konstruieren, mit der sich Fragen nach unseren Vorfahren unmittelbar beantworten lassen. Eine der ersten Anwendungen war die Analyse der DNA aus ägyptischen Mumien, aber schon bald erprobte man die Methode auch an Fossilien, die mehrere Millionen Jahre alt waren. Michael Crichton stützte sich mit seinem Roman *Jurassic Park* auf Überlegungen aus den stürmischen ersten Jahren des neuen Fachgebietes, als alles möglich erschien, sogar die Gewinnung vollständiger Dinosaurier-DNA aus Blut saugenden Insekten, die in Bernstein eingeschlossen wurden.

Aber die Vorstellung, man könne DNA aus Quellen gewinnen, die viele Millionen Jahre alt sind, erwies sich letztlich als falsch. In der Regel handelte es sich um winzige Verunreinigungen mit moderner Substanz. Gelegentlich gelang die Analyse von Material, das aus jüngerer Zeit stammte oder unter idealen Bedingungen einige zehntausend Jahre lang erhalten geblieben war. Analysefähige DNA konnte man aus den gefrorenen Körpern von Mammuts und vorzeitlichen Gebirgswanderern gewinnen, aber auch aus den getrockneten Überresten von Mumien und anderen Wüstenbewohnern. Auch dabei musste man sich allerdings meist auf die Mitochondrien-DNA beschränken, die in jeder Zelle in einer riesigen Kopienzahl vorliegt – bei ihr besteht eine größere Wahrscheinlichkeit, dass mindestens ein Molekül das russische Roulette des jahrhundertelangen molekularen Zerfalls überlebt hat. Bis heute sind derartige Analysen aber äußerst schwierig, denn in den meisten Fällen sind die Moleküle nach dem Tod vollständig zerfallen. Deshalb waren negative Befunde weitaus häufiger als positive – aber die wenigen Fälle, in denen man tatsächlich DNA aus dem Material gewinnen konnte, lohnten die Mühe.

Vor diesem Hintergrund hatte Pääbos Arbeitsgruppe zuverlässige Methoden entwickelt, um DNA aus sehr alten Proben zu gewinnen und zu analysieren. Sein Labor setzte Anfang der neunziger Jahre die Maßstäbe – dort arbeiteten die unumstrittenen Experten für dieses Gebiet.

Der wissenschaftliche Geniestreich, der mich in San Francisco um ein Haar das Leben gekostet hätte, begann bei den allerersten jemals ausgegrabenen Neandertalerknochen. Dieses so genannte Typusexemplar – die Knochen, die den Paläoanthropologen als Vergleichsmaßstab für alle anderen Funde dienten – lag seit fast 140 Jahren in einem Bonner Museum, als man bei der Münchner Arbeitsgruppe anfragte, ob sie eine Analyse vornehmen wolle. Pääbo ergriff die Chance beim Schopf, und sein Doktorand Matthias Krings führte im Rahmen seiner Doktorarbeit die DNA-Untersuchung durch. Nach über einem Jahr des mühsamen Herumprobierens konnte er so viel Mitochondrien-DNA gewinnen, dass sich daraus eine Sequenz von 105 Basenpaaren ableiten ließ. Als er sie zusammengesetzt hatte, beobachtete er etwas Ungewöhnliches. Über den ersten Anblick der 40 000 Jahre alten Sequenz berichtet Krings:

Eigentlich kannte ich die Sequenz auswendig ... und ich war sicher in der Lage, eine Substitution [eine Abweichung in der DNA-Sequenz] auf den ersten Blick zu erkennen. Nachdem ich die erste Sequenz kurz gemustert hatte, lief es mir kalt den Rücken herunter. Sie zeigte acht Substitutionen in einem Bereich, der normalerweise höchstens drei oder vier enthält. Ich dachte: ›Das ist ja eine komische Sequenz.‹

Nachdem er den Befund mit Material aus einem anderen Knochenbruchstück bestätigt hatte und nachdem das Experiment in einem Labor auf einem anderen Kontinent wiederholt worden war (um auszuschließen, dass sich bei den Analysen in

München eine dort vorhandene Verunreinigung eingeschlichen hatte), hielt er die Sequenz für richtig. Durch mehrfache Anwendung des Verfahrens erhielt er schließlich aus den Überresten eine 327 Basenpaare lange Sequenz der Mitochondrien-DNA – genug, um eine statistisch signifikante Aussage über den entwicklungsgeschichtlichen Abstand zu machen. Es war eindeutig keine Sequenz aus der mtDNA heutiger Menschen, zu einem Menschenaffen gehörte sie aber ebenfalls nicht. Sie stammte vielmehr von einem Hominiden, der vor rund 500 000 Jahren den letzten gemeinsamen Vorfahren mit den Jetztmenschen hatte. Diese Datierung stimmte mit den Voraussagen von Paläoanthropologen überein, die sich mit der Verbreitung so genannter »archaischer Menschen« von Afrika nach Europa beschäftigt hatten, und sie bewies, dass die Neandertaler keine unmittelbaren Vorfahren der heutigen Menschen waren. Sie stellen vielmehr eine lokale Population archaischer Hominiden dar, die später vom modernen *Homo sapiens* verdrängt wurde – und das ohne erkennbare Vermischung. Von den vielen tausend Mitochondriensequenzen, die man von Menschen aus der ganzen Welt kennt, weicht keine auch nur annähernd so stark ab wie Krings' Neandertalersequenz. Die Neandertaler liegen ein ganzes Stück außerhalb der genetischen Variationsbreite, die man bei unserer Spezies findet – das heißt, sie stellen eine *eigene* biologische Art dar. Diese erste Erkenntnis wurde später durch zwei weitere genetische Untersuchungen an Neandertaler-Überresten aus anderen Regionen Europas bestätigt; sie zeigten, dass die Neandertaler untereinander eng verwandt waren, für uns jedoch nur weitläufige Vettern sind. Die genetischen Befunde sind nicht zu bestreiten – die heutigen Europäer stammen wie alle anderen Jetztmenschen aus Afrika.

Zusammen mit der im letzten Kapitel erwähnten Studie an 12 000 Y-Chromosomen aus Asien waren die Untersuchungen an den Neandertalern der letzte Sargnagel für den Multiregionalismus. Unsere Hominidenverwandten wurden eindeutig von Jetztmenschen verdrängt, die sich in den letzten 50 000 Jahren von Afrika aus verbreiteten. Manche Anthropologen vertreten zwar für die Evolution des Menschen auch heute noch ein multiregionales Modell, bei den meisten hat sich aber die Erkenntnis durchgesetzt, dass es dafür einfach keine überzeugenden Indizien gibt. Die moderne Molekularbiologie hat das Gespenst von Carleton Coon endgültig vertrieben. Aber nun stellt sich natürlich die Frage: wenn die Neandertaler verdrängt wurden – von wem?

Ein künstlerischer Charakter

Im Herbst 1922 betraten zwei Jungen in der Nähe des französischen Ortes Cabreret, etwa zwei Autostunden nordöstlich von Toulouse, eine Höhle. Gegen den Rat ihres Gemeindegeistlichen, mit dem sie 1920 zum ersten Mal in der Höhle gewesen waren, wollten sie das geheimnisvolle Loch diesmal genauer erkunden. Sie entdeckten etwas Außergewöhnliches. Peche Merle – auf diesen Namen taufte man die Höhle – wurde wegen ihrer Malereien später vom Abbé Henri Breuil, dem französischen Fachmann für Höhlenkunst, als »Sixtinische Kapelle« der Region bezeichnet. Breuils eingehende Erforschung mehrerer Dutzend französischer Höhlen brachte eine reiche künstlerische Tradition ans Licht, die über dreißig Jahrtausende zurückreicht und einzigartige Einblicke in den Geist der steinzeitlichen Europäer ermöglicht.

Die Bilder, die dort und an anderen europäischen Fundstätten aus dem oberem Paläolithikum gezeichnet und gemalt wurden, lassen eindeutige Anzeichen für abstraktes, begriffliches Denken erkennen – die ältesten derartigen Indizien auf der ganzen Welt. Die außerordentlich detailreichen Kunstwerke in der Höhle von Chauvet, die ältesten in Frankreich, wurden auf ein Alter von 32 000 Jahren datiert. Kürzlich entdeckte Zeichnungen in der Höhle von Fumane bei Verona in Norditalien dürften sogar 35 000 Jahre alt sein und wären damit die ältesten Höhlenkunstwerke überhaupt. An allen diesen Orten kennzeichnen die Komplexität der Darstellung und ihre raffinierte Ausführung eine abrupte Veränderung gegenüber früheren Zeiten. Eigentlich haben die prähistorischen Europäer damit eine Art Zeitkapseln hinterlassen, wunderschön gestaltete Momentaufnahmen aus ihrem Leben, die bis zu ihrer Entdeckung im 19. und 20. Jahrhundert in dicht verschlossenen Höhlen verborgen lagen.

Die Bewohner dieser europäischen Höhlen waren ganz offensichtlich begabte Künstler, und ihre Kultur ist eine deutliche Abkehr von der ihrer Vorgänger, der Neandertaler. Sie kennzeichnet den Beginn des oberen Paläolithikums in Europa, mit dem erstmals eindeutig moderne Menschen auf der Bildfläche erschienen. Zusammen mit ihren vielfältigen Werkzeugen vermittelt uns ihre Kunst einen flüchtigen Einblick in den Geist ihrer Schöpfer. Aber waren diese ersten Europäer – die Maler von Peche-Merle, Chauvet und Fumane – die Vorfahren der Westeuropäer? Und wenn ja, warum tauchten sie vor rund 35 000 Jahren so plötzlich auf? Anhaltspunkte zur Beantwortung dieser Fragen liefert wieder einmal die Genetik.

Wie bereits erwähnt, dürfte der nahe liegendste Ausgangspunkt für eine Besiedelung Europas, der Nahe Osten, zum Genbestand der heutigen Europäer nur sehr wenig beigetragen haben. Die Abstammungslinie von Y-Chromosomen mit dem alleinigen Marker M89, der die älteste Bevölkerung des Nahen Ostens aus der Zeit vor rund 45 000 Jahren kennzeichnet, ist in Westeuropa nicht besonders häufig. Von Vorderasien über den Bosporus nach Europa ist es so ein kleiner Sprung, dass man sich wirklich fragen muss, warum es so lange – vielleicht volle 10 000 Jahre – dauerte, bis die Jetztmenschen nach Westeuropa gelangten. Um dieses Rätsel – die Frage, woher die Mehrzahl der Europäer im oberen Paläolithikum stammte – zu lösen, müssen wir die genetischen Marker in Westeuropa betrachten und fragen, auf welche eurasische Abstammungslinie sie zurückgehen.

Wie ich zu Beginn des Kapitels 5 erwähnt habe, ist mein Y-Chromosom durch einen Marker namens M173 gekennzeichnet. Wie sich herausstellt, bin ich damit durchaus nicht der Einzige – M173 ist überall in Westeuropa weit verbreitet. Seine größte Häufigkeit erreicht er interessanterweise ganz im Westen – in Spanien und Irland kommt er bei über 90 Prozent der Männer vor. Damit ist er in Westeuropa der vorherrschende Marker: Die meisten Männer gehören zu der durch ihn definierten Abstammungslinie. Aus seiner großen Häufigkeit können wir zweierlei schließen. Erstens stammt die große Mehrzahl aller Westeuropäer von einem einzigen männlichen Vorfahren ab. Und zweitens sorgte irgendein Ereignis dafür, dass die anderen Abstammungslinien verloren gingen.

Rendezvous verzweifelt gesucht

Wenn wir hören, dass fast alle Westeuropäer ihre Abstammung auf einen einzigen Mann zurückführen können, stellen wir in der Regel als Erstes eine Frage: Wann hat er gelebt? Hier kommen wieder die Methoden zur absoluten Datierung ins Spiel. Durch Untersuchung der genetischen Abweichungen – das heißt der Polymorphismen – auf den M173-Chromosomen können wir abschätzen, wie lange die Mutationsuhr laufen musste, um diese Variationsbreite zu erzeugen. Aber wie können wir Abweichungen feststellen, wenn alle Chromosomen den Polymorphismus M173 tragen? Sind sie dann nicht alle genau gleich?

Zum Glück für uns, nein. Sie sind zwar alle sehr ähnlich und enthalten den gemeinsamen Marker M173, aber es gibt andere Unterschiede. Im Gegensatz zu den stabilen Abweichungen, durch deren Untersuchung wir die Reihenfolge – das heißt die relative Datierung – der Abstammungslinien für das Y-Chromosom ermittelt haben, handelt es sich bei diesen weiteren Markern nicht um den einfachen Austausch einzelner Buchstaben in der genetischen Information, sondern sie existieren auf Grund einer biochemischen Sprachstörung. Wenn die DNA sich verdoppelt, trennen sich ihre Molekül-Doppelstränge, und winzige Maschinen, die Polymerasen, leisten die eigentliche Arbeit, die neue Kopie zusammenzusetzen. Wie gesagt: Wenn man die Sequenz in einer Kette des DNA-Doppelstranges kennt, ergibt sich daraus wegen der unveränderlichen Gesetzmäßigkeiten der Molekularbiologie auch die Sequenz des anderen. A paart sich immer mit T, und C verbindet sich immer mit G. Das funktioniert in 99 Prozent des Genoms sehr gut, weil die Buchstaben in einer einzigartigen Reihenfolge stehen und deshalb ohne weiteres die richtige Paarung ermöglichen. Leider ist aber ein kleiner Teil unseres Genoms nicht so einfach gebaut. Dort befinden sich so genannte Tandemwiederholungen, kurze Sequenzabschnitte, die sich in dem DNA-Strang mehrmals hintereinander wiederholen. Oft haben sie die Form von Buchstaben-Zweiergruppen wie CACACACACACA …, der wiederholte Abschnitt kann aber auch aus drei, vier oder mehr Buchstaben bestehen. Wie vielleicht nicht anders zu erwarten, gerät die Polymerase in solchen Genomabschnitten leicht durcheinander: Wenn ein Dutzend oder mehr solcher Sequenzwiederholungen hintereinander liegen, kann sie nicht wissen, ob es sich beispielsweise um die Wiederholung Nummer 10 oder Nummer 11 handelt. Deshalb macht die Polymerase in einem gewissen Anteil der Fälle (etwa einem unter 1000) beim Zusammensetzen des Gegenstranges einen Fehler, indem sie eine Wiederholungseinheit unterschlägt oder hinzufügt. Wenn der ursprüngliche Strang zwölf Wiederholungen trug, sind es im kopierten Strang vielleicht elf oder dreizehn – einfach durch Zufall, durch einen Fehler im molekularen Ablauf. Diesen Vorgang bezeichnete Luca Cavalli-Sforza als »genetisches Stottern«.

Ein Mal unter tausend – das hört sich vielleicht nicht nach einem häufigen Ereignis an, aber wenn es um das Kopieren der DNA geht, ist es das. Würde die Polymerase mit der gleichen Häufigkeit auch einzelne Basen falsch kopieren, kämen bei jeder Verdoppelung der DNA mehr als eine Million Kopierfehler oder Mutationen zustande. Da die Verdoppelung der genetischen Information eine Voraussetzung für Fortpflanzung ist, würde in diesem Fall jedes Kind mit über einer Million neuer Mutationen zur Welt kommen. Eine derart große Zahl von Abweichungen wäre ein schwerer biologischer Nachteil, und das Kind würde wahrscheinlich an entsetzlichen erblichen Krankheiten sterben – wenn es überhaupt geboren würde. In Wirklichkeit ist die Zahl neuer Mutationen viel geringer – es sind in jeder Generation nicht mehr als zwanzig bis dreißig, etwa 100 000 Mal weniger als die Mutationsrate in den Wiederholungseinheiten; deshalb sind neue Mutationen in »normalen« Sequenzen viel seltener als in den vielfach wiederholten Abschnitten. Die Wiederholungen befinden sich auf der Überholspur der Evolution und lassen ungewöhnlich schnell neue Vielfalt entstehen.

Auf die Gesundheit des Kindes wirkt sich diese Tatsache kaum aus, denn die Sequenzwiederholungen liegen in der Regel in Genomabschnitten, die das Wohlbefinden nicht beeinflussen. Für die Untersuchung der genetischen Vielfalt stellen sie aber ein wichtiges Hilfsmittel dar. Besonders nützlich sind die Wiederholungssequenzen, die man auch als Mikrosatelliten bezeichnet, wenn es um die Variationsbreite in Abstammungslinien geht, die kaum Abweichungen einzelner Buchstaben enthalten – wie zum Beispiel die Chromosomen mit M173. Mit ihrer Hilfe können wir eine absolute Datierung vornehmen und damit unsere Hypothesen über den Beginn der Wanderungsbewegungen überprüfen. Mutationen ereignen sich immer mehr oder weniger mit der gleichen Geschwindigkeit, und deshalb kann man am Ausmaß der Variationen ablesen, wie lange der Veränderungsprozess schon läuft. Damit wissen wir, wie alt ein Chromosom ist, denn alle Chromosomen gehen irgendwann in der Vergangenheit auf einen einzigen Vorfahren zurück. Damals war das Ausmaß der Variationen definitionsgemäß Null, weil es nur ein einziges Exemplar des Chromosoms gab.

Untersucht man mehrere Mikrosatelliten aus M173-Chromosomen, so sind die gefundenen Abweichungen mit einem Alter von rund 30 000 Jahren vereinbar. Wie bei allen zeitlichen Schätzungen, so besteht natürlich auch hier eine erhebliche Fehlerspanne, aber der wahrscheinlichste Zeitpunkt für die Entstehung von M173 liegt vor 30 000 Jahren; zu jener Zeit lebte demnach der Mann, aus dem die große Mehrheit aller heutigen Westeuropäer hervorging, was auch mit einer Auswanderung aus Afrika vor relativ kurzer Zeit übereinstimmt; gleichzeitig ist damit noch einmal gezeigt, dass die Neandertaler keine unmittelbaren Vorfahren der modernen Bewohner Europas sind.

Interessant ist dabei, dass sich gerade zu dieser Zeit das obere Paläolithikum in Europa durchsetzte – während die Neandertaler verschwanden. Das Zwischenspiel des Chattelperronién vor rund 38 000 Jahren war nur ein kurzes Experiment mit der modernen Form; erst frühestens vor 35 000 Jahren beobachten wir den unaufhaltsamen Marsch der Jetztmenschen und ihrer Werkzeugarsenale durch den gesamten Kontinent, mit dem typischen Kennzeichen der Aurignacién-Werkzeugherstellung. Vor 30 000 Jahren waren die Neandertaler nahezu ausgerottet oder in wenige Gebiete wie das im spanischen Zafarraya zurückgedrängt. Und vor 25 000 Jahren waren sie völlig verschwunden. Die übereinstimmende genetische und archäologischen Datierung sowie die Zunahme der Bevölkerungszahl, auf die man anhand der Fundstellen aus dem oberen Paläolithikum vor rund 30000 Jahren schließen kann, legen gemeinsam die Vermutung nahe, dass die Neandertaler von den einwandernden Jetztmenschen verdrängt wurden. Aber haben wir unsere entfernten Vettern tatsächlich ermordet, während wir uns über Europa ausbreiteten?

Babys und Omas

Man hat mit zahlreichen Theorien versucht, das endgültige Verschwinden der Neandertaler zu erklären. Angesichts der übereinstimmenden genetischen und archäologischen Datierung für die Einwanderung der modernen Europäer liegt vielleicht am ehesten die Vermutung nahe, dass die Neuankömmlinge in einer Art Hominiden-Völkermord ihre Vorgänger ausrotteten. Aber dafür gibt es kaum Anhaltspunkte. Man hat weder in Frankreich noch in Spanien prähistorische Schlachtfelder gefunden, und an den Neandertalerskeletten, die man gefunden hat, deutet nichts auf ein Gemetzel hin. Natürlich wäre es denkbar, dass das Neandertaler-Waterloo der Archäologie bisher entgangen ist, aber derzeit gibt es für eine Krieg zwischen den Arten keine Belege. Vermutlich fielen sie eher der natürlichen Selektion zum Opfer.

Die Jetztmenschen des oberen Paläolithikums hatten unter anderem einen wichtigen Vorteil auf ihrer Seite: ihre kompliziertere Sozialstruktur. Sie war, wie bereits erwähnt wurde, ursprünglich wahrscheinlich eine Anpassung an die gemeinsame Jagd in den Savannen Ostafrikas. Mit besseren Werkzeugen und ihren Trupps intelligenter, zusammenarbeitender Jäger waren die Jetztmenschen im Erlegen von Tieren wesentlich erfolgreicher als die Neandertaler. Das erkennt man an den Neandertaler-Überresten, die man gefunden hat: Sie zeigen immer deutliche Spuren einer harten, körperlich anstrengenden Lebensweise. Die meisten Neandertaler hatten Knochenbrüche, und viele litten an umfangreichen Verletzungen, die ihre Leistungsfähigkeit im Familienverband erheblich verminderten. Was die Jetztmenschen mit Werkzeugen und Gehirn zu Wege brachten, mussten die Neandertaler offenbar mit schierer Kraft erreichen. Wegen dieses körperlich belastenden Lebens hatten sie eine relativ geringe Lebenserwartung. Die wenigsten Neandertaler wurden 50 Jahre alt; meist starben sie im Alter zwischen 30 und 40.

Außerdem hatten die Neandertaler immer eine sehr lockere Gesellschaftsstruktur mit wenigen, getrennten Gruppen, die ihre Werkzeuge jeweils in eigenen, lokalen Varianten herstellten. Manche Anthropologen haben sogar die Vermutung geäußert, die verschiedenen Neandertalergruppen könnten unterschiedliche Sprachen gesprochen haben, was ebenfalls zur Zerstückelung ihrer Population beigetragen hätte. Unabhängig davon, ob dies stimmt oder nicht, stellte die weit verstreute, auf kleine Gruppen reduzierte Neandertalerpopulation vermutlich eine Anpassung an die relativ unwirtlichen Bedingungen im Nordeuropa der letzten Eiszeit dar. Sie konnten so die Ressourcen großer Gebiete nutzen, und damit stiegen ihre Aussichten, Nahrung zu finden. Vermutlich führte es aber auch zu ihrem Untergang.

Nach Berechnungen des Anthropologen Ezra Zubrow hätte ein Rückgang der Fruchtbarkeit oder eine Zunahme der Sterblichkeit um ein Prozent im Laufe von nur 1000 Jahren zum Aussterben der Neandertaler geführt. Eine solche geringfügige Veränderung steht für mich im Einklang mit der Vorstellung, dass die Neandertaler allmählich durch die neu hinzukommenden, leistungsfähigeren Menschen des oberen Paläolithikums von ihren Nahrungsquellen abgedrängt wurden. Je mehr sie sich in immer kleinere Gebiete zurückziehen mussten, desto weniger hatten die Neandertaler noch Aussichten, sich die zum Überleben notwendigen Ressourcen zu sichern. Nachdem ihre Zahl auf diese Weise immer weiter zurückging, fanden sie schließlich auch kaum noch Paarungspartner. Zugegeben: Das alles sind nur Vermutungen, aber es steht völlig im Einklang mit der Datierung für die erste Einwanderung der Jetztmenschen nach Europa, mit den Befunden an der Mitochondrien-DNA, wonach ihre Bevölkerung vor rund 30000 Jahren zu wachsen begann, und mit dem gleichzeitigen Verschwinden der Neandertaler.

Ein Verhaltensaspekt, der dazu beigetragen haben dürfte, den Jetztmenschen gegenüber den Neandertalern einen Vorteil zu verschaffen, war ein Nebenprodukt ihrer allgemeinen Verhaltensanpassung. Was wahrscheinlich als effizientere Jagd begann, wurde schließlich zu einer vielschichtigen Gesellschaftsstruktur. Dies verschaffte den Jetztmenschen in Verbindung mit ihrer weniger anstrengenden Lebensweise einen Vorteil im Hinblick auf die Lebensdauer. Im oberen Paläolithikum wurden viele Menschen älter als 50 Jahre und lebten damit deutlich über das fortpflanzungsfähige Alter hinaus. Damit haben wir einen weiteren Anhaltspunkt, warum die Neandertaler verdrängt wurden: Es ist gut, alte Menschen um sich zu haben.

Menschen verlassen sich nicht nur auf ihren Instinkt, sondern auch auf Lehren und Lernen – das gehört zu den Dingen, in denen sie sich von anderen Tieren unterscheiden. Die erste Phase unseres Lebens ist zum größten Teil dem Lernen gewidmet, und meist haben wir erst lange nach dem 20. Lebensjahr das Gefühl, dass wir über ausreichende Kenntnisse verfügen und nun anderen etwas vermitteln können. Je älter wir werden, desto mehr Wissen sammeln wir, und entsprechend besser können wir dazu beitragen, dass unsere Nachkommen von unseren Erfahrungen profitieren. Großeltern haben zahlreiche Erfahrungen gemacht – und vor allem leben sie noch, sodass sie davon berichten können. Die Großeltern ermöglichten auch eine höhere Geburtenrate, denn (das werden alle jungen Eltern bestätigen) sie können sich um die Kinder kümmern, während jüngere Generationen ihr Leben gestalten. Die Anthropologin Kristen Hawkes äußerte die Vermutung, die Großmutterrolle – die Tatsache, dass ein Kind von seiner Großmutter versorgt wird – könne für das Bevölkerungswachstum der Jetztmenschen eine entscheidende Rolle gespielt haben. Vielleicht versetzte dieser kleine Vorteil sie in die Lage, die Neandertaler in den Untergang zu treiben.

Trittsteine

Was auch die Gründe für ihr Verschwinden gewesen sein mögen, jedenfalls waren die Neandertaler ein paar tausend Jahre nach der Einwanderung der Jetztmenschen ausgestorben. Aus der Zeit vor 30 000 Jahren und weniger findet man in Europa nur noch vollständig moderne Menschen; nach einem Felsüberhang in Südwestfrankreich, wo man 1868 zum ersten Mal ihre Knochen ausgrub, werden sie häufig auch als Cromagnons bezeichnet. Die frühen modernen Europäer waren viel zierlicher und bedeutend größer als ihre Nachbarn, die Neandertaler: Während diese im Durchschnitt 1,65 Meter maßen, brachten es die Cromagnons mit ihren langen Gliedmaßen häufig auf mehr als 1,80 Meter. Nach Ansicht des Paläoanthropologen Erik Trinkaus und anderer lassen solche Körperproportionen auf eine Herkunft aus wesentlich milderem Klima schließen. Die Neandertaler dagegen, die seit langem in den kälteren Regionen Europas lebten, waren stämmiger und muskulöser. Auch das legt den Schluss nahe, dass die Cromagnons aus wärmeren Breiten nach Europa kamen.

Wie wir bereits erfahren haben, sind Abstammungslinien aus der nahöstlichen Sippe – mit denen man rechnen würde, wenn sie auf geradem Weg aus Afrika über den Nahen Osten eingewandert wären – in Wirklichkeit in Europa kaum zu finden. Unser 30 000 Jahre alter Marker M173 hat den Vorteil, dass er mit sehr hoher Häufigkeit in den am stärksten isolierten europäischen Bevölkerungsgruppen vorkommt (unter anderem bei Kelten und Basken), und sein Alter stimmt ungefähr mit dem der archäologisch datierten ersten Siedlungen der Jetztmenschen überein. Andere wichtige Abstammungslinien des Y-Chromosoms, die ebenfalls in Europa vorkommen, sind jünger als M173 und kamen demnach später hinzu oder stammen von M173 ab. Dieser ist also wahrscheinlich der Marker der ersten modernen Europäer und definiert demnach eine europäische Sippe. Natürlich ist er auch einfach das letzte Glied in einer langen Kette der stammesgeschichtlichen Abstammung, die sich zu M168 und unserem afrikanischen Adam zurückverfolgen lässt. Aber die rätselhafte Frage, woher die ersten Europäer kamen, wird durch den vorletzten Marker beantwortet. Dieser Marker, eine Zwischenstation auf dem Weg zu M173, heißt M45 – und er macht die Europäer zu einer Untergruppe der zentralasiatischen Sippe.

Wie wir zuvor bereits erfahren haben, erstreckten sich die Steppen vor 30 000 bis 40 000 Jahren über weite Gebiete der eurasischen Landmasse. Für die Jäger des oberen Paläolithikums war dieses Ökosystem ein Land des Überflusses, und indem die Jetztmenschen es für ihre Wanderungen nutzten, konnten sie nicht nur im Osten nach Korea und China vordringen, sondern auch westlich ins eigentliche Europa. Die Steppengebiete erstreckten sich damals bis weit ins heutige Deutschland, möglicherweise sogar bis nach Frankreich. Aus Knochenfunden in französischen Höhlen wissen wir, dass Rentiere – eine Spezies, die an die kalte Steppe und Tundra des nördlichen Eurasien angepasst ist – vor 30 000 Jahren in Frankreich weit verbreitet waren. Das Klima hatte ein Tor nach Europa geöffnet, durch das die Jäger aus der zentralasiatischen Steppe einwandern konnten. Wie wir erfahren haben, gewannen sie schon bald die Oberhand, und nach wenigen tausend Jahren beherrschten sie die Region ganz allein.

Bei ihren Streifzügen durch die Steppe verfeinerten sie wahrscheinlich ihre Jagdmethoden, und die damit verbundenen technischen Neuerungen verschafften ihnen gegenüber den Neandertalern einen größeren Vorteil, als es bei einer direkten Auswanderung aus Afrika möglich gewesen wäre. Während der Jahrtausende in den Graslandschaften Zentralasiens fand mit ziemlicher Sicherheit eine nachhaltige kulturelle Anpassung an die dort herrschenden, schwierigen Umweltverhältnisse statt. Diese Phase erfüllte die gleiche Funktion wie die biologische Anpassung der Neandertaler, die mehrere hunderttausend Jahre in Anspruch nahm und ihnen ihre untersetzte, stämmige Statur verschaffte. Die Menschen des oberen Paläolithikums, die erst kurz zuvor aus dem tropischen Afrika gekommen waren, besaßen anfangs nicht die richtige Ausstattung für ein Leben auf der Nordhalbkugel. In den Steppen Zentralasiens machten sie eine Art Lehrzeit durch, die sie auf das Leben in den unwirtlichen Regionen der Erde vorbereitete. Die Höhlen Westeuropas müssen im Vergleich zur eisigen kasachischen Graslandschaft mit ihren heulenden Stürmen relativ angenehm gewesen sein.

Dieser Verfeinerungsprozess ist möglicherweise der Grund, warum die ersten Einwanderer aus dem Nahen Osten in Europa nicht die Vorherrschaft gewannen. Die Gebirge und Wälder des Balkans dürften für eine Spezies, die an Steppen angepasst war, zwar ebenfalls eine gewisse Barriere gewesen sein, aber einige indirekte Nachkommen der Menschen aus dem Nahen Osten drangen eindeutig weiter vor. Möglicherweise verrät sich in der geringen Häufigkeit der zugehörigen Abstammungslinie für das Y-Chromosom eine Bevölkerungsgruppe, die auf das harte Leben in Westeuropa nicht ausreichend vorbereitet war – aber das lässt sich natürlich nicht mit Sicherheit sagen. Klar ist dagegen, dass die meisten europäischen Männer, darunter auch ich, ihre Abstammung auf Zentralasien und die Zeit von höchstens 35 000 Jahren zurückführen können. Interessanterweise sind wir demnach mit einer kleinen Gruppe sibirischer Jäger verwandt, die ausgerechnet auf dem Höhepunkt der letzten Eiszeit in die gefrorene Tundra Nordostasiens vordrangen.

Das letzte Neuland

Zaliv Kresta, die Kreuzbucht, liegt am Ostrand Russlands und ist 10 000 Kilometer von Moskau entfernt. Sechs Monate im Jahr ist sie zugefroren, eine feste Masse aus Meerwassereis, die den kleinen, ehemals sowjetischen Ort Egvekinot von der übrigen Welt abschneidet. Die Siedlung ist nur mit einem zweistündigen Hubschrauberflug von Anadyr aus zu erreichen, der nächstgelegenen Stadt mit regelmäßigen Flugverbindungen zur Außenwelt. Von Egvekinot fährt man noch einmal acht Stunden auf Mannschaftstransportern der Armee – gepanzerten Kettenfahrzeugen – über den Polarkreis zu den Rentierherden. Es muss eine der abgelegensten Gegenden der ganzen Erde sein.

Die Menschen, die in dieser unwirtlichen Umwelt leben, gehören zum Volk der Tschuktschen und sind wahre Wunder der Anpassung. Sie haben sich eine Lebensweise zu Eigen gemacht, mit der sie in einer unvorstellbar harten Umwelt bestehen können. Als ich sie im November 2001 besuchte, sanken die Temperaturen nachts bereits auf minus 50 Grad, und mitten im Winter gehen sie bis auf minus 70 herunter. Die Tundralandschaft scheint nicht von dieser Welt zu sein: Sie ist von September bis Juni von Reif und Schnee bedeckt, essbare Pflanzen gibt es nicht. Die Tschuktschen leben ausschließlich von ihren Rentieren und von den Fischen, die sie an Löchern aus den zugefrorenen Flüssen fangen. Das alles gelingt ihnen mit einer Technologie, die sich seit Jahrtausenden kaum verändert hat: Sie nähen ihre Kleidung mit Sehnen aus Rentierfellen, wohnen in Zelten aus Fellen und Holzstangen und wandern mit ihren Herden auf der Suche nach dickblättrigen Flechten, der einzigen Nahrungsquelle für die Tiere.

Wir selbst, die wir meist unter relativ komfortablen Umständen in der modernen Welt leben, können uns in der Regel kaum vorstellen, wie Menschen derartige Bedingungen aushalten. Aber sie leben – und vermehren sich – in einem Klima, das für die meisten von uns vermutlich tödlich wäre. Von allen Hominiden, die es in den letzten paar Millionen Jahren gab, konnten nur die Jetztmenschen in der unwirtlichen Arktis Fuß fassen. Dort herrschen derart extreme Bedingungen, dass der Geist bis an seine Grenzen gefordert wird. Die natürliche Selektion begünstigte nur diejenigen, die mit ihren geistigen Fähigkeiten in der Lage waren, das eisige Evolutionslabor zu überleben.

Das ist sicher auch der Grund, warum die ältesten Indizien für eine Besiedlung durch Menschen im arktischen Asien nicht älter als 20000 Jahre sind. Wenn die Jetztmenschen vor rund 40000 Jahren nach Südsibirien gelangten, wie es die genetischen und archäologischen Befunde vermuten lassen, brauchten sie danach noch einmal 20000 Jahre, bis sie die erforderlichen kulturellen Anpassungen entwickelt hatten und unter den harten Bedingungen der Arktis zurechtkamen. Möglicherweise wurde auch der Bevölkerungsdruck, der eine Wanderung nach Norden auslöste, erst zu dieser Zeit spürbar. Was auch der Grund gewesen sein mag: Die ältesten Fundstätten im Nordosten Sibiriens, beispielsweise in Djuktai südöstlich von Jakutsk und am Uschkisee in Kamtschatka, stammen aus einer Zeit vor weniger als 20000 Jahren. Die damaligen Bewohner Sibiriens hatten offensichtlich entsprechend ihrer stark angepassten Lebensweise eine Kultur der Werkzeugherstellung entwickelt, die sich von denen anderer Gruppen weiter im Süden und Westen unterschied. Besonders gut konnten sie Mikrolithen herstellen, kleine Steinspitzen für Waffen; diese wurden durch Schläge auf beide Seiten in eine symmetrische »Blattform« gebracht. Ähnliche Steinspitzen kennt man auch von den ältesten Ausgrabungsstellen in Amerika, was auf eine kulturelle Kontinuität zwischen Sibirien und der Neuen Welt schließen lässt.

Dass die amerikanischen Ureinwohner und die Asiaten einen gemeinsamen Ursprung haben, hatten die Anthropologen schon seit vielen Jahren vermutet. Bereits Thomas Jefferson beschäftigte sich in seinem 1787 erschienenen Buch *Notes on the State of Virgina* mit dem Thema:

> ... Wenn die beiden Kontinente Asien und Amerika überhaupt getrennt sind, dann nur durch eine schmale Meeresstraße ... und die Ähnlichkeit zwischen den Indianern Amerikas und den Einwohnern Ostasiens veranlassen uns zu der Vermutung, dass Erstere die Nachkommen der Letzteren sind, oder Letztere die Nachkommen der Ersteren ...

Mehrere anthropologische Merkmale – am bekanntesten ist eine Zahnstellung, die als Sinodontie bezeichnet wird – findet man sowohl in Nordostasien als auch in Amerika. Mitte des 20. Jahrhunderts ordneten Anthropologen wie Carleton Coon die amerikanischen Ureinwohner in ihren Rassenlisten sogar als »mongolid« ein. Dabei stellte sich nur das Problem, dass niemand genau wusste, wie lange die Ureinwohner Amerikas dort bereits lebten und wann sie sich von ihren asiatischen Vettern abgespalten hatten. Das Alter der archäologischen Fundstätte von Clovis in New Mexico wurde in den fünfziger Jahren des 20. Jahrhunderts mit der Radiokarbonmethode auf 11 000 Jahre geschätzt. In Clovis fand man blattförmige steinerne Speerspitzen in der gleichen Schicht wie Knochen des ausgestorbenen Mammuts, was schon in den Augen der Entdecker für ein sehr hohes Alter sprach. In den beiden nächsten Jahrzehnten wurden überall in Nordamerika weitere Stätten ausgegraben und ungefähr auf die gleiche Zeit datiert. Nach der Gesetzmäßigkeit, die sich aus den archäologischen Funden herauszukristallisieren schien, war Amerika frühestens vor 12 000 Jahren von Menschen besiedelt worden.

In den siebziger und achtziger Jahren jedoch stieß man bei drei archäologischen Grabungen – eine in Nord- und zwei in Südamerika – auf Indizien, dass Menschen dort bereits vor der Clovis-Zeit lebten. An dem Felsüberhang von Meadowcroft im US-Bundesstaat Pennsylvania fand man Artefakte, die man mit der Radiokarbonmethode ursprünglich auf ein Alter von rund 14 000 Jahren datiert hatte – damit waren sie 3000 Jahre älter als Clovis. Meadowcroft wurde mit bewundernswerter Gründlichkeit ausgegraben; die Datierung für die älteste Besiedlung wurde zwar mittlerweile nach unten korrigiert (auf ein Alter von 12 500 Jahren), ist aber heute unter vielen Anthropologen anerkannt. Ein ähnliches Alter – rund 13 000 Jahre – ermittelte man für die Fundstätte von Monte Verde im Süden Chiles, nicht weit davon entfernt wurden Feuerstellen aber auf die Zeit vor bis zu 33 000 Jahren datiert. Dieses höhere Alter ist bisher nicht allgemein anerkannt, und deshalb nimmt man für Monte Verde wie für Meadowcroft bisher ein Alter von rund 13 000 Jahren an.

Da die Menschen in Nordamerika mindestens einige hundert Jahre früher eingewandert sein müssen als in Chile, lässt das Alter der Funde von Monte Verde auf ein etwas früheres Datum der Besiedelung schließen. Aber erst als man die letzte Fundstätte untersuchte, kam es zu einer Sensation. In einem 1986 erschienenen Aufsatz in dem Fachblatt *Nature* fasste die Archäologin Niede Guidon die neue Erkenntnis schon im Titel zusammen: »Kohlenstoff-14-Datierung weist auf Menschen in Amerika vor 32 000 Jahren hin.« Was sie darin über die Ergebnisse ihrer Ausgrabungen in der Höhle Boqueirão de

Pedro Furada im Nordosten Brasiliens berichtete, schien dem anerkannten Bild von höchstens 13 000 Jahren die Grundlage zu entziehen. In genaueren Untersuchungen konnte man Guidons Befunde jedoch nicht bestätigen. Die Holzkohle, die als Material für die Radiokarbondatierung gedient hatte und nach Guidons Ansicht von einer Feuerstelle stammte, konnte auch durch einen natürlichen Brand entstanden sein. Auch die groben Steinwerkzeuge, die an der Stelle gefunden wurden, sahen nicht überzeugend wie von Menschen gemacht aus – sie konnten auch natürlichen Ursprungs sein. Auf Grund solcher Zweifel meinte der Paläoanthropologe Richard Klein: »Furada wird wahrscheinlich schon bald zur langen Liste der fragwürdigen Behauptungen [über eine frühe Besiedelung Amerikas durch die Menschen] hinzukommen.«

Insgesamt betrachtet, sprechen die meisten zuverlässigen archäologischen Befunde dafür, dass Amerika erst innerhalb der letzten 15 000 Jahre besiedelt wurde. Dieses Szenario wirft allerdings ein kleines Problem auf: Zu jener Zeit hatte die Eiszeit ihren Höhepunkt erreicht. Wenn die ersten Menschen aus Sibirien einwanderten – was die anthropologischen und archäologischen Befunde nahe legen –, mussten sie die lebensfeindlichste Umwelt der ganzen Erde durchqueren, und das, als die Verhältnisse gerade am unangenehmsten waren. Das muss für eine Spezies, die erst kurz zuvor ihre tropische Heimat verlassen hatte, eine unvorstellbar harte Prüfung gewesen sein. War es nicht völlig unmöglich? An dieser Stelle liefern wiederum die genetischen Befunde weitere Anhaltspunkte.

Der Genetiker Doug Wallace hatte Anfang der achtziger Jahre, als er an der Stanford University tätig war, Pionierarbeit bei der Analyse der Mitochondrien-DNA menschlicher Bevölkerungsgruppen geleistet. Nachdem er Mitte der achtziger Jahre an die Emory University gewechselt war, konzentrierte er sich auf die Herkunft der amerikanischen Ureinwohner.

Insbesondere wollte er die Abstammung der ursprünglichen Bevölkerung Amerikas mit Hilfe der mtDNA auf ganz bestimmte Gruppen in Asien zurückführen. Seinen ersten wichtigen Aufsatz über diese Arbeiten veröffentlichte er 1992 zusammen mit Antonio Torroni; darin wies er nach, dass man bei den amerikanischen Ureinwohnern mindestens zwei große Wanderungswellen unterscheiden kann. Die erste führte zur Besiedelung Nord- und Südamerikas, die zweite hinterließ ihre genetischen Spuren ausschließlich im Nordteil des Kontinents. Ihre Schätzung über den Zeitpunkt der Wanderungen umfasste ein breites Spektrum – sie konnten irgendwann vor 6000 bis 34 000 Jahren stattgefunden haben. Immerhin bestätigten die Ergebnisse aber, dass die amerikanischen Ureinwohner und die Nordostasiaten in relativ junger Vergangenheit einen Vorläufer ihrer Mitochondrien-DNA gemeinsam haben.

Aber wie passt diese Erkenntnis zu unseren Befunden über das Y-Chromosom? Die Antwort gaben Peter Underhill und seine Kollegen 1996. Underhill fand auf dem Y-Chromosom eine einzige Nucleotidabweichung, die in ganz Amerika vorkommt und später als M3 bezeichnet wurde. Die Wissenschaftler untersuchten zwar keine umfassende Stichprobe aller Ureinwohner, aber in neunzig Prozent aller überprüften Personen aus Süd- und Zentralamerika fanden sie M3, in Nordamerika gehörten rund 50 Prozent zu dieser Abstammungslinie. Sie war eindeutig der Ursprung der wichtigsten Version für das Y-Chromosom der amerikanischen Ureinwohner und definiert demnach die amerikanische Sippe.

Das Problem war nur, dass man M3 in Asien nicht findet. Das könnte am Alter dieses Markers liegen, das Underhill und seine Kollegen auf nur 2000 Jahre schätzten. Da die Altersbestimmung in der Frühzeit der Analyse von Y-Chromosomen vorgenommen wurde, war sie allerdings sehr unsicher, und auch die Mutationsrate des einzigen Mikrosatelliten, an dem man (mit der gleichen Methode, die wir zur Datierung von M173 in Europa angewandt haben) die Vielfalt von M3 ermittelte, war nicht genau bekannt. Der Marker hätte ohne weiteres auch 30 000 Jahre alt sein können. Weitere Forschungsarbeiten waren dringend geboten.

Die Antwort brachte das Jahr 1999: Fabricio Santos und Chris Tyler-Smith in Oxford sowie Tanya Karafet und Mike Hammer von der University of Arizona berichteten unabhängig voneinander, der Vorfahre von M3 sei durch einen Marker namens 92R7 definiert, den man nach einem unspezifischen Nucleotidaustausch auf dem Y-Chromosom benannt hatte. 92R7 ist den Befunden zufolge in Bevölkerungsgruppen überall in Eurasien vorhanden und verteilt sich von Europa bis nach Indien. In Verbindung mit Erkenntnissen über weitere Nucleotidabweichungen konnten die Wissenschaftler bestätigen, dass der Ursprung der amerikanischen Ureinwohner in Sibirien lag, womit Wallaces Befunde über die Mitochondrien-DNA bestätigt waren. Da aber die Abstammungslinie 92R7 so weit verbreitet ist, war ihr Alter schwer einzuschätzen. Als Nächstes brauchte man in dieser Linie einen weiteren Marker, damit man die Aufmerksamkeit gezielt auf jene Populationen lenken konnte, aus denen die ersten amerikanischen Ureinwohner hervorgegangen waren.

Wesentlich mehr konnte man mit den Ergebnissen anfangen, als später nachgewiesen wurde, dass M45 die gleiche Abstammungslinie von Y-Chromosomen kennzeichnet wie 92R7. Damit sind wir wieder bei unserem zentralasiatischen Marker, aus dem in Europa die Linie M173 entstand. Anscheinend gelangte die zentralasiatische Sippe auch in die Neue Welt, und während dieser Wanderung erwarb sie den charakteristischen Marker M3. Damit konnte man eine eindeutige Wanderungsroute nachzeichnen, die von Afrika in den Nahen Osten und von dort über die Steppen Eurasiens nach Amerika führte, aber immer noch blieb die Frage, wann die Menschen erstmals amerikanischen Boden betraten. Stellt man sowohl die genetischen als auch die archäologischen Befunde in Rechnung, kann das irgendwann vor 40 000 bis 12 000 Jahren geschehen sein.

In jüngerer Zeit konnten Mark Seielstad und ich durch eine Analyse der M45-Abstammungslinie einen weiteren Marker definieren, der als M242 bezeichnet wird und von M45 abstammt. Er entstand offenbar vor rund 20 000 Jahren in Zentralasien oder Südsibirien und kommt in ganz Asien von Südindien bis nach China und Sibirien vor, aber auch in allen Teilen des amerikanischen Kontinents. Am häufigsten ist er in Sibirien, sodass man ihn auch als sibirischen Marker bezeichnen könnte. Außerdem ist er ein unmittelbarer Vorläufer von M3, das heißt, er definiert die entwicklungsgeschichtliche Reihenfolge M45 → M242 → M3 und damit eine Wanderung, die innerhalb der letzten 20 000 Jahre von Zentralasien nach Amerika führte. Anscheinend ist M242 der älteste genetische Marker in Amerika. Das Y-Chromosom liefert also für die Besiedelung Amerikas im Wesentlichen das gleiche Bild wie die Befunde an der mtDNA, grenzt aber den Zeitpunkt beträchtlich enger ein. Eine Einwanderung vor mehr als 20 000 Jahren ist mit den genetischen Befunden nicht vereinbar, denn zu jener Zeit befand sich M242 noch in Zentralasien. Viel wahrscheinlicher ist eine Besiedelung in jüngerer Zeit, für die auch die archäologischen Indizien sprechen.

Aus der genetischen Analyse der amerikanischen Ureinwohner schält sich also allmählich ein Bild heraus, in dem die sibirische Sippe während der letzten 20 000 Jahre von Süd- nach Ostsibirien wanderte. Durch diese erste Bewegung setzte sich am Nordostrand Asiens eine Bevölkerung fest. Diese Menschen waren an das Leben als Jäger in der zentralasiatischen Steppe angepasst und lebten wahrscheinlich fast ausschließlich von den großen Tieren des hohen Nordens, unter anderem von Moschusochsen, Rentieren und Mammuts. Mit

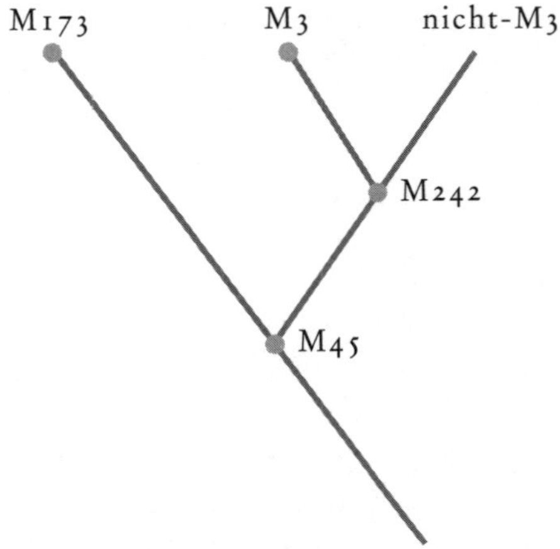

Abb. 8: M45 ist der Urahn der meisten Westeuropäer (die M173 besitzen) und der amerikanischen Ureinwohner (die M242 und M3 tragen).

ihren raffiniert konstruierten Mikrolithenwerkzeugen, tragbaren Behausungen und einer Kleidung, die sie vor der schneidenden Kälte schützte, konnten diese gut angepassten Tundrabewohner ihr Verbreitungsgebiet allmählich immer weiter nach Osten ausweiten. Als die tiefsten Temperaturen der Eiszeit näher rückten und immer mehr Wasser in den Eiskappen gebunden war, sank der Meeresspiegel um über 100 Meter ab. Damit eröffnete sich in Beringia zwischen Sibirien und Alaska eine eisfreie Landbrücke, die früher von der Beringsee überflutet war. Über diese Verbindung konnte die sibirische Sippe hin und her wechseln und eine asiatisch-amerikanische Doppelexistenz führen.

Diese ersten Amerikaner mussten aber damals, vor 15 000 bis 20 000 Jahren, noch ein weiteres Hindernis überwinden. Ihre Verbreitung nach Süden wurde fast völlig durch eine geschlossene Eisschicht verhindert, die den größten Teil Nordkanadas und den Osten Alaskas bedeckte. Erst vor weniger als 15 000 Jahren, als die Eiszeit allmählich an Intensität verlor, konnten sie das zuvor vereiste Landesinnere durchqueren und in die nordamerikanische Ebenen einwandern; vielleicht zogen sie dabei durch einen so genannten »eisfreien Korridor«, der sich nach Ansicht mancher Paläoklimatologen am Ostrand der Rocky Mountains entlang zog. Ungefähr zur gleichen Zeit kamen auch die ersten Grizzlybären aus Sibirien nach Nordamerika, ein Zeichen, dass die Menschen nicht als einzige Spezies vom Eis Alaskas aufgehalten wurden. Sowohl das genetisch ermittelte Alter von 20 000 Jahren als auch Erkenntnisse der Klimaforschung über das Ausmaß der Vereisung und den Meeresspiegel liefern also eine Erklärung dafür, warum man in Amerika keine archäologischen Überreste aus älteren Zeiten findet. Zwar könnten die Archäologen eines Tages eine Stelle entdecken, die aus einer Zeit von mehr als 15 000 Jahren stammt, derzeit aber deuten die Befunde in ihrer großen Mehrzahl auf eine relativ späte Einwanderung nach Amerika hin. Dabei sprechen Steine und Knochen offenbar die gleiche Sprache wie die DNA.

Eine offenkundige Bestimmung

Interessanterweise können wir anhand der Untersuchungen an amerikanischen Ureinwohnern auch abschätzen, wie viele Menschen im Rahmen dieser ersten Wanderungsbewegungen auf den Kontinent gelangten. Wenn man feststellt, wie viele Chromosomen erforderlich sind, damit die heutige Verteilung der genetischen Abstammungslinien in Amerika entstehen konnte, und wenn man dann herausfindet, welches Ausmaß an Vielfalt sich seit der Erstbesiedelung angesammelt hat, kann man alle Typen von Mitochondrien-DNA und Y-Chromosomen der amerikanischen Ureinwohner mit einer Gründerpopulation von etwa zehn bis zwanzig Individuen erklären. Wie wir allerdings am Beispiel der französischen Suppenrezepte erfahren haben, dürften einige Abstammungslinien im Laufe der letzten 15 000 Jahre ausgestorben sein, und deshalb war die Zahl der Menschen, denen der Übergang tatsächlich gelang, in Wirklichkeit wahrscheinlich größer. Es waren vielleicht ein paar Dutzend oder sogar einige hundert. In jedem Fall findet man aber in Amerika nur einen Bruchteil der Vielfalt, die in Eurasien vorkommt – und die wiederum ist nur ein Teil dessen, was bei unseren afrikanischen Vorfahren vorhanden ist. Und von denen, die nach Alaska gelangten, hinterließen nur wenige auch Nachkommen. Der Genbestand der amerikanischen Ureinwohner trägt die Spuren der Entbehrungen, die ihre Vorfahren in Beringia vor vielen Jahrtausenden erdulden mussten, als sie immer tiefer in die Kälte vordrangen und sich in der eisigen Wüste des hohen Nordens ernähren mussten.

Nachdem sie das harte Leben im Eis hinter sich gelassen hatten, müssen ihnen die nordamerikanischen Ebenen wie das gelobte Land erschienen sein. Sie kamen in eine riesige Graslandschaft voller Pflanzen fressender Tiere – ganz ähnlich der Steppe, die sie vor langer Zeit in Zentralasien hinter sich gelassen hatten. Die sehr leistungsfähigen sibirischen Jäger nutzten die neugewonnenen Möglichkeiten, und die Folge war eine steile Zunahme der Bevölkerungszahl. Praktisch über Nacht – im Laufe von ungefähr 1000 Jahren – wanderten sie viele tausend Kilometer bis zur Südspitze Südamerikas, und dabei rotteten sie viele Tierarten aus, die aus den Ebenen so gute Jagdgründe machten. Drei Viertel der großen Säugetiere starben in Amerika zu jener Zeit aus, darunter Mammuts und Pferde – Letztere tauchten in der Neuen Welt erst im 15. Jahrhundert mit den Spaniern wieder auf. Die Menschen dürften das zwar nicht allein geschafft haben – eine wichtige Rolle spielten sicher auch die Klimaveränderungen am Ende der letzten Eiszeit –, aber vermutlich versetzten sie den sanften Riesen der Ebenen den Gnadenstoß.

Wellen zählen

Eine der umstrittensten Fragen im Zusammenhang mit den amerikanischen Ureinwohnern hört sich täuschend einfach an: Wie viele Einwanderungswellen gab es in der Neuen Welt? Wenn die ersten Amerikaner aus Sibirien stammten, kamen dann spätere von anderswo hinzu? Der 9500 Jahre alte »kaukasoide« Schädel, den man kürzlich in Kennewick im US-Bundesstaat Washington entdeckte, liefert Anhaltspunkte für eine sehr alte Verbindung nach Europa. Nach Ansicht mancher Anthropologen wanderten australische Ureinwohner nach Südamerika ein, andere sind überzeugt, dass den Japanern schon vor Jahrtausenden eine Pazifiküberquerung gelang. Können genetische Daten dazu beitragen, diese Möglichkeiten zu überprüfen und plausible Theorien von reinen Fantasiegeschichten zu unterscheiden?

Ein wichtiges Indiz liefert die Linguistik. Die Sprachen, die in Nord- und Südamerika gesprochen werden – nach manchen Schätzungen über 600 – sind unter Linguisten seit langem ein umstrittenes Thema. Sind sie untereinander verwandt, oder ist ihre Vielfalt so groß, dass man sie nicht zu wenigen »Sprachfamilien« zusammenfassen kann? Der amerikanische Linguist Joseph Greenberg – er wird im nächsten Kapitel noch eine wichtige Rolle spielen – äußerte 1987 die Vermutung, dass die große Mehrheit aller Sprachen der amerikanischen Ureinwohner zu einer einzigen Familie gehören, die er als Amerindisch bezeichnete. Seine Hypothese ist bis heute mit Sicherheit nicht allgemein anerkannt, aber Greenberg vertritt sie mit überzeugenden Argumenten, und allmählich setzt sie sich unter seinen Kollegen durch. Neben dem Amerindischen, zu dem alle Sprachen Südamerikas und die meisten der nordamerikanischen Indianer gehören, unterscheiden die Linguisten noch zwei weitere Sprachfamilien: Eskimo-Aleutisch und Na-Dene. Eskimo-Aleutisch wird ausschließlich in Grönland und dem nördlichen Teil Kanadas sowie in Alaska und im Osten Sibiriens gesprochen, die Na-Dene-Sprachen sind im Westen Kanadas und im Südwesten der Vereinigten Staaten zu Hause. Liefern die Sprachfamilien einen Anhaltspunkt für die amerikanische Einwanderungsgeschichte?

Nach Greenbergs Vermutung hat jede Familie ihren Ursprung in einer einzigen Wanderungsbewegung von Asien in die Neue Welt. Sie verbreiteten sich dann mit den Menschen, die sie sprachen, über den ganzen Kontinent und bildeten so die heutige Verteilung. Aus diesem Modell folgt, dass es zu den Sprachgruppen eine genetische Entsprechung gibt – wenn die Sprachen sich durch die Wanderung von Menschen verbreiteten, müssen auch die Gene weitergegeben worden sein. Genetische Untersuchungen aus jüngerer Zeit sprechen für Greenbergs Einteilung und lassen vermuten, dass es mindestens zwei Einwanderungswellen gab, die von verschiedenen Regionen Asiens ausgingen.

Nach Greenbergs Theorie gelangte die amerindische Familie mit der ersten Wanderungswelle auf den Kontinent, denn sie ist die am weitesten verbreitete und außerdem die Einzige, die in Südamerika gesprochen wird. Die genetischen Befunde bestätigen diese Vorstellung: Nord- und südamerikanische Gruppen, die amerindische Sprachen sprechen, besitzen mit hoher Häufigkeit die Marker M242 und M3, die sie als Angehörige der sibirischen Sippe kennzeichnen. Auch die Untersuchungen der mtDNA durch Torroni und Wallace sprechen für eine frühe Besiedelung Amerikas durch die amerindisch-sprechenden Gruppen. Wahrscheinlich bedienten die Jäger von Beringia sich einer Sprache, die der Vorläufer aller modernen amerindischen Sprachen war; die außergewöhnliche linguistische Vielfalt, die wir heute beobachten, ist demnach in 12000 Jahren durch Auseinanderentwicklung entstanden.

An zweiter Stelle, was die Verbreitung angeht, stehen die

Na-Dene-Sprachen. Sie wurden nach Greenbergs Theorie von den Einwanderern einer zweiten Welle mitgebracht. Tatsächlich findet man auch für diese zweite Wanderungsbewegung ein genetisches Signal, und zwar interessanterweise in Form unseres »Küstenmarkers« M130. In Na-Dene-Bevölkerungsgruppen tragen bis zu 25 Prozent der Männer diesen Marker, in benachbarten Gruppen dagegen, die amerindische Sprachen sprechen, ist seine Häufigkeit viel geringer. Aufschlussreich ist auch, dass man M130 in Südamerika überhaupt nicht findet. Den genetischen Befunden zufolge kam er erst im Laufe der letzten 10 000 Jahre nach Amerika, und sein Ursprung liegt in Nordchina oder Südostsibirien. Zu jener Zeit war die Landbrücke über die Beringsee bereits wieder überflutet, das heißt, diese Einwanderer fuhren sicher mit Booten entlang der Küste. Dafür spricht auch die heutige Verteilung der Na-Dene-Sprachen, die sich auf die Westhälfte Nordamerikas beschränkt. Die Menschen, die sie mitbrachten, folgten vermutlich der gesamten nordamerikanischen Pazifikküste und kamen im Süden bis Kalifornien. In der heutigen Verteilung der Na-Dene-Sprachen spiegelt sich der letzte Teil einer Küstenwanderung wider, die vor rund 50 000 Jahren in Afrika begann und über Indien nach Südostasien und Australien führte, sich dann aber auch nach Norden in die Arktis und nach Amerika wandte. An dem Küstenmarker zeigt sich die tiefere Verwandtschaft zwischen den Bewohnern dieser weit voneinander entfernten Regionen.

Und wie steht es mit den Gruppen, die Eskimo-Aleutensprachen sprechen? Sie sind offensichtlich nicht durch ein eindeutiges genetisches Signal gekennzeichnet; wahrscheinlich bilden sie eine Untergruppe der sibirischen Sippe, die den Marker M242 trägt, und stellten sich auf das Leben an der Küste ein. Sie stießen in östlicher Richtung bis nach Grönland vor und gingen mit ihren Kajaks auf Walross- und Robbenjagd – aber die genetischen Abstammungslinien verbinden sie mit ihren sibirischen Vorfahren, die vor 20 000 Jahren in der Tundra die Mammuts erlegten.

Für andere Wanderungsbewegungen, die von Europa oder Australien ausgingen, gibt es derzeit keine überzeugenden genetischen Belege. Zwar sieht es so aus, als seien die Na-Dene-sprechenden amerikanischen Ureinwohner durch M130 mit den australischen Aborigines verbunden, aber diese Verwandtschaft hat in Wirklichkeit weitaus tiefere Wurzeln und spiegelt die Abstammung von gemeinsamen Vorfahren wider, die vor mehreren zehntausend Jahren in Südostasien lebten. Ähnliches gilt für die Europäer: Dass sie einen Vorfahren mit den meisten amerikanischen Ureinwohnern gemeinsam haben, zeigt sich an der hohen Häufigkeit des zentralasiatischen Markers M45 in beiden Gruppen. Und da außerdem sowohl die Bewohner Sibiriens als auch die Europäer des oberen Paläolithikums ursprünglich von derselben zentralasiatischen Population abstammen, dürften sie anfangs auch sehr ähnlich ausgesehen haben. Der Kennewick-Mensch, vermutlich ein Abkömmling der ersten Wanderungswelle von Sibirien in die Neue Welt, besaß vermutlich noch zentralasiatische Gesichtszüge – und die kann man durchaus als »kaukasoid« einstufen. Tatsächlich sehen viele alte Schädel aus Amerika europäischer aus als die der heutigen Ureinwohner, ein Indiz, dass ihr Aussehen sich im Laufe der Zeit verändert hat. Das eher »mongolische« oder ostasiatische Erscheinungsbild der heutigen amerikanischen Ureinwohner dürfte seinen Ursprung in der zweiten Wanderungswelle haben, mit der M130 aus Asien eingeführt wurde. Dagegen gibt es keine Anhaltspunkte, dass chinesische oder japanische Seeleute den Pazifik überquert und M175 mitgebracht hätten – dieser Marker ist in der heutigen Population der amerikanischen Ureinwohner schlicht und einfach nicht vorhanden. Der genetische Befund ist eindeutig: Alle Einwanderer, die in alter Zeit Amerika besiedelten, kamen über Sibirien.

Peng

Vor 10 000 Jahren waren alle Kontinente der Erde (mit Ausnahme der Antarktis) von Menschen besiedelt. In nur 40 000 Jahren war unsere Spezies von Ostafrika bis nach Feuerland vorgedrungen, und dabei hatte sie Wüsten, hoch aufragende Gebirge sowie das gefrorene Ödland des hohen Nordens überwunden. Mit ihrem Erfindungsreichtum wussten die Menschen sich unterwegs immer wieder zu helfen, und sie hatten sich hervorragend an Lebensbedingungen angepasst, die völlig anders waren als an ihrem afrikanischen Ursprungsort. Aber gerade als diese Wanderer des oberen Paläolithikums sich in ihrer neuen Heimat eingerichtet hatten, ereignete sich etwas Bedeutsames. Anfangs war es nur ein einfaches Experiment, aber es sollte die Beziehung des Menschen zu seiner Umwelt ein für alle Mal verändern. Man könnte von einem zweiten »Urknall« in der Evolution des Menschen sprechen, und wie der große Sprung vorwärts setzte es eine Wanderung in Gang – dieses Mal in die Domäne der überlieferten Geschichte.

Kapitel 8

Kultur und warum sie so wichtig ist

Zuerst, als die Welt erschaffen war und die Götter geboren wurden, hatte jede Gottheit ihre Aufgabe bei der Erhaltung des Landes. Die harte Arbeit führte zu Beschwerden, und es wurde nach einer besseren Lösung gesucht. Eines Tages entschloss sich die Wassergöttin Nammu, aus Lehm einen Menschen zu formen; die Aufgabe wurde Enki und Ninmah übertragen. Sie tranken zu viel Bier und spielten dann ein Spiel, in dem der eine verschiedene Wesen erschuf und der andere ihnen eine Aufgabe zuordnete. Drei hatten fehlerhafte Geschlechtsorgane und wurden Priester. Eines war überhaupt nicht lebensfähig, konnte weder stehen noch sich selbst ernähren, und musste von Ninmah auf dem Schoß gehalten werden – der erste Säugling.

Schöpfungsmythos der Sumerer

Der Hawaii-Archipel liegt mitten im Pazifik; Nordamerika, die nächste kontinentale Landmasse, ist 3200 Kilometer entfernt. Heute ist die Inselgruppe eines der wichtigsten Touristenziele der Vereinigten Staaten: Ihre Strände ziehen jedes Jahr Millionen Besucher an. Der kurze Flug von Kalifornien, komfortable Hotels und der Verkehr in Honolulu lassen die isolierte Lage der Inseln vergessen. Die hawaiianischen Ureinwohner sind in ihrer Heimat heute eine winzige Minderheit, aber das ist eine Neuentwicklung der letzten paar Jahrhunderte – früher gehörten sie zu den am stärksten isolierten Bevölkerungsgruppen der Erde. Und klar ist auch, dass sie wie die Australier eingewandert sein müssen, denn nirgendwo in der Nähe der Inseln lebt eine andere Primatenspezies. Dass sie mit Booten auf die Inseln gekommen sein sollen, erscheint fast unvorstellbar, und doch muss ihnen eine solche Seereise gelungen sein – genau wie jenen, die vor 50 000 bis 60 000 Jahren entlang der Küste nach Australien gelangten.

Als Captain Cook 1778 auf der Insel Kauai an Land ging, wusste er nicht, durch was für eine Reise die Hawaiianer an diesen entlegenen Ort gekommen waren. Er leitete eine vierjährige Expedition mit der *Resolution*, um den Nordpazifik zu erforschen und die sagenumwobene Nordwestpassage zwischen Atlantik und Pazifik zu finden. Cook taufte den Archipel nach seinem Gönner, dem Earl of Sandwich, auf den Namen Sandwich-Inseln. Die Ureinwohner waren zwar als anthropologische Funde interessant, wurden aber nicht als gleichberechtigt anerkannt – und ihren eigenen Namen für ihre Heimat nahm man nicht zur Kenntnis.

Cook berichtet, die Menschen auf Hawaii seien sehr primitiv; insbesondere lebten sie nach seinen Worten noch in der »Steinzeit« und kannten weder Metallbearbeitung noch eine Schrift. Als er ihnen zum ersten Mal begegnete, veranlasste ihre ungläubige Reaktion auf die seemännische Ausrüstung der *Resolution* ihn sogar zu der Annahme, sie seien noch nie auf einem Schiff gewesen. Aber trotz ihrer scheinbar so primitiven Lebensweise hatten die Hawaiianer es geschafft, mit einer gewaltigen Seereise in ihre jetzige Heimat zu gelangen. Und sie waren nicht die Einzigen: Die nächsten bewohnten Nachbareilande sind die 3500 Kilometer südöstlich gelegenen Marquesas-Inseln, und dahinter liegen noch einmal 1500 Kilometer Ozean, bevor man – immer noch mitten im Pazifik – auf die Gesellschaftsinseln trifft. Auch wenn Hawaii auf der kürzestmöglichen Route durch »Inselhüpfen« besiedelt wurde, wobei immer nur die geringste Entfernung zwischen besiedelten Inseln zu überwinden war, umfasste die Reise neben vielen kürzeren Strecken mindestens zwei gewaltige Überfahrten. Das war eindeutig kein Zufall. Die Polynesier, die Hawaii besiedelten, waren erfahrene Seeleute und konnten zwischen weit entfernten kleinen Stücken trockenen Landes hin und her reisen, ohne dass sie einen Kompass oder Uhren zur Bestimmung des Längengrades besessen hätten.

Heute hat sich auf Grund der ältesten archäologischen Belege für eine Besiedelung Polynesiens allgemein die Erkenntnis durchgesetzt, dass diese qualifizierten Seefahrer alle ihre Reisen innerhalb der letzten 4000 Jahre unternahmen. Was veranlasste sie, den Sprung in die unbekannte Welt des Pazifiks zu wagen? Und wenn Menschen seit der Zeit der ersten Australier in der Lage waren, das offene Meer zu überwinden, warum dauerte es dann so lange, bis sie Polynesien besiedelten? Um die Antwort auf diese Fragen zu finden, müssen wir nach Eurasien zurückkehren und nach den Faktoren suchen, die zur polynesischen Irrfahrt führten.

Ein Bruch mit der Vergangenheit

25 Kilometer nordwestlich von Jerusalem, an der Ostflanke des Gebirges von Juda, liegt der Tell el Sultan. Das arabische Wort *tell* bezeichnet einen Hügel, den menschliche Besiedelung hinterlassen hat, und Archäologen sind hier seit den siebziger Jahren des 19. Jahrhunderts mit Ausgrabungen beschäftigt. Meist suchten sie nach Belegen für den Wahrheitsgehalt biblischer Geschichten, und die obersten Schichten des Tell el Sultan gehören tatsächlich zu der alttestamentarischen Stadt Jericho – mit diesem Namen wurde die Fundstätte meist bezeichnet. Ihre jüngeren Überreste aus den letzten 4000 Jahren wurden eingehend untersucht, aber während dieser Arbeiten entdeckte man auch Indizien für eine Besiedlung in wesentlich früherer Zeit. Systematisch erforscht wurden die ältesten Schichten aber erst Mitte der fünfziger Jahre des 20. Jahrhunderts durch die gezielten Arbeiten von Dame Kathleen Kenyon. Ihre Funde veränderten unsere gesamte Vorstellung von der Menschheitsgeschichte.

Kenyon entdeckte in Jericho Belege für eine menschliche Siedlung, die auf ungefähr 10 000 v. Chr. datiert wurden. Eine Gemeinschaft von Jägern und Sammlern hatte hier von Tieren und den Wasservorkommen gelebt, ganz ähnlich wie ihre Vorfahren 30 000 Jahre früher im oberen Paläolithikum. Unmittelbar darüber fand sie die Überreste einer frühen bäuerlichen

Gesellschaft, die aus der Zeit unmittelbar danach stammten. Die von ihr ausgegrabenen, mit Gips und Muschelschalen verzierten Schädel weisen auf einen Kult der Ahnenverehrung hin und gehören zu den bekanntesten archäologischen Funden überhaupt. Diese und andere aufschlussreiche Entdeckungen machten Kenyon zu einer der berühmtesten Archäologinnen ihrer Zeit, aber die Vorgeschichtsforschung beeinflussten sie vor allem wegen des hohen Alters der Siedlungen. Zuvor hatte man die ältesten Dörfer auf das fünfte Jahrtausend v. Chr. datiert, und echte Städte tauchen erst 2000 Jahre später auf. Die untersten stadttypischen Schichten von Jericho dagegen wurden mit der Radiokarbonmethode auf 8500 v. Chr. datiert, und damit verschob diese eine Ausgrabung die Zeit der ersten dauerhaften menschlichen Siedlungen um mehr als 4000 Jahre weiter in die Vergangenheit. Kenyons Ausgrabungen in Jericho brachten die weltweit ältesten Belege für eine sesshafte, bäuerliche Gesellschaft ans Licht.

In der heutigen Welt mit ihren dicht bevölkerten Siedlungen und ihrer Abhängigkeit von domestizierten Pflanzen und Tieren vergisst man nur allzu leicht, dass wir noch vor wenigen hundert Generationen Jäger und Sammler waren. Für die meisten Menschen ist unsere Lebensweise so selbstverständlich, dass wir glauben, wir hätten immer so gelebt wie heute. Aber wie die tiefen Ausgrabungsgruben von Jericho eindringlich zeigen, fand vor rund 10 000 Jahren ein plötzlicher Übergang vom Jagen und Sammeln zu einer sesshaften Lebensweise statt. Besonders faszinierend an diesem Ereignis ist, dass es anscheinend nahezu gleichzeitig in ganz verschiedenen Regionen der Welt stattfand. Dies legt die Vermutung nahe, dass es für die Menschen im oberen Paläolithikum einen gemeinsamen Grund gab, die Lebensweise als Nomaden aufzugeben und sich in häuslicher Eintracht niederzulassen.

Im Nahen Osten gehört die Kultur, die den ersten sesshaften (neolithischen) Schichten von Jericho unmittelbar vorausgeht, zu einer kurzlebigen Tradition, die nach dem Wadi al-Natuf in Israel, dem Ort ihrer ersten Entdeckung, als Natufien bezeichnet wird. Im Mittelpunkt ihrer Wirtschaft stand das Sammeln von Getreidepflanzen – insbesondere der Vorfahren von Weizen und Gerste, die im Nahen Osten zu jener Zeit weit verbreitet waren. Es war das Ende der letzten Eiszeit, und am östlichen Mittelmeer wurde es allmählich wärmer. Die verbesserten Klimabedingungen begünstigten das Wachstum großer Getreidevorkommen und Nüsse tragender Bäume in höheren Breiten als während der Eiszeit, und die Menschen des Natufien nutzten diese neuen Ressourcen. Indem sie sich auf besonders häufig vorkommende Arten spezialisierten, konnten sie sich an einem Ort (in der Nähe ihrer Lieblingspflanzen) niederlassen und dennoch genug Nahrung zum Überleben sammeln.

Die archäologischen Funde im Nahen Osten belegen, dass das Ende der letzten Eiszeit am östlichen Mittelmeer eine Phase starker Klimaschwankungen war, wobei sich allgemein ein Übergang vom kontinentalen zum mediterranen Klima vollzog. Der Archäologe Brian Fagan stellt dazu zusammenfassend fest, dass sich auf diese Weise eine ökologische Zone mit langen, trockenen Sommern und kurzen, feuchten Wintern bildete. Eine solche Klimaveränderung begünstigte das Wachstum der Gräser, die im Frühjahr ihre Samen produzieren und dann im Sommer einer Ruhezeit durchmachen. Die Frühmenschen nutzten im Frühjahr das relativ große Nahrungsmittelangebot und ernteten die Samen, die sie dann für das übrige Jahr aufbewahrten. Dieses konzentrierte Sammelverhalten leistete einer sesshaften Lebensweise Vorschub, und damit waren alle Voraussetzungen für die nachfolgende Revolution geschaffen.

Nach 9000 v. Chr. stiegen die Temperaturen weltweit, sodass der Sommer am östlichen Mittelmeer immer trockener wurde. Als Folge verminderten sich die Getreideerträge, und das hätte eigentlich – wie die Trockenperioden in der entfernten Vergangenheit – die Mobilität begünstigt. Aber wegen der Notwendigkeit, das gesammelte Getreide aufzubewahren, waren die Menschen des Natufien an einen Ort gebunden. Diese beiden gegensätzlichen Kräfte – verminderter Ertrag und eine relativ unbewegliche Lebensweise – hatten zur Folge, dass man in Natufien-Siedlungen wie Jericho etwas Neues ausprobierte: Man säte einen Teil des gesammelten Getreides (das ja aus Samen besteht) aus, um den nächsten Sammelvorgang zu vereinfachen. Kenyon konnte mit ihren Arbeiten in Jericho nachzeichnen, wie sich das Neolithikum (die Jungsteinzeit) nach dieser Neuerung weiterentwickelte. Die Frage, wie es nach dem Anbau des ersten Getreides weiterging, ist unter Archäologen und Anthropologen bis heute umstritten – man streitet beispielsweise darüber, ob die Notwendigkeit einer zuverlässigen Wasserversorgung für das Getreide zur Entwicklung von Bewässerungssystemen führte, die dann das Thema der Wasserrechte und der gesellschaftlichen Hierarchie aufwarfen, und so weiter. Klar ist aber, dass am Ende der Eiszeit offensichtlich ein Ablauf in Gang kam, der innerhalb von 1000 Jahren mit der Entwicklung sesshafter, bäuerlicher Lebensgemeinschaften seinen Höhepunkt fand. Es war etwas geschehen, das der Archäologe V. Gordon Childe als »neolithische Revolution« bezeichnet.

Der zweite große Knall

Das Neolithikum stellte für die menschliche Spezies einen Wendepunkt dar. Von nun an waren die Menschen nicht mehr ausschließlich vom Klima abhängig – was auf den Wanderungen im Paläolithikum der Fall war –, sondern sie nahmen ihr Schicksal in wesentlich größerem Umfang selbst in die Hand. Durch die Einführung der Landwirtschaft setzten die Menschen der Jungsteinzeit mehrere Entwicklungen in Gang, die zur modernen Zivilisation führten. Die Erste ist die der Wahlmöglichkeiten. Die Menschen des Natufien in Jericho trafen bewusst die Entscheidung, nicht mehr jeden Tag kilometerweit zu wandern, um ihre Nahrung einzusammeln. Stattdessen entschlossen sie sich, ihre Umwelt so zu gestalten, dass sie ihnen nutzte. Zwar nahmen auch manche Jäger und Sammler Einfluss auf ihre Umwelt (die Australier brannten zum Beispiel in regelmäßigen Abständen Buschland ab, damit die von ihnen gejagten Gras fressenden Tiere dort besser leben konnten), aber die ersten Bauern des Nahen Ostens, Chinas und Amerikas kultivierten unmittelbar die fraglichen biologischen Arten. Das verschaffte ihnen mehr Auswahl, was ihren Wohnort anging, und erlaubte ihnen das Leben in Regionen, die sich zum Jagen und Sammeln als ungeeignet erwiesen hatten.

Die zweite Entwicklung war eine starke Zunahme der Bevölkerungsdichte. Der Anbau von Nahrungsmitteln und ein sesshaftes Leben an einem Ort haben unter anderem zur Folge, dass nicht so schnell eine Überbeanspruchung der begrenzten Ressourcen droht – wenn man mehr Kinder ernähren will, kann man einfach mehr Getreide anbauen und ernten. Diese Beschreibung stellt zwar eine Vereinfachung dar, aber die Bevölkerungsdichte der sesshaften, bäuerlichen Gesellschaft war tatsächlich viel höher als die der Jäger und Sammler. Die Sesshaftwerdung führt zu einem sehr schnellen Bevölkerungswachstum, sodass die Bauern sich über eine ganze Region verbreiten. Nach Schätzungen der Fachleute für Paläodemographie, die mit archäologischen und anthropologischen Methoden die Populationsgröße in früheren Epochen erforschen, lag die Bevölkerungszahl auf der ganzen Erde zu der Zeit, als die Landwirtschaft entstand, bei rund zehn Millionen. Zu Beginn des Industriezeitalters um 1750 war die Weltbevölkerung bereits auf über 500 Millionen Menschen gewachsen. Wenn es in den Populationen der paläolithischen Jäger und

Sammler mehr als 50 000 Jahre gedauert hatte, bis aus wenigen tausend Individuen im südlichen Afrika einige Millionen geworden waren, die sich über den gesamten Erdball verteilten, haben die Bauern in den letzten zehn Jahrtausenden diese verlorene Zeit mit Sicherheit wieder aufgeholt.

Ein letzter neuer Aspekt der neolithischen Revolution schließlich besteht darin, dass man an ihr deutlich erkennt, wie wichtig neue Technologien für die Wanderungsbewegungen der Menschen sind. Ganz ähnlich wie die Bewohner der zentralasiatischen Steppe, die 20 000 Jahre zuvor mit ihrer technischen Überlegenheit auch jene Regionen Sibiriens besiedelt hatten, die zuvor für unsere Hominidenvorfahren völlig verbotenes Gebiet waren, so verschafften sich auch unsere Vorfahren in jüngerer Zeit mit der Technologie einen Anpassungsvorteil. Die erste wichtige technische Neuentwicklung der letzten 10 000 Jahre war die Landwirtschaft, und die führte anschließend zu einer gewaltigen Beschleunigung der gesellschaftlichen Entwicklung. Wie wir noch sehen werden, dauerte es über 9000 Jahre, bis eine ähnlich wichtige Reihe von Entwicklungen wiederum eine neue Ära der Menschheitsgeschichte in Gang setzte. Die Entstehung der Landwirtschaft war eindeutig ein Ereignis von entscheidender Bedeutung. Hatte der große Sprung vorwärts die Voraussetzungen für den ersten großen Knall der Menschheitsgeschichte geschaffen, der dann zur Besiedlung der gesamten Erde führte, so setzte die Landwirtschaft den zweiten in Bewegung – und der lenkte unsere Spezies auf den Weg in die Moderne.

Genetischer Fall-out

Die Landwirtschaft spielte nicht nur für die Entwicklung der modernen Gesellschaft eine entscheidende Rolle, sondern sie hatte auch tief greifende genetische Auswirkungen. Während die Jäger- und Sammlerpopulationen des oberen Paläolithikums in der Regel eine relativ stabile Größe hatten – eine Ausnahme gab es nur dann, wenn neue Gebiete besiedelt wurden –, konnten die bäuerlichen Gesellschaften erheblich wachsen, ohne dass sie eine Region verlassen mussten. Als die ersten landwirtschaftlich geprägten Lebensgemeinschaften größer wurden, wanderten ihre Mitglieder auf der Suche nach kultivierbarem Land allmählich immer weiter. Dabei nahmen sie auch ihre genetischen Marker mit. Das hatte unter anderem zur Folge, dass wir heute eine starke Erweiterung bestimmter genetischer Abstammungslinien beobachten, was uns eine Ahnung von Entstehung und Ausbreitung der Landwirtschaft vermittelt. Im Nahen Osten beispielsweise tragen die Genome der Bewohner noch heute eine Spur der Ereignisse, die sich vor 10 000 Jahren in Jericho abspielten.

In der Archäologie weiß man schon seit langem, dass die Landwirtschaft sich von ihrem Ursprung im nahöstlichen »fruchtbaren Halbmond« im Laufe mehrerer tausend Jahre über Europa verbreitete. Die ältesten Spuren findet man auf dem Balkan, und je weiter man nach Nordwesten vordringt, desto jünger werden sie. Die Vorfahren der Briten gaben erst vor relativ kurzer Zeit ihre Lebensweise als Jäger und Sammler auf, mehrere tausend Jahre nachdem ihre Vettern in Jericho das Gleiche getan hatten. Was dabei entscheidend ist: Genau die Pflanzenarten, die anfangs im fruchtbaren Halbmond angebaut wurden, tauchen mit der fortschreitenden Welle der Landwirtschaft auch in Europa auf. Offensichtlich wurde die Lebensweise der europäischen Jäger und Sammler durch die des Nahen Ostens verdrängt.

In den siebziger Jahren des 20. Jahrhunderts nahm Luca Cavalli-Sforza zusammen mit seinen Genetikerkollegen Alberto Piazza und Paolo Menozzi eine Studie über die genetischen Auswirkungen der Landwirtschaft in Angriff. Sie wollten wissen, wie die Landwirtschaft sich ausgebreitet hatte, und insbesondere, ob ihr Vordringen in Europa mit einer Wanderung von Menschen verbunden war, oder ob sich nur eine attraktive neue kulturelle Errungenschaft ausbreitete. Letztlich fragten sie damit nach der genetischen Zusammensetzung der heutigen Europäer. Gibt es Indizien für eine Ausbreitung bestimmter genetischer Marker, die vom Nahen Osten ausging, oder sind die modernen Europäer von solchen Markern aus dem Neolithikum weitgehend frei?

Zur Zeit der Studie standen ausschließlich Befunde über die »klassischen« Marker zur Verfügung, die wir in Kapitel 2 kennen gelernt haben – Polymorphismen bei Blutgruppen und anderen Zelloberflächenmarkern waren zwar leicht nachzuweisen, lieferten aber kaum Aufschlüsse über die dahinter stehenden Abweichungen der DNA-Sequenz. Durch Analyse dieser Marker gelangten Cavalli-Sforza und seine Kollegen zu dem Schluss, dass die Gene in großer Zahl aus dem Nahen Osten ausgewandert waren; ihr Verteilungsmuster ähnelte stark jenem, das man für das erste Auftauchen der Landwirtschaft beobachtet hatte: Das genetische Signal wurde auf dem Weg von Südost- nach Nordwesteuropa stetig schwächer. Die Analysemethoden setzten für die Erkenntnisse, die man aus der Studie gewinnen konnte, enge Grenzen: Ein genauer Zeitpunkt für die Wanderung ließ sich nicht ableiten, aber das Ergebnis bestätigte dennoch die Theorie, dass die Landwirtschaft sich zusammen mit den Bauern und dem Wachstum ihrer Bevölkerungszahl verbreitet hatte; sie war also nicht nur ein Kulturphänomen, das durch Europa »wanderte«, weil die Menschen auf diesem Kontinent die bäuerliche Tätigkeit erlernten.

Cavalli-Sforzas Befunde wurden zur allgemein anerkannten Lehrmeinung; man ging jetzt für die Ausbreitung der Landwirtschaft von einem Modell aus, das man als »Welle des Fortschritts« bezeichnete. Dabei wurde vielfach (allerdings nicht von Cavalli-Sforza und seinen Kollegen) unterstellt, dass der

Genbestand der Europäer zum größten Teil neolithischen Ursprungs ist, weil dieser das ausgeprägteste Verteilungsmuster zeigte (in Cavalli-Sforzas späteren Arbeiten stellte sich allerdings heraus, dass er für weniger als ein Drittel der genetischen Variationen verantwortlich ist). Viele Anthropologen blieben skeptisch, aber erst über zwanzig Jahre später wurde das Modell ernsthaft neu überprüft: Ende der neunziger Jahre analysierten Martin Richards und seine Kollegen von der Universität Oxford detailliert die Abstammungslinien der mtDNA in Europa und Südwestasien. In einer Reihe von Fachaufsätzen berichteten sie über Untersuchungen an verschiedenen Bevölkerungsgruppen aus Europa und dem Nahen Osten; dabei nahmen sie mit ganz ähnlichen Methoden, wie sie zuvor beschrieben wurden, eine absolute Datierung der Linien vor, und auf diese Weise konnten sie die relativen Beiträge der verschiedenen Wanderungsbewegungen zum europäischen Genbestand abschätzen. Ihre Ergebnisse legten die Vermutung nahe, dass die Ausbreitung der Landwirtschaft keine nennenswerten genetischen Auswirkungen auf die europäische Bevölkerung hatte, sondern nur sehr wenige wandernde Gruppen aus dem Nahen Osten beeinflusste. Die meisten Linien der Europäer sind anscheinend schon seit dem oberen Paläolithikum vorhanden und demnach 20 000 bis 40 000 Jahre alt.

Cavalli-Sforza und andere erhoben gegen die Studie von Richards den Einwand, dass die mtDNA eigentlich kaum eine Unterscheidung verschiedener europäischer Bevölkerungsgruppen zulässt. So ist es beispielsweise schwierig, West- und Osteuropäer allein auf Grund der mtDNA auseinander zu halten – die Marker in der mtDNA sind bei ihnen sehr ähnlich verteilt. Dennoch waren die Befunde, die man aus der mtDNA gewonnen hatte, sehr aufschlussreich. Als Nächstes musste man sich die männliche Abstammungslinie mit ihrem von Natur aus größeren Auflösungsvermögen ansehen und untersuchen, ob sich dort das gleiche Muster zeigte.

Das geschah schließlich im Jahr 2000: Ornella Semino und ihre Kollegen (darunter auch Cavalli-Sforza) analysierten die Y-Chromosomen von mehr als 1000 Männern aus Europa und dem Nahen Osten, wobei sie gezielt nach Anhaltspunkten für die Ausbreitung der Landwirtschaft suchten. Wie sich dabei herausstellte, kommen die Linien, die durch Marker aus dem Nahen Osten des Neolithikums definiert sind, nur bei einer Minderheit der heutigen Europäer vor. Die Befunde am Y-Chromosom stimmen sogar fast völlig mit denen aus der mtDNA überein, was darauf schließen lässt, dass 80 Prozent des europäischen Genbestandes auf andere Einwanderungswellen zurückzuführen sind, insbesondere solche im Paläolithikum. Bei Westeuropäern ist dieser paläolithische Beitrag vor allem durch M173 definiert, unseren alten Freund aus dem letzten Kapitel, der Europa mit Zentralasien verbindet. Nur 20 Prozent der europäischen Y-Chromosomen stammen von neolithischen Einwanderern aus dem Nahen Osten und sind durch jüngere Marker definiert, insbesondere durch einen mit der Bezeichnung M172. Die heutigen Europäer sind sowohl von väterlicher als auch von mütterlicher Seite eigentlich im wesentlichen Cromagnons.

Das bedeutet nicht, dass die Einführung der Landwirtschaft in Europa keine großen Auswirkungen gehabt hätte. Ganz im Gegenteil: Eindeutigen genetischen Indizien zufolge nahm die Bevölkerungszahl nach dem Ende der letzten Eiszeit stark zu, und zwar mit ziemlicher Sicherheit in Verbindung mit dem Beginn der gezielten Nahrungsmittelproduktion. Belege für diese Vorstellung stammen aus einer neuen Analyse, in der David Reich und seine Kollegen vom Massachusetts Institute of Technology verschiedene Marker aus unabhängigen Genomabschnitten untersuchten. Das dabei beobachtete Muster der Variationen lässt darauf schließen, dass die europäische Bevölkerung vor 30 000 bis 15 000 Jahren – also zu einer Zeit, als der Kontinent sich dem Höhepunkt der letzten Eiszeit näherte

– erheblich schrumpfte. Nach dem Ende der Vereisung ging dann von den wenigen Überlebenden ein erneuter Bevölkerungsanstieg aus, und das führte zu der relativ geringen Variationsbreite, die man heute in Europa beobachtet. Mit anderen Worten: Die Bevölkerung hatte eine Art Nadelöhr passiert – sie hatte sich vermindert und war anschließend wieder gewachsen. Für eine solche nacheiszeitliche Bevölkerungszunahme spricht auch das Muster der Variationen in der mtDNA. Archäologische Befunde lassen darauf schließen, dass die Besiedelung Europas sich im Paläolithikum während der stärksten Vereisung vor 16000 Jahren auf die iberische Halbinsel, Süditalien und den Balkan beschränkte; erst später wanderten die Menschen dann weiter nach Norden. Die Landwirtschaft trug sicher dazu bei, diese Ausbreitung zu beenden, weil sie eine viel höhere Bevölkerungsdichte möglich machte.

Wie lässt sich die Verteilung von mtDNA und Y-Chromosom, die für eine relativ wenig durch die neolithische Einwanderung beeinflusste paläolithische Bevölkerung Europas spricht, mit der Welle des Fortschritts vereinbaren? Das Muster, das Cavalli-Sforza und seine Kollegen beobachteten, existiert mit Sicherheit, aber sie beschäftigten sich mit der großräumigen Verteilung in ganz Europa und dem Nahen Osten. Die Ausbreitung der Landwirtschaft war einfach eine Wanderung von Menschen durch Europa – archäologischen Indizien zufolge gab es aber auch mehrere andere Wanderungsbewegungen, und wie sich in der späteren Analyse herausstellte, ist jene, mit der sich die Landwirtschaft verbreitete, heute nur noch für einen kleinen Teil der genetischen Variationen in Europa verantwortlich. Außerdem war die Welle des Fortschritts nicht mit einer Altersschätzung verbunden, sodass man den neolithischen Bestandteil leicht mit der Einwanderung aus dem Nahen Osten während des Paläolithikums verwechseln kann. Und da außerdem keine zentralasiatischen Bevölkerungsgruppen untersucht wurden (zur Zeit der Studie standen über sie schlicht keine Daten zur Verfügung), könnte sich in der Verteilung möglicherweise einfach ein allgemeiner Trend widerspiegeln, der im oberen Paläolithikum zur Wanderung von Asien nach Europa führte. Allein auf Grund der Befunde an Y-Chromosomen aus dem Nahen Osten und Europa könnte man den Schluss ziehen, dass die Populationen mit M89 über den Balkan nach Europa eingewandert sind, wo dann M173 entstand. Nur weil wir wissen, dass M173 seinen Ursprung in einer Linie mit M45 hat, können wir die Besiedelung Europas während des oberen Paläolithikums nach Zentralasien zurückverfolgen.

Eine Teillösung für dieses offenkundige Rätsel liefern die Befunde am Y-Chromosom. Anscheinend erlebten die südeuropäischen Bevölkerungsgruppen im Neolithikum in stärkerem Maße als jene weiter nördlich einen Zustrom von Bauern aus dem Nahen Osten, die Linien wie M172 trugen. In einem denkbaren Szenario hätte sich die Landwirtschaft demnach zunächst rund um das Mittelmeer ausgebreitet, weil die neolithischen Einwanderer aus dem Nahen Osten das dortige Klima bevorzugten, das dem in der Levante ähnelt. Erst später übernahmen die paläolithischen Europäer im Landesinneren die Landwirtschaft und verbreiteten überall die Kultur – aber nur einen kleinen Anteil der Gene – des Neolithikums. Die Cromagnons im nördlichen Europa trafen anscheinend die bewusste Entscheidung, das Paläolithikum zu Gunsten der neuen, nahöstlichen Lebensweise aufzugeben.

Reismenschen

Während die Ausbreitung des Neolithikums in Europa so kompliziert war, dass eine eindeutige Interpretation der genetischen Befunde äußerst schwierig ist, sind die Verhältnisse in

Asien, dem anderen großen Zentrum, ein wenig klarer. Das charakteristische Prinzip im Nahen Osten, die Besiedelung in Verbindung mit intensiver Nutzung weniger Pflanzenarten, findet man ungefähr zur gleichen Zeit auch in China. Nordchinesische Ausgrabungsstätten wie Banpo und Zhangzhai in der Provinz Shaanxi lassen um 7000 v. Chr. erste Anzeichen einer auf Hirse gestützten Landwirtschaft erkennen. Die Hirse, wie der Weizen eine Getreidepflanze, wurde anscheinend in der Nähe des Gelben Flusses kultiviert und verbreitete sich von dort über ganz Nordchina. Wie man an den Funden von Pengtoushan am Jangtse in Zentralchina erkennt, wurde dort unabhängig von der Hirse ungefähr zur gleichen Zeit auch Reis angebaut. In beiden Gebieten dienten Keramikgefäße zur Aufbewahrung des Getreides, und die Menschen lebten in kunstvollen Lehmhäusern; man kann also vermuten, dass selbst in dieser Frühzeit bereits eine hoch entwickelte neolithische Lebensweise herrschte.

Wenig später verbreitete sich die Landwirtschaft in ganz China; im Süden mit seinem feuchtwarmen Klima spielte der Reis die beherrschende Rolle. Der Reisanbau nahm entlang des Jangtse zu und war schon um 5000 v. Chr. in Südchina weit verbreitet, unterstützt vielleicht durch eine zweite, unabhängige Domestizierung an der Südküste. Um 3500 v. Chr. wurde er in Taiwan angebaut, um 2000 v. Chr. in Borneo und Sumatra. Die übrigen indonesischen Inseln hatte er 1500 v. Chr. erreicht. Insgesamt lassen die archäologischen Befunde darauf schließen, dass die auf Reis gestützte Landwirtschaft sich im Laufe von rund 3000 Jahren von ihrem Ursprung in der Mitte Südchinas auf die südostasiatische Inselwelt verbreitet hatte – ein ganz ähnlicher zeitlicher Ablauf wie bei der Ausbreitung der Landwirtschaft in Europa. Anders als dort ist aber in Asien ein starkes genetisches Signal der Ausbreitung zu erkennen, ein Hinweis, dass nicht nur die Kultur wanderte, sondern auch die Menschen.

Wie wir in Kapitel 6 erfahren haben, gibt es in Ostasien eine weit verbreitete Abstammungslinie, die von M9 abstammt und durch einen Marker namens M175 definiert ist. Nach seiner heutigen Verteilung zu schließen, dürfte dieser Marker ursprünglich in Nordchina oder Korea entstanden sein. Auf Grund der Verteilung der Variationen in den Y-Chromosomen der heutigen chinesischen Bevölkerung wissen wir mittlerweile, dass es sich bei den ersten Bauern in China um Nachkommen von M175 handelte. Noch heute ist das Y-Chromosom bei mehr als der Hälfte der männlichen Bevölkerung Chinas durch einen Marker definiert, der Anzeichen für eine starke Vermehrung innerhalb der letzten 10 000 Jahre erkennen lässt. M122, der anfangs auf einem Chromosom mit M175 auftrat, ist heute in ganz Ostasien weit verbreitet. Westlich der zentralasiatischen Gebirge dagegen findet man ihn nur selten, und im Nahen Osten oder Europa kommt er überhaupt nicht vor. Genau diese Verteilung erwartet man, wenn die Bevölkerungszahl erst vor relativ kurzer Zeit gewachsen ist, denn wenn ein solches Ereignis weiter zurückliegt, hinterlässt es in der Regel eine breiter gestreute Spur.

Die genetischen Befunde lassen erkennen, dass die Entwicklung des Reisanbaues in Ostasien eine Welle des Fortschritts auslöste. Während aber die Welle, die sich vom fruchtbaren Halbmond nach Europa in Bewegung setzte, nach ihrem Eindringen in den Mittelmeerraum offenbar weitgehend im Sande verlief, wirkte jene aus China sich in ganz Ostasien aus. M122 – der die Nachkommen der ersten chinesischen Reisbauern kennzeichnet – kommt heute von Japan bis nach Tahiti vor. Wie David Goldstein und seine Kollegen vom Londoner University College kürzlich in einer Studie feststellten, zeigen die Mikrosatelliten auf Chromosomen mit M122 in China und Taiwan eine große Vielfalt, nach Süden hin jedoch, auf der malaiischen Halbinsel und in Indonesien, wird das Spektrum der Variationen erheblich enger. Genau das erwartet man, wenn in den letzten 10000 Jahren ein starkes Bevölkerungswachstum von China ausgegangen ist – und es ist eine exakte Parallele zu den archäologischen Belegen für die Ausbreitung des Reisanbaues. M122 und ein verwandter chinesischer Haplotyp, der ebenfalls von M175 abstammt und durch den Marker M119 definiert ist, machen gemeinsam fast die Hälfte aller Y-Chromosomen in Ostasien aus. In Europa dagegen haben neolithische Einwanderer nur 20 Prozent zur heutigen Vielfalt der Y-Chromosomen beigetragen. Im Vergleich zu Europa war die Welle des Fortschritts in Ostasien eher so etwas wie ein Tsunami.

Zweischneidige Sichel

Da die Einführung der Landwirtschaft – ob durch das Bevölkerungswachstum bei ihren Erfindern selbst wie in Ostasien oder durch Übernahme von ihnen wie in Europa – zu einer derart starken Zunahme der Weltbevölkerung führte, liegt die Vermutung nahe, dass diese Neuentwicklung ausschließlich nützlich war. Wenn Erfolg sich im Überfluss ausdrückt, muss das starke Wachstum der bäuerlichen Bevölkerung auf verbesserte Lebensbedingungen nach der neolithischen Revolution zurückzuführen sein. Indizien aus jüngerer Zeit sprechen aber dafür, dass diese Vorstellung falsch ist.

Als die ersten Bauern sesshaft wurden, nahmen sie neue Risiken und Gefahren auf sich. Die wichtigste war die geringere Breite ihrer Nahrungsgrundlage. Indem sie sich auf den Anbau weniger Pflanzenarten konzentrierten, beschnitten sie ihre Wahlmöglichkeiten im Fall einer Klimaveränderung. Die Jäger und Sammler des Paläolithikums waren mit Dürre, starker Abkühlung (wie in der Dryas-Periode am Ende der letzten Eiszeit) und Verschiebungen von Wasserläufen gut zurechtgekommen. Bei jeder derartigen Veränderung zogen sie in eine andere Region mit besseren Ressourcen. Die großen Wanderungen des Paläolithikums, von denen in den Kapiteln 4 bis 7 die Rede war, wurden fast ausschließlich vom Klima bestimmt. Nachdem die Menschen aber die Landwirtschaft eingeführt hatten, kam es zu keinem Ortswechsel mehr. Das führte gelegentlich zu Hungersnöten, wie man sie auch heute in vielen Teilen der Dritten Welt beobachtet. In der Frühzeit der Landwirtschaft und unter den turbulenten Klimabedingungen kurz nach der Eiszeit waren solche Hungerphasen noch wahrscheinlicher.

Die zweite große Sorge der Bauern im Neolithikum war die Zunahme der Krankheiten. Ein Leben als Jäger und Sammler mag zwar schwierig erscheinen, zumal die Menschen auf scheinbar »primitive« Technologie angewiesen waren und sich nur unter Schwierigkeiten genügend Nahrung zum Überleben verschaffen konnten, aber in Wirklichkeit waren sie überraschend gesund. Knochenbrüche und Verletzungen kommen zwar bei den Menschen des Paläolithikums häufiger vor als bei ihren sesshaften Nachkommen im Neolithikum, sie starben aber anscheinend nicht früher. Skelettfunde aus früheren bäuerlichen Lebensgemeinschaften lassen sogar darauf schließen, dass die Menschen zu Beginn der Landwirtschaft eine geringere Lebenserwartung hatten als die Jäger und Sammler in ihrer Nachbarschaft. Dies liegt nach heutiger Vorstellung vermutlich an einer Zunahme der Krankheiten.

Infektionskrankheiten entstehen nicht von selbst als Nebenprodukt einer sesshaften Lebensweise, sondern durch den Kontakt mit Krankheitserregern, die von einer infizierten Person auf die andere übertragen werden. Die meisten Krankheiten können sich nur in großen Populationen halten, in denen immer eine gewisse Mindestzahl von Menschen infiziert ist, sodass die Krankheit nicht ausstirbt. Zu diesen so genannten endemischen Krankheiten gehören Pocken und Typhus. Damit der Erreger am Leben bleibt, ist eine Bevölkerung von mehreren hunderttausend Menschen erforderlich – ansonsten geht er verloren, weil nicht genügend Personen für eine Ansteckung zur Verfügung stehen. Und derart große Populationen entstanden erst nach der Entwicklung der Landwirtschaft. Andere Krankheiten können von außen beispielsweise durch Tiere eingeschleppt werden. Die Jäger und Sammler kamen zwar mit Tieren in Berührung, zu dem langfristigen, engen Kontakt, der die Ausbreitung von Krankheiten begünstigt, kam es aber erst nach der Domestizierung der Tiere im Neolithikum. Die Masern beispielsweise stehen in enger Verbindung zur Rinderpest. Wahrscheinlich gelangte diese Krankheit erst vor rund 10 000 Jahren durch die Domestizierung von Nutzvieh in die Populationen des Neolithikums. Nach Ansicht des Historikers William McNeill dürften viele biblische Berichte über Seuchen auf Krankheitsepidemien zurückgehen, die sich in Eurasien während der Frühphase der Landwirtschaftsentwicklung abspielten.

Der letzte negative Aspekt der sesshaften Lebensweise war die zunehmende Schichtenbildung in der Gesellschaft. Jäger und Sammler sind im Allgemeinen bemerkenswert gleichberechtigt, gesellschaftliche Unterschiede gibt es kaum. In heutigen Populationen wie den San oder den australischen Aborigines hat in der Regel jede Gruppe einen Anführer, der über die Belange der Gruppe entscheidet, aber formale gesellschaftliche Unterteilungen wie in sesshaften Gesellschaften gibt es nicht. Auch größere Kriege finden in den Gesellschaften der Jäger und Sammler nur selten statt – vielleicht weil es (unter dem Gesichtspunkt angesammelter Reichtümer) einfach nur wenig gibt, um das man kämpfen könnte; kleinere Konflikte zwischen den Gruppen kommen allerdings vor. Unter den Bedingungen, die im Neolithikum durch das umfangreiche Bevölkerungswachstum entstanden waren, wurde irgendeine Form der Schichtenbildung in der Gesellschaft unausweichlich. Anschließend war es nicht mehr weit bis zur

Machtergreifung und dem Wachstum von Herrschaftsgebieten, und das führte zu Konflikten in einer Größenordnung, wie man sie im Paläolithikum nicht gekannt hatte. Waren die Kriege als solche schon schlimm genug, so hatten sie auch auf andere Aspekte des Lebens im Neolithikum negative Auswirkungen. Die hohe Sterblichkeit, die sich durch die umfangreichen Kämpfe einstellte, wurde vermutlich durch die Ausbreitung von Krankheiten und die Zerstörung von Ackerland während der Feindseligkeiten verstärkt, was zu einer heimtückischen Kettenreaktion mit immer mehr Todesfällen führte.

Warum machten sich unsere Vorfahren trotz all dieser negativen Aspekte der neolithischen Revolution die neue Lebensweise zu Eigen? Tatsächlich taten das nicht alle – fast in sämtlichen Regionen der Erde gab es bis vor kurzer Zeit noch kleine Gruppen von Jägern und Sammlern. Dass sie die alte Lebensweise beibehielten, hatte vermutlich mit der Umwelt zu tun (San und Aborigines leben beispielsweise in abgelegenen, trockenen Regionen, die sich kaum für die Landwirtschaft eignen), aber auch mit einer bewussten Entscheidung, Jäger und Sammler zu bleiben. Für die übrige Weltbevölkerung jedoch gab es kein Zurück mehr. Die Veränderung der Denkweise, die den Menschen trotz aller negativen Aspekte die Einführung der Landwirtschaft ermöglichte, könnte sich innerhalb weniger Generation abgespielt haben. Nachdem die kollektive Erinnerung an Jagen und Sammeln dem Gedanken an gezielte Lebensmittelproduktion Platz gemacht hatte, war es im wahrsten Sinne des Wortes undenkbar, zu den alten Gewohnheiten zurückzukehren. Wir brauchen uns nur selbst zu fragen, ob wir bereit wären, Waffen herzustellen und für unser eigenes Abendessen auf die Jagd zu gehen – die meisten Menschen würden vermutlich ablehnen.

Geplapper

Mit dem Beginn des Neolithikums bildeten sich viele regionale Muster der kulturellen Vielfalt, die wir noch heute beobachten können. Durch die Wanderungswellen der Bauern in Ostasien verbreitete sich der Reisanbau bis nach Indonesien und darüber hinaus, und ihre Nachkommen tragen noch heute die genetischen Spuren dieses Vorganges. Wie wir bereits erfahren haben, ähnelten die ersten Südostasiaten wahrscheinlich eher den heutigen Bewohnern der Andamanen oder den Negritos von Semang. Vermutlich wurden die meisten derartigen Gruppen von der Welle der wandernden Reisbauern integriert, und ihre Kultur ging in die landwirtschaftlich geprägte Hauptrichtung ein. Ganz ähnlich erging es den Jägern und Sammlern in Europa, Amerika und Afrika: Alle gaben ihre paläolithische Lebensweise zugunsten der neuen Form der Selbstversorgung auf. Aber Kultur definiert sich bei weitem nicht nur über das Essen – sie umfasst gesellschaftliche Traditionen, den Stil von Kleidung und Werkzeugherstellung, Fortbewegungsmittel und vieles andere. Und zu den wichtigsten Aspekten der Kultur gehört die Sprache.

Wenn Amerikaner nach Großbritannien kommen, fällt ihnen meist sofort die große Zahl regionaler Dialekte auf. Ist London die erste Station, begegnet ihnen zunächst der Cockneyakzent. Selbst wenn sie ihre Entsprechung zu Dick van Dyke (»Cor blimey, Mary Poppins!«) einstudiert haben, können sie manchmal kaum glauben, dass hier noch die gleiche Sprache gesprochen wird. Ähnlich befremdet ist meine Frau als Engländerin, wenn sie sich mit manchen meiner Bekannten aus dem Süden der USA unterhält. George Bernard Shaw hatte Recht mit seiner Feststellung, Amerikaner und Briten seien zwei Völker, die durch eine gemeinsame Sprache getrennt sind – und dabei ließ er die lokalen Unterschiede innerhalb der beiden Länder sogar noch außer Acht! Dialekte sind ein allgemein bekanntes Beispiel für Sprachvariationen, und wenn wir sie manchmal nur unter Schwierigkeiten verstehen, können wir daraus eine wichtige Erkenntnis über den Sprachwandel gewinnen. Eine Sprache ist kein starres Gebilde, trotz aller Bemühungen der *Académie Française*, das widerspenstige französische Volk zur Ordnung zu rufen. Wie bei allen Aspekten der Kultur, so gibt es auch hier von Ort zu Ort große Unterschiede. Aber können wir aus dem scheinbaren Chaos der Sprachenvielfalt irgendwelche Erkenntnisse über die Ausbreitung der Kulturen gewinnen?

Ähnlichkeiten zwischen den Sprachen kennt man schon seit alter Zeit, insbesondere wenn es um gut untersuchte Fälle aus Europa wie Latein, Französisch, Spanisch und Griechisch geht. Janos Sajnovics stellte in seiner fast vergessenen, 1770 erschienenen Abhandlung »Nachweis, dass die Sprache der Ungarn und Lappen die gleiche ist« erstmals systematische Untersuchungen zur Verwandtschaft verschiedener Sprachen an, und dabei gelangte er zu der im Titel angegebenen Schlussfolgerung. Heute wissen wir, dass das Ungarische und die Sprache der Lappen zu einer als Uralisch bezeichneten *Sprachfamilie* gehören, die auch abgelegene Sprachen wie Khanty, Nenets und Nganasan umfasst. Dieser entfernteren Verwandtschaftsbeziehungen war Sajnovics sich jedoch nicht bewusst. Er erkannte zwar wie viele andere Gelehrte die Ähnlichkeiten zwischen verschiedenen Sprachen, konnte aber nicht erklären, wie sie zustande kamen.

Eine erste Erklärung für die Übereinstimmungen zwischen den Sprachen einer Familie fand man wenige Jahre nach Sajnovics' Studie. Sir William Jones, damals Richter in Indien, stellte 1786 in einem Vortrag vor der Royal Asiatic Society fest, das Sanskrit (die Religionssprache des Hinduismus) habe mit dem Griechischen und Lateinischen »sowohl in den Wurzeln der Verben als auch in den Formen der Grammatik größere Ähnlichkeit, als es allein durch Zufall möglich wäre«. Die

Übereinstimmung sei so groß, dass die Sprachen »aus einer gemeinsamen Quelle entsprungen« sein müssten. Diese letzte Aussage wurde zu seiner bleibenden Erkenntnis, denn sie legte nahe, dass es einen Mechanismus für die Entstehung sprachlicher Vielfalt geben muss. Sprachen, so seine Aussage, wandeln sich, und wenn es zwischen mehreren Sprachen ausreichend große, tief greifende Ähnlichkeiten gibt, müssen sie auf einen gemeinsamen Vorfahren zurückgehen und sich später auseinander entwickelt haben. Die Entstehung der Sprachenvielfalt wurde mit Evolution erklärt, und das 60 Jahre vor Darwin.

Die von Jones beschriebenen Sprachen gehören alle zu einer Gruppe, die später nach ihrer geographischen Zuordnung als indoeuropäische Sprachfamilie bezeichnet wurde. Sie umfasst 140 Einzelsprachen, von jenen im keltischen Zweig, die im äußersten Nordwesten Europa gesprochen werden (zwei Beispiele sind das Gälische und das Bretonische) bis zum Singhalesischen in Sri Lanka. Das Englische gehört zum germanischen Zweig der indoeuropäischen Familie, hat aber im Laufe seiner komplizierten Geschichte viele Wörter aus dem Französischen übernommen. Es handelt sich eindeutig um eine weit verbreitete, vielgestaltige Sprachgruppe.

Heute ist Jones' Hypothese, wonach sich alle indoeuropäischen Sprachen auf einen gemeinsamen Vorfahren zurückführen lassen, unter den Linguisten allgemein anerkannt. Das Indoeuropäische ist sogar eine der wenigen Sprachfamilien, die als gesichert gelten. Nach dem dahinter stehenden »genetischen« Modell der Sprachenklassifikation gab es irgendwann in der Vergangenheit eine Menschengruppe, die eine Urform des Indoeuropäischen sprach, und aus ihr entwickelten sich später die heutigen Sprachen. Wie in unseren Suppenrezepten, so entstanden auch hier durch Hinzufügen und Abwandlung von Zutaten lokale Varianten, aus denen schließlich eigene Sprachen wurden. Die Parallele zur Evolution der DNA liegt auf der Hand. Aber kann man mit genetischen Methoden etwas über die Sprachenvielfalt in Erfahrung bringen – und die heutige Verteilung der Sprachen auf der Erde erklären?

Der Sprachwandel und insbesondere seine Überschneidung mit genetischen Verteilungsmustern war für Luca Cavalli-Sforza immer ein Interessenschwerpunkt. Statt vage Vergleiche zwischen linguistischer und genetischer Vielfalt anzustellen, entschloss er sich 1988, die Hypothese unmittelbar zu überprüfen – ganz ähnlich wie Dick Lewontin es mit den genetischen Befunden aus verschiedenen Rassen getan hatte. Mit seinen Kollegen analysierte er genetische Daten von 42 Bevölkerungsgruppen aus der ganzen Welt, und dann zeichnete er unter dem Gesichtspunkt möglichst geringer Unterschiede in der Markerhäufigkeit einen Stammbaum. Dieses Diagramm – das eigentlich ein Stammbaum der Bevölkerungsgruppen war – stimmte sehr gut mit den bekannten Sprachverwandtschaften überein. So fanden sich beispielsweise Gruppen, die indoeuropäische Sprachen sprechen, in einem Ast des genetischen Stammbaumes wieder, die Sprecher der afrikanischen Bantusprachen in einem anderen. Allerdings gab es auch offenkundige Unstimmigkeiten, beispielsweise die tief greifende Trennung zwischen Nord- und Südchinesen (die vermutlich durch die in Kapitel 6 erörterten frühen Wanderungsbewegungen entstanden ist), aber im Großen und Ganzen schienen die genetischen und linguistischen Gruppen sich stark zu ähneln. Dies ließ darauf schließen, dass man Ursprung und Verbreitung von Sprachen mithilfe genetischer Daten untersuchen kann.

Allerdings äußern Cavalli-Sforza und seine Kollegen in ihrer Untersuchung zwei Einschränkungen. Erstens sind die von ihnen untersuchten genetischen Marker nicht die *Ursache* für die Verteilung der Sprachvielfalt – es gab kein Bantu-Gen, das seine hilflosen Träger gezwungen hätte, diese Sprachen zu sprechen. In den ähnlichen genetischen Markern spiegelt sich vielmehr die gemeinsame Vergangenheit der Menschen wider, die diese Sprache benutzen – sie sind also Kennzeichen der Abstammung. Und zweitens stimmen die von Genen und Sprachen nahe gelegten Verwandtschaftsbeziehungen in vielen Fällen nicht überein, das heißt, es besteht keine vollständige Entsprechung. Die Gründe dafür dürften in der Sprachverdrängung zu suchen sein, bei der Menschen ohne entsprechenden äußeren Zustrom von Genen eine neue Sprache erlernen, oder auch in der Verdrängung von Genen, das heißt, es kam zu einem Zustrom neuer Gene, während die Sprache gleich blieb. Das erste Prinzip erklärt den Unterschied zwischen nördlichen und südlichen Han-Chinesen, das zweite ist möglicherweise die Ursache der großen genetischen Ähnlichkeit zwischen linguistisch überhaupt nicht verwandten Gruppen, beispielsweise den eng benachbarten amerikanischen Ureinwohnern, von denen manche Na-Dene, andere aber Amerindisch sprechen. Mit anderen Worten: Gene können (müssen aber nicht) ein Kennzeichen für linguistische Verwandtschaft sein. Für die Verwandtschaftsbeziehungen der Sprachen sind sie von Interesse, weil sie deutlich machen, auf welchen Wegen sich diese ausgebreitet haben.

Auf der Suche nach der Heimat

Wenn wir davon ausgehen, dass William Jones Recht hatte und dass alle indoeuropäischen Sprachen aus einer gemeinsamen Quelle stammen, muss es irgendwann in der Vergangenheit eine einzige Menschengruppe gegeben haben, in der diese Urform des Indoeuropäischen gesprochen wurde. Die Suche nach den ersten Indoeuropäern und ihrer geographischen Lokalisierung war in den letzten 200 Jahren ein wichtiges Thema archäologischer und linguistischer Forschung. Sie ist zu einer Art Rätsel geworden – und wie alle guten Rätsel hat sie ihre besonderen Tücken. Die Bestrebungen, den Wust widersprüchlicher Indizien rund um die Lage der indoeuropäischen »Heimat« zu entwirren, wurden zum Musterbeispiel für eine besonders spannende neue Anwendungsform der Genetik bei der Aufklärung der Menschheitsgeschichte.

Gordon Childe, der den Begriff »neolithische Revolution« prägte, äußerte in den zwanziger Jahren des 20. Jahrhunderts die Vermutung, der Ursprung der Indoeuropäer müsse in einer Kultur liegen, die ursprünglich nördlich des Schwarzen Meeres zu Hause war und eine charakteristische »Schnurkeramik« herstellte – mit Verzierungen, die den Abdrücken von Fäden oder Schnüren ähnelten. Diese Theorie wurde in den siebziger Jahren durch die Archäologin Marija Gimbutas in einer Reihe von Fachaufsätzen wieder belebt. Nach Gimbutas' Ansicht kennzeichnen die Hinterlassenschaften nomadischer Reitervölker, die vor rund 6000 Jahren in den russischen Steppen lebten, die ältesten Spuren einer Kultur, die man als protoindoeuropäisch (PIE) bezeichnen kann und zu der auch Childes Schnurkeramik-Hersteller gehören. Die Kurgan-Kultur, wie Gimbutas sie nannte, hinterließ riesige, als Kurgans bezeichnete Grabhügel, die noch heute über die gesamte eurasische Steppe von der Ukraine bis in die Mongolei und den Süden Afghanistans verteilt sind. Die Goldschätze, die man im 20. Jahrhundert bei Ausgrabungen aus den Kurgans bergen konnte, bestätigten die Existenz eines Volkes, das Herodot als Skythen bezeichnet hatte – Furcht erregende Reiter aus den Graslandschaften Asiens, die früher viele Fachleute für einen Mythos gehalten hatten.

Die Vorstellung, dass die Kurgan-Völker PIE sprachen, stützt sich auf die Analyse von Wörtern, die allen indoeuropäischen Sprachen gemeinsam sind. Wenn man nachweisen kann, dass solche Wörter jeweils auf eine gemeinsame Wurzel zurückgehen, ist es wahrscheinlich (allerdings nicht sicher), dass sie von den gemeinsamen Vorläufersprachen übernommen wurden. Zu dem englischen Wort *ox* (*Ochse*) gibt es beispielsweise Entsprechungen in dem Sanskrit-Wort *uksan* und dem Wort *okso* im Tocharischen (einer frühen indoeuropäischen Sprache, die im Westen Chinas gesprochen wurde). Auch viele Namen von Tieren und Pflanzen sind den indoeuropäischen Sprachen gemeinsam, aber auch solche für Werkzeuge und Waffen. Am interessantesten ist vielleicht, dass alle Sprachen über den gleichen, umfangreichen Wortschatz für Pferde und Fahrzeuge mit Rädern verfügen, was darauf schließen lässt, dass die PIE-sprechenden Menschen das Pferd als Zugtier domestiziert hatten. In Verbindung mit den archäologischen Indizien, wonach das Pferd im Süden der russischen Städte zum Haustier geworden war, legt dies die Vermutung nahe, dass die Kurgan-Erbauer auch diejenigen waren, die PIE sprachen.

Während nun also überzeugende Anhaltspunkte dafür sprachen, dass die Kurgan-Menschen auch die Ur-Indoeuropäer waren, gab es keine archäologischen Belege dafür, dass ihre Kultur sich nach Westeuropa verbreitete. Diese Kultur, in der Pferde die Hauptrolle spielten, passte ideal zum Leben in der Steppe, eignete sich aber nicht für die Wälder und Gebirge Europas. Wie Reitervölker aus den Graslandschaften in der Lage sein sollten, Europa zu erobern und seinen Bewohnern ihre Sprache aufzuzwingen, war nicht zu erkennen. Deshalb vertrat Colin Renfrew in seinem 1987 erschienenen Buch *Archeology and Language* die Ansicht, die Kurgan-Kultur kennzeichne nicht den Ursprung des Indoeuropäischen, sondern sei vielmehr eine spätere, östliche Erweiterung. Nach seiner Auffassung war das PIE eine Sprache des Nahen Ostens, die erstmals vor rund 9000 Jahren gesprochen wurde und sich mit der Welle des landwirtschaftlichen Fortschritts nach Europa verbreitete. Als Heimat des Indoeuropäischen nannte er Anatolien, das ungefähr in der Mitte des heutigen Verbreitungsgebietes indoeuropäischer Sprachen liegt und in dem auch mehrere ausgestorbene Sprachen dieser Gruppe zu Hause sind.

Nach Renfrews Hypothese nahmen die ersten Bauern ihre Sprache – das PIE – mit, als sich ihre Bevölkerung vermehrte; demnach müsste die sprachliche Durchdringung Europas auch mit einer genetischen Welle verbunden sein. Es war ein kühner Vorschlag, der anfangs unter Sprachforschern kaum Unterstützung fand. Wie wir bereits erfahren haben, trug die Welle des Fortschritts in Wirklichkeit nur wenig zum Genbestand der heutigen Europäer bei, und ihr Einfluss beschränkt sich anscheinend im Wesentlichen auf das Mittelmeergebiet. Menschen, die in Irland leben und indoeuropäisch sprechen, besitzen beispielsweise in ihren Y-Chromosomen praktisch keine neolithischen Marker, bei Griechen dagegen findet man einen erheblichen neolithischen Anteil. Wenn sich also die indoeuropäischen Sprachen zusammen mit der Landwirtschaft über Europa verbreiteten, muss man davon ausgehen, dass dies im Wesentlichen ohne die Ausbreitung der Bauern geschah – und damit verliert Refrews Argumentation viel von ihrer Stichhaltigkeit.

Wie der Name schon sagt, sind indoeuropäische Sprachen natürlich nicht nur in Europa zu Hause. Auch die heutigen Bewohner des Iran, Afghanistans und des indischen Subkontinents sprechen in ihrer Mehrheit Indoeuropäisch. Wie kommt es, dass sie Sprachen benutzen, die dem viele tausend Kilometer entfernten irischen Gälisch ähneln? Auch dazu gibt es mehrere Hypothesen. Nach der ersten, die von Childe, Gimbutas und anderen vertreten wird, drangen die Reitervölker um 1500 v. Chr. aus den Steppen Zentralasiens nach Indien vor und brachten dabei ihre Sprache mit. Das *Rig Veda*, ein früherer religiöser Text aus Indien, berichtet über die Eroberung des Subkontinents durch berittene Krieger aus dem Norden. Neue Nahrung erhielt diese Theorie in den zwanziger Jahren des 20. Jahrhunderts, als Sir John Marshall und seine Kollegen die Fundstätten Mohenjo Darao und Harappa im Industal ausgruben. Die beiden großen Städte stammen aus der Zeit um 3500 v. Chr., und im zweiten Jahrtausend v. Chr. waren sie große Siedlungen mit mehreren tausend Häusern, umfangreicher Landwirtschaft und einer riesigen Bevölkerungszahl. Mitte des zweiten Jahrtausends v. Chr. setzte dann eine Phase des Niedergangs ein, und um 1000 n. Chr. war die Kultur von Harappa verschwunden; ihre Städte waren verlassen. Wie kam es zu diesem kulturellen Zusammenbruch? Nach Ansicht der Archäologen fiel er genau mit der Invasion der arischen Steppenvölker zusammen. Die Archäologie sprach offensichtlich für Childes Argumentation und bestätigte das *Rig Veda*.

Neueren Forschungsergebnissen zufolge hatte der Zusammenbruch der Harappa-Zivilisation vermutlich innere Gründe. Vielleicht veränderte ein Fluss seinen Lauf, oder ein gesellschaftlicher Verfall hatte eingesetzt (man denke nur an die Römer 2000 Jahre später). Was auch der Grund gewesen sein mag: Die arischen Invasoren waren nicht zwangsläufig die übermächtigen Eroberer, für die Archäologen früherer Zeiten sie gehalten hatten. Im Gefolge dieser neuen Deutung schlug Renfrew zwei Wege vor, auf denen die indoeuropäischen Sprachen nach Indien gelangt sein könnten.

Nach der ersten Theorie kam es im frühen Neolithikum zu einer Einwanderung aus dem Nahen Osten, wobei die Siedler ihre PIE-Sprache mitbrachten. Danach waren die Menschen von Harappa bereits Indoeuropäer, und man braucht keine arische Invasion zu unterstellen, um die Verteilung der Sprachen in Indien zu erklären. Die zweite Theorie schenkt dem *Rig Veda* mehr Glauben und besagt, dass Indoeuropäisch sprechende Nomaden – und zwar nur relativ wenige Individuen – aus Zentralasien in die Indusregion eindrangen. Diese zwangen dem Subkontinent demnach zwar ihre Sprache und Kultur auf, hatten aber ansonsten auf die Bevölkerung relativ wenig Einfluss. In beiden Fällen sollte man in der genetischen Zusammensetzung der indischen Bevölkerung nur einen relativ kleinen Beitrag der Steppenbewohner aus dem Norden finden.

Überprüfen konnte man die Hypothesen von Childe-Gimbutas und Renfrew erst nach der Entdeckung von Markern, die eine Unterscheidung zwischen den Populationen aus der Steppe und dem ursprünglich indischen Genbestand ermöglichten. Wie wir in Kapitel 6 erfahren haben, definiert M20 die erste große Einwanderungswelle, die sich vor rund 30 000 Jahren aus dem Nahen Osten nach Indien bewegte. Er findet sich mit der größten Häufigkeit in den Bevölkerungsgruppen Südindiens, die sich der drawidischen Sprachen bedienen – einer Sprachfamilie, die mit dem Indoeuropäischen überhaupt nicht verwandt ist. In manchen Populationen des Südens erreicht M20 eine Häufigkeit von über 50 Prozent, außerhalb Indiens dagegen kommt dieser Marker nur sehr vereinzelt vor. In unserem Zusammenhang können wir ihn also als einen ursprünglich indischen Marker betrachten. Nun brauchte man noch einen Marker für die Steppenvölker, damit man genauer analysieren konnte, welchen Beitrag sie zur heutigen genetische Vielfalt Indiens geleistet haben.

Auch er wurde schließlich entdeckt: Der Marker M17 kommt in hoher Häufigkeit (40 Prozent oder mehr) von der Tschechischen Republik über das Altai-Gebirge in Sibirien bis ins südliche Zentralasien vor. Sein Alter wurde mit Methoden zur absoluten Datierung auf 10 000 bis 15 000 Jahre bestimmt, und die Vielfalt der Mikrosatelliten ist im Süden Russlands sowie in der Ukraine am größten, was darauf schließen lässt, dass er dort entstand. M17 ist ein Abkömmling von M173, was für einen europäischen Ursprung spricht. Entstehungsort, Verteilung und Alter von M17 legen den starken Verdacht nahe, dass er sich mit den Kurgan-Völkern über die Steppen Eurasiens verbreitete. Um unser Rätsel der Sprachenverteilung zu lösen, müssen wir untersuchen, wie er in Indien und im Nahen Osten aussieht.

Die Antwort lautet: In Indien kommt M17 mit der größten Häufigkeit in denjenigen Gruppen vor, die indoeuropäische

Sprachen sprechen. In der Hindi-sprechenden Bevölkerung von Delhi zum Beispiel tragen ihn 35 Prozent aller Männer. Eine ähnliche Frequenz findet man auch bei Gruppen aus dem Süden, die sich indoeuropäischer Sprachen bedienen, die benachbarten Gruppen mit drawidischen Sprachen dagegen besitzen ihn in weit geringerer Häufigkeit – zehn Prozent oder weniger. Man kann also mit gutem Grund davon ausgehen, dass M17 ein indoeuropäischer Marker ist; er zeigt, dass innerhalb der letzten 10 000 Jahre ein starker genetischer Zufluss aus den Steppen nach Indien stattfand. Vor dem Hintergrund der archäologischen Befunde kann man also behaupten, dass die alte Hypothese einer Invasion aus der Steppe zu stimmen scheint.

Und wie steht es mit dem Nahen Osten? Interessanterweise kommt M17 dort nicht besonders häufig vor – er ist nur bei fünf bis zehn Prozent der Männer vorhanden. Das gilt auch für die Bevölkerung des Irans, die Farsi spricht, eine wichtige indoeuropäische Sprache. Im Westteil des Landes beobachtet man nur eine geringe Häufigkeit von M17, weiter im Osten ist sie höher und ähnelt eher der in Indien. Zwischen den beiden Regionen liegt, wie wir in Kapitel 6 erfahren haben, ein unwirtliches Wüstengebiet. Die Befunde lassen darauf schließen, dass die großen Wüsten im Iran für die Wanderung der Indoeuropäer eine wichtige Barriere darstellten, ganz ähnlich wie zuvor im oberen Päläolithikum.

Die Untersuchungen an den Y-Chromosomen aus dem Iran und dem Nahen Osten legten außerdem die Vermutung nahe, dass die Bauern aus dem Nahen Osten nicht für die Verbreitung der indoeuropäischen Sprachen nach Osten sorgten, als sie ins Industal einwanderten. Der Marker M172, der mit der Ausbreitung der Landwirtschaft assoziiert ist, kommt überall in Indien vor – was für eine frühzeitige Einführung aus dem Nahen Osten spricht, die wahrscheinlich während des Neolithikums stattfand. Seine Häufigkeit ist aber in Gruppen mit indoeuropäischen und drawidischen Sprachen ähnlich hoch, was vermuten lässt, dass die Landwirtschaft früher eingeführt wurde als die indoeuropäischen Sprachen. Was das tatsächliche Verhalten angeht, lernten also offenbar viele indische Nachkommen der neolithischen Bauern die indoeuropäischen Sprachen, aber nur viel weniger Sprecher des Indoeuropäischen, die M17 trugen, gaben ihre Sprache zu Gunsten des Drawidischen auf.

Die geringe Häufigkeit von M17 im westlichen Iran lässt darauf schließen, dass sich in diesem Fall genau das abgespielt hat, was Renfrew in seinem zweiten Szenario vermutet hatte. Vermutlich konnte eine geringe Zahl indoeuropäisch sprechender Zuwanderer der einheimischen Bevölkerung des Iran ihre Sprache aufzwingen, ein Vorgang, den Renfrew als *Elitedominanz* bezeichnet. Nach dieser Vorstellung verschaffte irgendetwas – militärische Macht, wirtschaftliche Leistungsfähigkeit oder vielleicht auch besseres Organisationstalent – den Indoeuropäern aus der Steppe die kulturelle Vorherrschaft über die frühere, alteingesessene Zivilisation im westlichen Iran. Bei diesem »Etwas« könnte es sich um den Einsatz von Pferden – entweder zum Ziehen von Wagen oder als Reittiere – in der Kriegsführung gehandelt haben. Berittene Truppen und Streitwagen, beides Erfindungen aus der Steppe, verschafften den ersten indoeuropäischen Nomaden eine klare Überlegenheit gegenüber der Infanterie ihrer Gegner. Der Einsatz von Pferden sollte während der folgenden drei Jahrtausende ein wichtiger technologischer Vorteil bei der Kriegsführung sein. Dass er den Menschen aus der eurasischen Steppe von großem Nutzen war, kann man sich ohne weiteres vorstellen.

Während also stichhaltige genetische und archäologische Indizien für eine Wanderung der Indoeuropäer sprechen, die von der südrussischen Steppe ausging, lässt sich eine ähnlich umfangreiche Wanderung der Indoeuropäer vom Nahen

Osten nach Europa nicht belegen. Da diese Wanderung möglicherweise viel früher stattfand (nicht vor 4000, sondern vor 8000 Jahren), wäre es denkbar, dass sich die genetischen Signale der Bauern, die sich indoeuropäischer Sprachen bedienten, im Laufe der Zeit einfach weiter zerstreuten. *Gewisse* genetische Belege für eine Einwanderung aus dem Nahen Osten gibt es durchaus – das konnten Cavalli-Sforza und seine Kollegen nachweisen; das Signal ist aber nicht so stark, dass wir mit seiner Hilfe die Verteilung der neolithischen Abstammungslinien durch das ganze Indoeuropäisch-sprechende Europa verfolgen könnten. Nach Cavalli-Sforzas Vermutung könnten Menschen aus dem Nahen Osten, die ein Vor-PIE sprachen, im Neolithikum aus dem Nahen Osten nach Europa eingewandert sein und ihre Sprache mitgebracht haben, aus der später das PIE wurde. Gegen dieses Modell spricht nichts, es wird aber durch die genetischen Verteilungsmuster auch nicht eindeutig bestätigt.

Eine andere Möglichkeit ergibt sich aus der Verteilung und den Verwandtschaftsbeziehungen ausgestorbener Sprachen im Nahen Osten und Europa. Wäre es denkbar, dass die ersten Bauern kein Indoeuropäisch sprachen, sondern eine völlig andere Sprache? Das Baskische, das im Nordosten Spaniens gesprochen wird, ist mit keiner anderen Sprache der Erde verwandt. Jared Diamond äußerte in seinem Buch *Der dritte Schimpanse* die Vermutung, es könne ein Überbleibsel der sich aus dem Nahen Osten nähernden Welle des landwirtschaftlichen Fortschritts sein. Interessanterweise vertreten einige Sprachforscher die Ansicht, das Baskische sei mit manchen Sprachen aus dem Kaukasus verwandt, andere erkennen Ähnlichkeiten zum Burushaski, einer isolierten Sprache, die in einer abgelegenen Region Pakistans gesprochen wird. Auch überall im Mittelmeerraum gab es Sprachen, die heute ausgestorben sind, so im Südosten Spaniens (Tartessisch und Iberisch), in Italien (Etruskisch und Lemnisch) sowie in Sardinien (wo viele Ortsnamen nichteuropäischen Ursprungs sind). Auch zahlreiche Ortsnamen in Südfrankreich lassen vermuten, dass das Baskische früher viel weiter verbreitet war als heute, und griechische Ortsnamen weisen ebenfalls auf vor-indoeuropäische Elemente hin. Insgesamt gibt es plausible Anhaltspunkte für eine »mediterrane« Gruppe vor-indoeuropäischer Sprachen, die später durch die Ausbreitung von Griechisch und Latein verdrängt wurden.

Nimmt man solche Überlegungen ernst, gab es früher eine ganze Reihe von Sprachen, die rund um das Mittelmeer, im Nahen Osten und bis nach Pakistan weit verbreitet waren. Genau dieses Gebiet wurde im Neolithikum vor 10 000 bis 7000 Jahren von Bauern besiedelt. Es wäre denkbar, dass diese Bauern mit dem Wachstum ihrer Bevölkerungszahl auch die »mediterranen« Sprachen verbreiteten. Die paläolithische Bevölkerung Europas nahm Sprache und Kultur der Bauern an, auch wenn es (wie im Fall der Basken) kaum genetischen Zufluss gab. Mit der Einführung der Landwirtschaft in den Flusstälern Zentralasiens und Pakistans verbreiteten sich diese Sprachen auch nach Osten. Durch spätere Wanderungsbewegungen – in Pakistan die der Sprecher drawidischer und indoeuropäischer Sprachen, in Europa der Indoeuropäer – wurden die mediterranen Sprachen dann in die isolierten Gebiete abgedrängt, in denen sie heute noch existieren.

Natürlich ist dieses Szenario reine Spekulation, es stellt aber eine plausible Alternative zu Renfrews indoeuropäischen Bauern und Cavalli-Sforzas Vor-PIE-Bauern dar. Außerdem sind auch in den genetischen Befunden einige Zusammenhänge zu erkennen: In den meisten erwähnten Gebieten vom Mittelmeer über den Kaukasus bis nach Pakistan kommt M172, unser neolithischer Standardmarker, in beträchtlicher Häufigkeit vor. Das gilt insbesondere für den Kaukasus, wo M172 in manchen Bevölkerungsgruppen bei über 90 Prozent der Männer vorhanden ist. Die allgemein enge genetische Verwandtschaft zwischen den Populationen im Kaukasus und im Nahen Osten lässt darauf schließen, dass es im Neolithikum zu einem erheblichen Zustrom von Menschen kam, und diese könnten Sprachen, die dem Sumerischen ähnelten, in die Region mitgebracht haben. Dieses Szenario geht natürlich von der bestenfalls vorläufigen Annahme aus, dass zwischen allen mediterranen Sprachen eine Verwandtschaft besteht. Manche Sprachforscher haben tatsächlich Belege für eine solche Sprachen-»Überfamilie« gefunden, in der sich gemeinsame »Tiefenstrukturen« scheinbar nicht verwandter Sprachen offenbaren. Die Suche nach solchen Überfamilien ist unser nächstes Thema.

Das große Bild

Zur Zeit von Charles Darwin waren die heutigen Methoden der Sprachklassifikation noch nicht vollständig entwickelt. Dennoch bemerkte auch er bereits die Ähnlichkeit zwischen den Einteilungsschemata, die sich auf stammesgeschichtliche Verwandtschaft und Sprachforschung stützen. In *Die Entstehung der Arten* schreibt er: »Wenn wir einen vollständigen Stammbaum des Menschen besäßen, so würde eine genealogische Anordnung der Menschenrassen die beste Klassifikation aller jetzt auf der ganzen Erde gesprochenen Sprachen abgeben.« Als Cavalli-Sforza 1988 den Vergleich zwischen genetischen und linguistischen Verwandtschaftsverhältnissen in Angriff nahm, wusste er nach eigener Aussage nichts von Darwins Hypothese, aber später machte ihn ein Kollege, der sich mit Wissenschaftsgeschichte beschäftigte, darauf aufmerksam. Vielleicht ist die Vorstellung, dass Sprachen die Beziehungen zwischen Bevölkerungsgruppen nachvollziehen, kein allzu großer Gedankensprung. Immerhin »erben« wir unsere Sprache von den Eltern, und deshalb sollte sie zumindest im Zeitraum der jüngeren Vergangenheit ein guter Stellvertreter für die Gene sein. Aber wie sieht es aus, wenn wir weiter zurückblicken? Gibt es zwischen den Sprachen eine tiefer liegende Verwandtschaft, die sie zu größeren Gruppen vereinigt? Und die vielleicht wichtigste Frage: Gibt es eine linguistische Entsprechung zu unseren genetischen Ureltern Adam und Eva?

Nach Ansicht von Joseph Greenberg, der uns in Kapitel 7 bereits begegnet ist, hat es solche tieferen Verwandtschaftsbeziehungen tatsächlich gegeben. Er machte sich auf dem Gebiet der Sprachklassifikation einen Namen, indem er die vielen hundert afrikanischen Sprachen zu vier Familien zusammenfasste, die er 1963 in seinem Buch *The Languages of Africa* beschrieb. Diese ersten Versuche einer Klassifikation höherer Ordnung wurden in der Gemeinde der Sprachforscher allgemein wohl wollend aufgenommen, und das ermutigte Greenberg, versuchsweise auch bei anderen Sprachen, insbesondere denen Eurasiens, nach tiefer gehenden Verwandtschaftsbeziehungen zu suchen.

Nach Greenbergs Befunden haben viele Sprachen, darunter auch die der indoeuropäischen Familie, gewisse gemeinsame Strukturelemente, die zu auffällig sind, als dass sie allein durch Zufall entstanden sein könnten. Die Einzelheiten (zum Beispiel die Frage, bei wie vielen Substantiven die Pluralform durch Anfügen eines *-k* oder *-t* gebildet wird) mögen dem Laien bedeutungslos erscheinen, in den Augen vieler Linguisten sind sie aber sehr aussagekräftig. Merritt Ruhlen beschreibt in seinem Buch *The Origin of Language* zahlreiche Ähnlichkeiten in Greenbergs so genannter eurasiatischer Familie, die manche Experten auch als Nostratisch bezeichnen.

Im Zusammenhang mit dieser Sprachgruppe stellt sich natürlich sofort die Frage, ob es für sie wie für das Indoeuropäische auch archäologische oder genetische Belege gibt. Leider sieht es nicht danach aus. Unter anderem stellt sich das Problem, dass die fraglichen Sprachen sich über sehr weite

Gebiete Eurasiens und eine entsprechend große Zahl unterschiedlicher Bevölkerungsgruppen verteilen. Dies dürfte an dem hohen Alter der Sprachfamilie liegen, das auf über 20000 Jahre geschätzt wird. Zwischen derart alten, weit verstreuten Gruppen kann man bestenfalls vage Zusammenhänge herstellen, und der einzige nahe liegende Marker auf dem Y-Chromosom wäre M9. Dieser findet sich aber auch in der anderen eurasischen Sprachen-Überfamilie, die als Dene-Kaukasisch bezeichnet wird.

Die erste Gruppe in dieser Familie ist die der amerikanischen Na-Dene-Sprachen (beispielsweise das Navajo) und des Sino-Tibetanischen in China und Tibet. Dass die beiden Sprachfamilien verwandt sind, erkennen mittlerweile viele Sprachforscher an, aber entferntere Verwandtschaftsverhältnisse sind stärker umstritten. Wie der Name schon sagt, gehören zum Dene-Kaukasischen nämlich auch Sprachen aus dem Kaukasus sowie Baskisch und Burushaski. Im großen Zusammenhang betrachtet, werden Dene-Kaukasische Sprachen also von den Pyrenäen bis zu den Rocky Mountains gesprochen, und ihre kleinen Gebiete sind über ganz Eurasien verteilt – eine wahrhaft verstreute Gruppe! Unter anderem aus diesem Grund unterscheidet der amerikanische Linguist John Bengtson innerhalb des Dene-Kaukasischen eine Untergruppe mit Baskisch, Kaukasisch, Burushaski und dem ausgestorbenen Sumerisch. Auffällig ist dabei die starke Überschneidung mit unserer »mediterranen« Familie, und bei der gibt es (wie wir bereits erfahren haben) genetische Indizien für die Ausbreitung während der letzten 10000 Jahre, vielleicht im Zusammenhang mit der Landwirtschaft. Besonders aufschlussreich ist die Einordnung des Sumerischen, denn diese Sprache – die in einer der ersten Hochkulturen Mesopotamiens gesprochen wurde – hat geographische und kulturelle Verbindungen zur allerersten Anfangszeit der Landwirtschaft im fruchtbaren Halbmond.

Die genetischen Befunde sprechen zwar eindeutig für eine Verbindung zwischen den Bevölkerungsgruppen, die im Westen verschiedene Sprachen der Dene-Kaukasischen Familie sprechen, aber zwischen ihnen und den Sprachen im Osten ist kein klarer Zusammenhang nachzuweisen. Dafür besteht zwischen diesen Sprachen aus den Familien des Sino-Tibetanischen und Na-Dene eine eigene genetische Beziehung in Form des Markers M130, der uns im Zusammenhang mit der Wanderung entlang der Küste nach Australien zum ersten Mal begegnet ist. Wie wir im letzten Kapitel erfahren haben, kommt M130 auch in China und anderen Teilen Ostasiens vor, wohin er sich von Südostasien aus verbreitete. Interessanterweise existiert derselbe Marker auch in nordamerikanischen Bevölkerungsgruppen, die Na-Dene sprechen. In Südamerika dagegen findet man ihn ebenso wenig wie die Na-Dene-Sprachen selbst. Dies lässt auf eine besondere genetische Verbindung zwischen den Bewohnern Ostasiens und einigen Stämmen der nordamerikanischen Ureinwohner schließen. Die Ursache ist wahrscheinlich eine zweite Welle der Einwanderung nach Nordamerika vor 5000 bis 10 000 Jahren. Hier unterstreicht die Genetik also eine linguistische Verwandtschaft und liefert ein ungefähres Datum für die Aufspaltung.

Nachdem man gemeinsame Merkmale bei Sprachen nachgewiesen hatte, die Zehntausende von Jahren getrennt sind, begaben sich manche Linguisten noch weiter in die hintersten Winkel der Sprachgeschichte und suchten nach der tiefsten Verwandtschaft überhaupt – nach dem gemeinsamen Ursprung aller Sprachen. Nach Ansicht von Merritt Ruhlen, der zu den hartnäckigsten Vertretern dieser Forschungsrichtung gehört, kennzeichnet die Na-Dene-Familie die erste Ausbreitung der Jetztmenschen außerhalb Afrikas, und die eurasiatische Familie gehört zu einer späteren Verbreitungswelle, die vom Nahen Osten ausging. Wie bereits erwähnt, wird diese Vorstellung nicht durch eindeutige genetische Daten gestützt.

Es wäre denkbar, dass die Sprachfamilien sich teilweise durch kulturelle Weitergabe verbreiteten, ohne gut definierte genetische Spuren zu hinterlassen – Derartiges beobachtet man beispielsweise in einigen Zweigen das Indoeuropäischen. Andererseits könnte man sich auch vorstellen, dass es die eurasiatische und Dene-kaukasische Gruppe in Wirklichkeit gar nicht gibt – möglicherweise sind sie nur zufällige Ansammlungen von Sprachen, die nicht verwandt sind und nur zufällig einige Ähnlichkeiten besitzen. Vielleicht existieren auch Untergruppen, insbesondere diejenigen, für die auch die genetischen Befunde sprechen (wie Sino-Tibetanisch und Na-Dene), während viele andere nicht mit ihnen verwandt sind. Ruhlen hat sicher noch eine Menge Arbeit vor sich.

Wahrscheinlich verlief die Evolution der Sprache auf den gleichen Wegen wie die Wanderungen der Jetztmenschen: Sie verbreiteten sich von einem Ursprungsort in Afrika aus in alle Winkel der Erde. Diese Aussage stützt sich allerdings nur auf indirekte Belege wie die allgemeine Verbreitung von Sprachen in allen Bevölkerungsgruppen der Menschen, die Hochrechnung kurzfristiger sprachlicher Veränderungen in anerkannten Familien wie dem Indoeuropäischen und die mutmaßlich große Bedeutung der Sprache für die Entwicklung unserer heutigen Kultur. Wenn es eine Ursprache der Menschen gab, sind ihre Signale fast vollständig verschwunden, sodass uns heute nur die weltweite babylonische Sprachverwirrung bleibt. Ganz ähnlich wie das Englische, das während der letzten 500 Jahre in zahlreiche immer unterschiedlichere Dialekte zerfiel, spalten sich auch alle anderen Sprachen im Laufe der Zeit weiter auf. Am Ende sind sämtliche Anhaltspunkte für ihren gemeinsamen Ursprung verschwunden. Wie lange das dauert, ist nicht genau geklärt. Nach Ansicht mancher Sprachforscher reichen schon 6000 Jahre aus, Ruhlen und andere behaupten dagegen, manche der von ihnen gefundenen Ähnlichkeiten ließen sich mehr als 20 000 Jahre weit zurückverfolgen. Die Suche nach der Sprache von Adam und Eva verspricht in den nächsten Jahren zu einem umstrittenen, spannenden Thema zu werden, zu dem vermutlich auch die Genetik ein gut Teil beitragen wird.

Ein Vorbehalt

Die Ausbreitung der Sprachen ist ein Sonderfall der Weitergabe oder Veränderung von Kultur. Leider gilt aber heute jeder Versuch, kulturellen Wandel mit der Wanderung von Menschengruppen gleichzusetzen, in manchen Archäologenkreisen als altmodisch. Moderne Archäologen legen das Schwergewicht auf einheimische Ursachen für die Entwicklung kultureller Besonderheiten oder gehen davon aus, dass sie von anderen Kulturen übernommen wurden. Die alte Schule des »Diffusionismus«, die eine Ausweitung bestimmter Kulturen von einem einzigen Ausgangsort nachzeichnen wollte, ist mittlerweile völlig aus der Mode. Die genetischen Befunde zeigen aber, dass sich in einigen Fällen tatsächlich genau das abgespielt hat. Wenn genetische und kulturelle Verteilungsmuster sich wie im Fall der östlichen dene-kaukasischen Sprachen überschneiden, hat wahrscheinlich in früherer Zeit eine Ausbreitung von Menschen stattgefunden, die ihre Kultur mitnahmen. Es ist aber auch durchaus möglich, dass eine Kultur sich ohne nennenswerte Wanderungsbewegung der Menschen ausbreitet. Das geschah wahrscheinlich, als die Landwirtschaft in den Nordwesten Europas vordrang.

Uns Genetikern setzt unser Studienobjekt die Grenzen. Wir beziehen Geschichte, Archäologie und Sprachen zwar in unsere Interpretationen ein, unser einzigartiger Beitrag besteht aber in der Möglichkeit, die Stammesgeschichte – das heißt die tatsächliche biologische Verwandtschaft – nachzuzeichnen. Deshalb finden wir manchmal Belege, die für eine Wanderung der Menschen sprechen wie im Fall von M17 und der Kultur aus der Steppe, in anderen Fällen können wir solche Vorstellungen aber auch widerlegen. Da häufig schriftliche Aufzeichnungen existieren, eignet sich die Sprache gut als kulturelles Studienobjekt. Aber selbst wenn solche Aufzeichnungen fehlen, kann man die Verwandtschaftsbeziehungen zwischen den Sprachen systematisch untersuchen. Bei den meisten kulturellen Vorgängen ist es anders, und das schafft für ihre Interpretation größere Probleme.

Nach einem Rassenbegriff, der bis zur Mitte des 20. Jahrhunderts sehr beliebt war, spiegeln sich in den verschiedenen Hautfarben der Menschen tief greifende biologische Unterschiede wider. Dieses Argument vertrat Carleton Coon, und es diente ihm dazu, die Menschen in getrennte Bevölkerungsgruppen zu unterteilen (wozu er auch die Schädelform und einige weitere Merkmale heranzog). Frühere Einteilungsschemata, darauf wies der Anthropologe Jonathan Marks hin, bezogen auch kulturelle Merkmale in die Rassendefinitionen ein. Linné beispielsweise beschreibt die amerikanische Unterart des *Homo sapiens* unter anderem mit den Worten »eigensinnig, kämpferisch, frei; bemalt sich mit roten Linien«. Dafür gibt es natürlich keine biologische Grundlage – sonst wären alle heute lebenden amerikanischen Ureinwohner aus genetischen Gründen zwanghaft bestrebt, sich das Gesicht zu bemalen. Diese alte Verwechslung von Rasse und Kultur hatte entsetzliche Folgen, die am deutlichsten in der Blütezeit der Eugenik zu Tage traten. Wie wir aber im Zusammenhang mit der Ausbreitung der Sprachen erfahren haben, besteht manchmal tatsächlich ein Zusammenhang zwischen Kultur und Genetik. Die Eugeniker alter Schule hätten darin einen Beleg für eine genetische *Ursache* des kulturellen Merkmals gesehen, aber wie die Forschung der jüngsten Zeit gezeigt hat, ist es in Wirklichkeit vermutlich genau umgekehrt.

Geschlechterpolitik

Das Volk der Karen in Nordthailand und Burma ist vielleicht nicht so bekannt wie seine Nachbarn, die Padaung mit ihren Messingringen zur Halsverlängerung, aber für die Ethnographen ist es mindestens ebenso fesselnd. Der Grund ist ihr Sozialsystem, das dem ansonsten im allergrößten Teil der Erde verbreiteten diametral entgegengesetzt ist. Über 70 Prozent aller Kulturen auf der Welt praktizieren das so genannte patrilokale Verhalten: Männer haben die Geldmittel unter Kontrolle, und Erbschaften – aber auch die Zugehörigkeit zur Gruppe – werden in der männlichen Linie weitergegeben. Heiraten zwei Menschen, lebt die Frau von nun an bei ihrem Mann und nimmt in seiner Familie eine neue Identität an. Auf diese Art des patrilokalen Verhaltens geht auch die europäische Sitte zurück, wonach eine Ehefrau den Namen ihres Mannes übernimmt.

Das patrilokale Verhalten hat unter anderem zur Folge, dass Männer meist an einem Ort bleiben, während Frauen ständig in neue Familien oder Sippen einwandern. Das mag der Intuition widersprechen – streuen nicht gerade Männer ihren Samen viel weiter aus als Frauen? –, aber es ist in den meisten Kulturkreisen die Regel. In der Gesellschaft der Karen ist alles auf den Kopf gestellt. Frauen haben die Kontrolle über das Geld, und die Identität der Gruppe wird durch sie an die Töchter weitergegeben. In den Ehen der Karen zieht der Mann in das Dorf der Frau und kümmert sich dort um ihre Felder. Ihre Gesellschaft ist, so der anthropologische Fachbegriff, matrilokal: Die Frauen bleiben an Ort und Stelle, die Männer wandern. Auf den ersten Blick mögen die Karen als ethnographische Kuriosität erscheinen, sie waren aber von entscheidender Bedeutung für die Aufklärung der Frage, wie sich Kultur auf die genetische Vielfalt der Menschen auswirkt. Wie in einem genau geplanten Experiment stellen sie den sozialen Gegensatz zu der vorherrschenden Gesetzmäßigkeit in den Bevölkerungsgruppen rund um die Erde dar.

Für die meisten Untersuchungen an den Wanderungsbewegungen der Menschen haben wir uns des Y-Chromosoms bedient, weil seine genetischen Abweichungen zwischen einzelnen Bevölkerungsgruppen größere Häufigkeitsunterschiede aufweisen als die meisten anderen Marker. Wie sich in der Analyse von Dick Lewontin gezeigt hat, findet sich die genetische Vielfalt der menschlichen Spezies zum allergrößten Teil innerhalb der Bevölkerungsgruppen, und nur ein kleiner Bruchteil – 10 bis 15 Prozent – ist von einer Gruppe zur anderen unterschiedlich. Beim Y-Chromosom dagegen findet man zwischen den Populationen 30 bis 40 Prozent Unterschiede. Stärkerer genetischer Kontrast führt zu besserem Auflösungsvermögen, und deshalb eignet sich das Y-Chromosom so gut zum Nachzeichnen von Wanderungsbewegungen.

Als man das Y-Chromosom zum ersten Mal im Hinblick auf die Verwandtschaftsbeziehungen zwischen den Bevölkerungsgruppen untersuchte, zeigte sich immer wieder, dass es die Menschen mit einem bestimmten Ort verbindet. Für einige DNA-Polymorphismen gelangte man zu einer unglaublich feinen geographischen Auflösung – es gab sogar Polymorphismen des Y-Chromosoms, die sich auf einzelne Dörfer beschränkten. Stellt man sich die Populationsgenetik als Spiel mit zwanzig Fragen vor, braucht man in den meisten genetischen Systemen, auch in den Blutgruppen und bei der Mitochondrien-DNA, alle zwanzig zum Nachweis eines ganz groben Verteilungsmusters, beispielsweise des Kontinents, von dem das Individuum stammt. Mit dem Y-Chromosom dagegen kann man in der Regel durch wenige Fragen eine Region innerhalb eines Kontinents identifizieren. Man beobachtete also, dass die Abstammungslinien des Y-Chromosoms geographisch lokalisiert waren – sie waren in der Regel ein Zeichen, dass Menschen von einem ganz bestimmten Ort stammten.

Damit stellten sie ein großartiges Hilfsmittel für die Untersuchung von Wanderungsbewegungen dar, aber eine Begründung für das Verteilungsmuster war kaum zu finden.

Im Jahr 1998 schlug Mark Seielstad, der damals als Doktorand bei Luca Cavalli-Sforza und Dick Lewontin arbeitete, in einer Veröffentlichung eine Lösung für das Rätsel des Y-Chromosoms vor. Er hatte Marker auf den Y-Chromosomen in vierzehn Bevölkerungsgruppen aus Afrika untersucht und dabei festgestellt, dass der Anteil der Abweichungen, durch die sich diese Gruppen unterschieden, viel größer war als bei anderen genetischen Markern. In einer Stichprobe aus europäischen Bevölkerungsgruppen nahm der Unterschied zwischen den Populationen in Abhängigkeit von der geographischen Distanz beim Y-Chromosom viel schneller zu als in allen anderen genetischen Systemen wie beispielsweise der Mitochondrien-DNA. Diese unterschiedlichen Verteilungsmuster erklärte Seielstad damit, dass Frauen mobiler sind als Männer und ihre Mitochondrien-Abstammungslinie in den Nachbarpopulationen verbreiten, sodass die mtDNA am Ende relativ gleichmäßig verteilt ist. Die Männer dagegen bleiben an Ort und Stelle – und ihre Y-Chromosomen entwickeln sich in den einzelnen Populationen unabhängig voneinander weiter. Der Befund veranlasste Cavalli-Sforza zu der scherzhaften Bemerkung, Verdi habe Recht gehabt, als er schrieb: *la donna e mobile* (»die Frau ist beweglich«).

Seielstads Aufsatz erregte großes Aufsehen, sogar bei Feministinnen wie Gloria Steinem. Er schien die alte Vorstellung vom unsteten Casanova zu widerlegen, der seinen Samen ausstreut und die Abstammungslinie seines Y-Chromosoms verbreitet. Eines aber bedachten die Feministinnen nicht: Er unterstrich eigentlich die Idee, dass Frauen nur einen kleinen Beitrag zur Identität einer Gruppe leisten. In einer patrilokalen Gesellschaft spielt es kaum eine Rolle, wen man zur Mutter hat – die Bindung an die Familie oder Sippe und auch die

Erbschaft geht ausschließlich vom Vater aus. Seielstad hatte festgestellt, dass die Kultur in unserer Spezies erhebliche Auswirkungen auf das Verteilungsmuster der genetischen Abweichungen hat. Einfache, lokal begrenzte Entscheidungen über Eheschließung und Eigentum, die sich über viele hundert Generationen summieren, haben auf der männlichen und weiblichen Seite zu tief greifenden Unterschieden in der Verteilung genetischer Varianten geführt. Klare Belege für diese Gesetzmäßigkeit sind bei den Kasten der Hindus zu erkennen: Hier sind die Kastenunterschiede beim Y-Chromosom viel größer als bei der mtDNA, was darauf schließen lässt, dass Frauen von einer Kaste in die andere wechseln konnten, während die Männer in der ihren gefangen waren.

Um diese Theorie stichhaltig zu begründen, darauf wies Seielstad ausdrücklich hin, musste man das Verteilungsmuster der Variationen in matrilokalen Gesellschaften untersuchen. Der Voraussage zufolge müssten sich dort größere Unterschiede in der mtDNA zeigen, während die Abstammungslinien des Y-Chromosoms zur Vereinheitlichung neigten. Im Jahr 2001 war es so weit: Mark Stoneking und seine Kollegen veröffentlichten eine Studie an den Karen und verschiedenen patrilokalen Stämmen aus der gleichen Region Thailands. Sie fanden das Verteilungsmuster, das Seielstad vorausgesagt hatte: Die Vielfalt des Y-Chromosoms war bei den Karen größer. Damit hatten die Wissenschaftler stichhaltig nachgewiesen, dass das patrolikale Verhalten der Grund war, warum man in den meisten Kulturkreisen der Menschen eine geographische Häufung der Variationen im Y-Chromosom findet.

Diese Erkenntnis trug zwar dazu bei, die räumliche Begrenzung der Abstammungslinie von Y-Chromosomen zu erklären, man drückte sich damit aber um eine andere seltsame Beobachtung. Wie wir in Kapitel 3 erfahren haben, ist die Zeit, die seit unseren gemeinsamen Vorfahren Adam und Eva vergangen ist, für das Y-Chromosom viel kürzer als für die mtDNA.

Das patrilokale Verhalten liefert zwar eine Begründung für das große Ausmaß der Abweichungen in den Y-Chromosomen verschiedener Bevölkerungsgruppen, die Gesamtzeit seit dem letzten gemeinsamen Vorfahren sollte aber für das Y-Chromosom und die Mitochondrien-DNA die gleiche sein. Eigentlich müsste das Verteilungsmuster der Y-Chromosomen auf viele höchst unterschiedliche Populationen hindeuten, die aber alle ihre Abstammung auf die Zeit vor rund 150000 Jahren und einen einzigen Afrikaner zurückführen können. Stattdessen beobachten wir jedoch viele recht unterschiedliche Gruppen, die anscheinend alle bei einem gemeinsamen Vorfahren zusammenlaufen, sobald man in der Vergangenheit bis nach Afrika vorgedrungen ist: den Befunden zufolge lebte der afrikanische Adam nur wenige tausend Jahre bevor die ersten Menschen den Kontinent verließen. Diese Erkenntnis ließ darauf schließen, dass noch ein weiterer Faktor wirksam war.

Das Ausmaß der Gendrift – zufälliger Veränderungen in der Häufigkeit von Markern, die durch eine geringe Populationsgröße verursacht werden – hängt, wie wir bereits erfahren haben, von der tatsächlichen Größe der Population ab. In umfangreichen Bevölkerungsgruppen gibt es keine nennenswerte Gendrift, in kleinen Populationen dagegen hat sie merkliche Auswirkungen. In den kleinsten Gruppen, beispielsweise jenen, die als Erste über Beringia nach Amerika einwanderten, können wenige Abstammungslinien wegen der geringen Populationsgröße in sehr kurzer Zeit eine Häufigkeit von 100 Prozent erreichen. Das ist der Grund, warum nahezu alle amerikanischen Ureinwohner die Blutgruppe 0 haben – die Gruppen A und B gingen während ihrer Wanderung durch das eiszeitliche Sibirien verloren.

Mit dem gleichen Prinzip lässt sich auch die späte Lebenszeit des Vorfahren unserer Y-Chromosomen erklären. Gibt es in einer Population weniger Männer als Frauen, gehen die Abstammungslinien des Y-Chromosoms häufiger verloren.

Nun könnte man einwenden: Das kann doch nicht stimmen – schließlich kommen beide Geschlechter mit gleicher Häufigkeit zur Welt! Demnach muss es doch in jeder Bevölkerungsgruppe auch die gleiche Anzahl von Männern und Frauen geben! Überraschenderweise stimmt dies zwar für die tatsächliche Zahl der Menschen, nicht aber für die Zahl jener, die Nachkommen hinterlassen und so ihre Gene weitergeben. Diejenigen, die keine Kinder haben, zählen unter genetischen Gesichtspunkten nicht und können deshalb der Zahl der Männer nicht zugerechnet werden. Interessant ist in unserem Zusammenhang also nur die so genannte effektive Populationsgröße – die Zahl der Männer und Frauen, die sich fortpflanzen. Sie ist der Grund, warum wir einen Unterschied erkennen.

Die größere Verlustrate unter den Abstammungslinien des Y-Chromosoms ist wahrscheinlich damit zu erklären, dass an der Mehrzahl der Paarungsereignisse nur wenige Männer beteiligt sind. Und deren Söhne – die ihren Reichtum und ihre soziale Stellung geerbt haben – sorgen auch in der nächsten Generation wiederum für den größten Teil der Nachkommen. Setzt sich diese gesellschaftliche Tradition über mehrere Generationen fort, ergibt sich genau das Verteilungsmuster, das wir für das Y-Chromosom tatsächlich beobachten: wenige Abstammungslinien innerhalb einer einzelnen Population, und unterschiedliche Abstammungslinien in Nachbarpopulationen. Außerdem fließen auf diese Weise alle Abstammungslinien in einer relativ jungen Vergangenheit zusammen, denn jene Linien, mit deren Hilfe wir unsere Abstammung auf einen Adam vor 150 000 Jahren zurückführen könnten, gingen schon verloren, als unsere Vorfahren noch in Afrika lebten. Der endgültige Beweis für diese Hypothese lässt sich nur durch die sorgfältige Untersuchung traditioneller Gesellschaften führen, wo seit mehreren Jahrhunderten oder Jahrtausenden die gleichen sozialen Gebräuche praktiziert werden, aber ich wage zu prophezeien, dass sie die bisherigen Befunde bestätigen werden. Wie die Suche nach der Sprache Adams und Evas, so wird auch die Erforschung der kulturellen Auswirkungen auf die genetische Variationsbreite der Menschen in den nächsten Jahrzehnten voraussichtlich eines der interessantesten Teilgebiete der Anthropologie werden. Leider werden wir dabei aber, wie wir im nächsten Kapitel genauer erfahren werden, zu einem Wettlauf gegen die Zeit antreten müssen.

Zurück zum Meer

Damit haben wir kurz umrissen, wie die Kultur – von der Entwicklung der Landwirtschaft bis zu lokalen Gebräuchen bei der Eheschließung – sich auf die genetische Vielfalt der Menschen ausgewirkt hat. Jetzt können wir uns noch einmal mit den Bewohnern Hawaiis beschäftigen, die Captain Cook Ende des 18. Jahrhunderts »entdeckte«. Woher kamen sie, und warum hatten sie während der letzten paar tausend Jahre den Pazifik erobert?

Als Erstes können wir in diesem Zusammenhang fragen: Gibt es zwischen den Sprachen Polynesiens eine Verwandtschaft, die auf eine Ausgangspopulation schließen lässt? Das ist tatsächlich der Fall. Thor Heyerdal vertrat zwar die Ansicht, die Polynesier stammten aus Südamerika, ihre Sprachen sind aber enger mit jenen in Südostasien verwandt. Schon im 19. Jahrhundert hatten Wissenschaftler die Sprachen Polynesiens mit denen in Taiwan (dem damaligen Formosa) und Malaysia in Verbindung gebracht. In Taiwan leben heute Chinesen, die Han sprechen, aber bis ins 17. Jahrhundert war die Insel von Ureinwohnern bewohnt, die sich völlig anderer Sprachen bedienten. Alle diese Sprachen fasste man zur Familie des Malayo-Polynesischen zusammen, die man Anfang des 20. Jahrhunderts dann als Austronesisch bezeichnete. Die linguistische Spur führt also von Hawaii eindeutig nicht nach Amerika, sondern nach Asien.

Zwischen den austronesischen Sprachen und der Ausbreitung der Landwirtschaft in Ostasien besteht eine auffällige Überschneidung, und nach der Theorie, die sich für die Besiedelung Polynesiens entwickelt hat, fuhren Bauern, die auch die Kunst der Seefahrt vervollkommnet hatten, einfach quer durch Südostasien von Insel zu Insel, bevor sie sich schließlich über das offene Meer auf den Weg machten. Nach diesem »Expresszugmodell«, wie es schon bald genannt wurde, müsste es eine enge genetische Verbindung zwischen den Ureinwohnern Taiwans und den Polynesiern geben. Befunde an der mtDNA schienen für eine solche Vorstellung zu sprechen, ihre Aussagekraft ist aber – wie bereits an anderer Stelle erwähnt wurde – in vielen Fällen begrenzt. Neuere Beobachtungen an den Y-Chromosomen legen jedoch die Vermutung nahe, dass die Theorie einer Abwandlung bedarf.

Nach dem Verteilungsmuster, dass man auf den südostasiatischen Inseln beobachtet, trugen Bauern, die letztlich aus China stammten, zwar deutlich zum Genbestand bei, es gibt aber auch eine beträchtliche Zahl einheimischer Abstammungslinien (insbesondere M130), die in ganz Indonesien und Melanesien vorkommen. Auch diese findet man bei den Bewohnern Polynesiens in hoher Häufigkeit. Demnach liegt die Vermutung nahe, dass die Landwirtschaft nach ihrer Einführung auf den Inseln Südostasiens eine Reifungsphase durchmachte und an die Nutzpflanzen der Region angepasst wurde, die sich für die dortigen Umweltverhältnisse besser eigneten. Wenn das stimmt, rasten die Bauern nicht mit ihrem Expresszug über die Inseln, sondern sie probierten umständlich herum, bis sie ihre Kultur an die neue Heimat angepasst hatten. Der Archäologe Peter Bellwood machte darauf aufmerksam, dass die Erträge chinesischer Reissorten deutlich zurückgehen, wenn man sie in der Nähe des Äquators anpflanzt, weil sie zur Reifung auf Unterschiede in der Tageslänge angewiesen sind, die es nur außerhalb der Tropen gibt. Solche Sachzwänge dürften dazu geführt haben, dass die Landwirtschaft sich auf ihrem Weg durch Südostasien wandelte, wobei Hirse und Reis in manchen Fällen durch andere Nutzpflanzen abgelöst wurden. Ein Spiegelbild dieses Wandels ist die polynesische Taro-Wurzel, die im gesamten Pazifikraum verbreitet ist und in Hawaii zur Herstellung von *Poi* dient. Auch in den Genen findet man Anhaltspunkte, dass die Menschen sich zunächst längere Zeit in Südostasien aufhielten und erst dann über das Meer fuhren.

Die Antwort auf unsere Frage nach dem zeitlichen Ablauf liegt also in der Weiterentwicklung der Landwirtschaft. Erst nachdem sich eine ausgereifte, tropische Variante der Landwirtschaft durchgesetzt hatte, konnten die Vorfahren der Polynesier in Richtung unbekannter Länder in See stechen. Dabei nahmen sie ihre Nutzpflanzen mit, denn sie vertrauten darauf, dass sie mit ihrer Hilfe in jeder neuen Heimat überleben konnten. Jäger und Sammler wären niemals in der Lage gewesen, diesen Sprung über den unbekannten Ozean zu vollziehen – und das auch noch mehrmals –, weil sie keine Ahnung hatten, was hinter dem Horizont auf sie wartete. Die Polynesier dagegen hatten eine gut angepasste landwirtschaftliche Tradition ererbt und konnten ihr Schicksal selbst in die Hand nehmen. Der Anlass, dass sie in See stachen, war vielleicht eine wachsende Bevölkerungszahl in der Heimat (auch sie eine Folge der Landwirtschaft), aber ihre charakteristische Lösung des Problems war nur möglich, weil sie die *Wahl* hatten, ins Unbekannte zu segeln. Und die Nutzung eines ständig zunehmenden Spektrums von Wahlmöglichkeiten sollte schließlich auch zum letzten großen Knall in der Evolutionsgeschichte des Menschen führen.

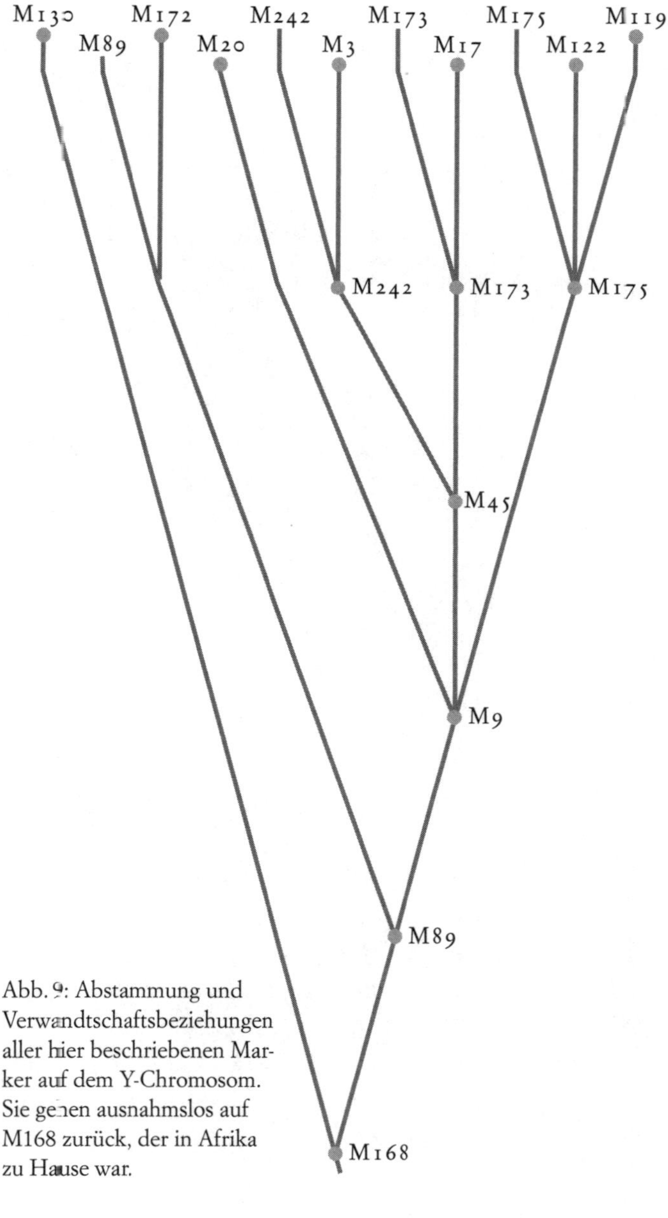

Abb. 9: Abstammung und Verwandtschaftsbeziehungen aller hier beschriebenen Marker auf dem Y-Chromosom. Sie gehen ausnahmslos auf M168 zurück, der in Afrika zu Hause war.

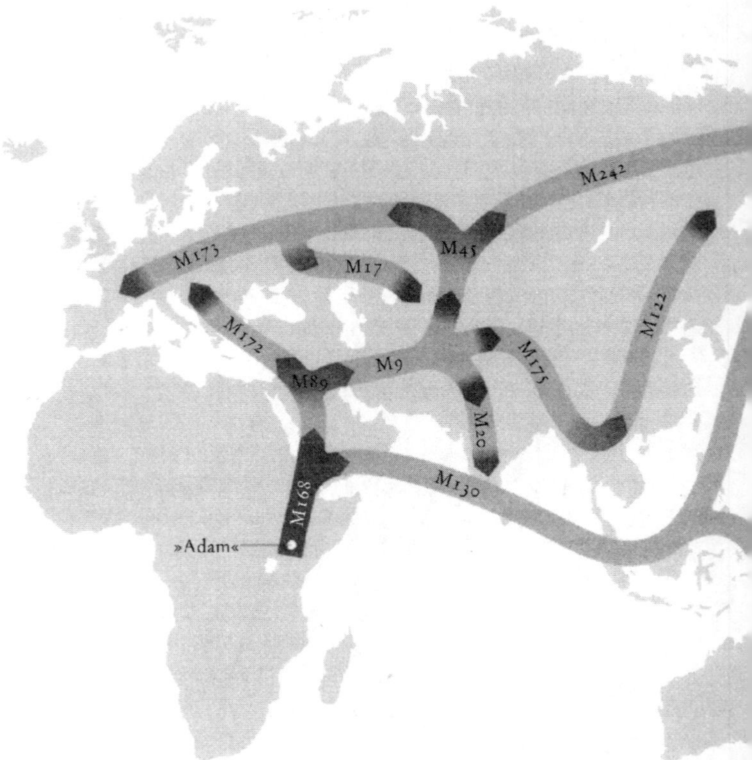

M168	vor 50 000 Jahren	M45	vor 35 000 Jahren	M172	vor 10 000 Jahren
M130	vor 50 000 Jahren	M173	vor 30 000 Jahren	M17	vor 10 000 Jahren
M89	vor 45 000 Jahren	M20	vor 30 000 Jahren	M122	vor 10 000 Jahren
M9	vor 40 000 Jahren	M242	vor 20 000 Jahren		
M175	vor 35 000 Jahren	M3	vor 10 000 Jahren		

Abb. 10: Die Ausbreitung der Abstammungslinien des Y-Chromosoms über die Erde.

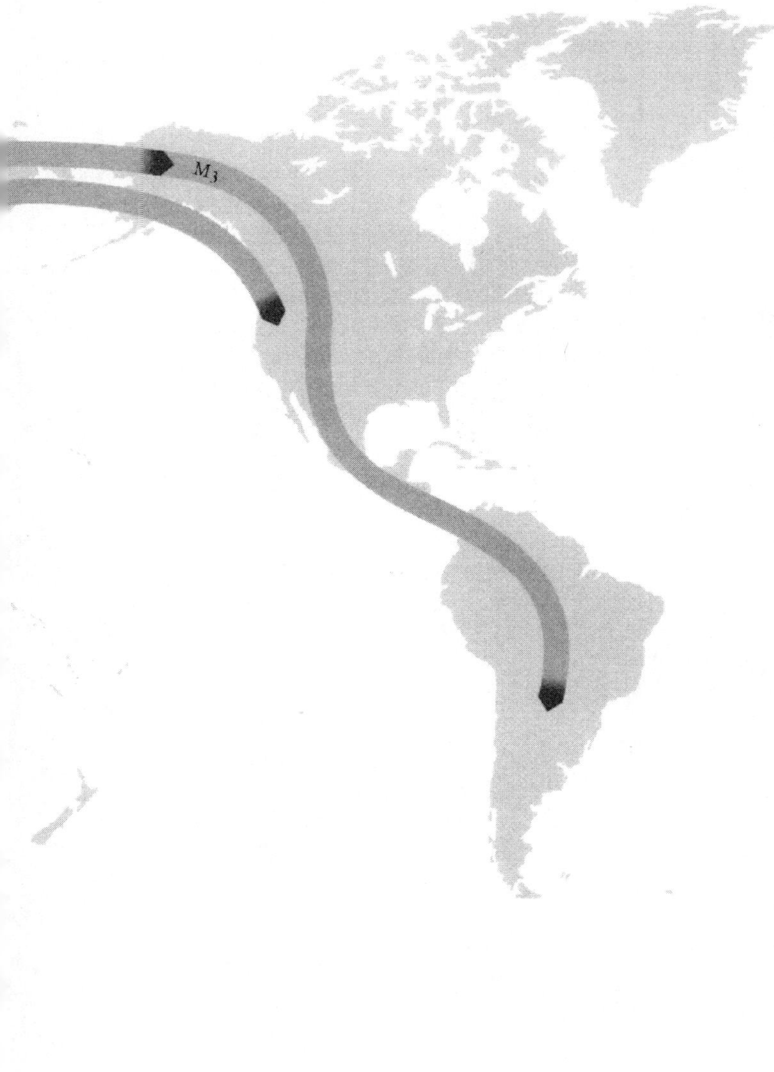
M3

Kapitel 9

Der letzte große Knall

Wenn du deine Geschichte kennst, weißt du, woher du kommst.
Bob Marley, »Buffalo Soldier«

Vor ein paar Jahren wurde ich gebeten, in einer Fernsehsendung eine genetische Analyse vorzunehmen. Es sollte mit genetischen Daten gezeigt werden, dass alle Menschen in relativ junger Vergangenheit einen gemeinsamen afrikanischen Vorfahren haben. Anfangs zögerte ich, denn dazu mussten persönliche genetische Befunde vor der Kamera gezeigt werden, sodass alle Welt sie sehen konnte. Aber nachdem sowohl die Produktionsfirma als auch die Spender der DNA-Proben mich beruhigt hatten, führte ich die Analyse durch. Vier in London lebende Männer hatten sich bereit erklärt, ihre Y-Chromosomen untersuchen zu lassen, und ich analysierte die Marker, die wir in diesem Buch kennen gelernt haben: M168, M130 und so weiter. Als alles fertig war, zeigte sich bei drei der vier Probanden die erwartete Verteilung. Das Y-Chromosom des Mannes mit irisch-schottischen Vorfahren war durch M173 definiert und gehörte demnach zur häufigsten Abstammungslinie in Nordwesteuropa. Der Japaner besaß wie rund 20 Prozent seiner Landsleute den Marker M122, und das Y-Chromosom des Pakistani gehörte zur Linie M89, die man im gesamten Nahen Osten und Zentralasien findet. Bei dem letzten Probanden dagegen erlebten wir eine Überraschung: Der Karibikbewohner afrikanischer Abstammung hoffte auf eine genetische Verbindung zu den südafrikanischen Zulus, denen er sich kulturell zugehörig fühlte. Seine DNA zeigte jedoch, dass die Sache komplizierter war.

Der Mann besaß ein Y-Chromosom mit dem Marker M173, dem charakteristischen Kennzeichen der europäischen Abstammungslinie. In Hunderten von Stichproben aus Bewohnern des südlichen Afrika hatte man M173 nie gefunden, und so stellte sich natürlich die Frage: Wie kam es zu dem ungewöhnlichen Befund? Wir testeten auch andere, nicht auf dem Y-Chromosom gelegene Marker, und die zeigten, dass er ansonsten genetisch ein Afrikaner war – er trug unter anderem einen Marker, den ich Mitte der neunziger Jahre erstmals bei einem Zulu nachgewiesen hatte. Das Y-Chromosom erzählte aber eindeutig eine andere Geschichte, und an ihr wird das Hauptthema dieses Kapitels deutlich.

Dass unser karibischer Afrikaner ein europäisches Y-Chromosom besaß, hatte einen einfachen Grund: Irgendeine Frau unter seinen Ahnen musste mit einem europäischen Vater ein Kind gezeugt haben. Angesichts seiner Familiengeschichte kann man davon ausgehen, dass das zur Zeit der Sklaverei geschah, als seine Vorfahren bereits in der Karibik lebten. Zur Deutung des Befundes waren Kenntnisse über die Wanderungsbewegungen der jüngeren Geschichte also von entscheidender Bedeutung. Da wir die Umstände kannten, war die Analyse des Y-Chromosoms ohne weiteres mit den übrigen genetischen Befunden zu vereinbaren, und alles zusammen verschaffte uns einen Einblick in seine komplizierten Abstammungsverhältnisse.

War dieser Mann ein Einzelfall? Keineswegs. Bei Afroamerikanern gehören offenbar bis zu 30 Prozent der Y-Chromosomen zu Abstammungslinien europäischen Ursprungs. Der Sklavenhandel hat in der DNA der Menschen, die afrikanischer Abstammung sind und außerhalb Afrikas leben, deutlich erkennbare Spuren hinterlassen. Und sie sind nicht die Einzigen mit einer derart bunten Mischung von Vorfahren. In den letzten 500 Jahren – zu denen sowohl das Zeitalter der europäischen Entdecker als auch die industrielle Revolution gehören – waren die Menschen viel mobiler als je zuvor. Die Nachkommen der ersten Jetztmenschen, die durch Eurasien wanderten, bewegen sich heute kreuz und quer über den gesamten Globus, und das mit einem Tempo, das unseren Vorfahren aus dem oberen Paläolithikum den Atem genommen hätte. Der letzte große Knall der Evolutionsgeschichte – man könnte auch von der Mobilitätsrevolution sprechen – mündete in das Zeitalter der Globalisierung. Über die kulturellen und wirtschaftlichen Auswirkungen eines Lebens im »globalen Dorf« diskutieren Wirtschaftsexperten und Politiker, und die ökologischen Nebenwirkungen sind an dem immer größeren Verlust biologischer Vielfalt zu erkennen; weniger klar ist vielleicht, welche genetischen Effekte der letzte große Knall mit sich bringt.

Ein linguistischer Faden

Meine wissenschaftlichen Arbeiten als Genetiker konzentrierten sich zu einem großen Teil darauf, die Verwandtschaftsbeziehungen zwischen den Bewohnern Zentralasiens zu entschlüsseln. Die früheren Sowjetrepubliken Usbekistan, Kasachstan, Kirgisistan und ihre Nachbarstaaten waren den meisten westlichen Wissenschaftlern während der Sowjetzeit verschlossen, und als sie sich Anfang der neunziger Jahre zum Westen hin öffneten, ergriff ich die Gelegenheit beim Schopfe.

Stichprobenhafte Untersuchungen zur genetischen Vielfalt auf der Erde hatten sich bis dahin weitgehend auf Europa, Ostasien (insbesondere China und Japan), Südafrika und Nordamerika beschränkt. Zentralasien war mehr oder weniger unbekannt – ein weißer Fleck auf der genetischen Landkarte.

Meine erste Reise unternahm ich im Sommer 1996, und seither hat meine Arbeit mich mehrmals in diese Region geführt. Ich fuhr von London aus im Landrover hin, flog in klapprigen Flugzeugen aus Sowjetzeiten, und überquerte zu Fuß mit Taschen voller Gerätschaften zum Sammeln von Blutproben abgelegene Grenzen. Auf einer meine denkwürdigsten Reisen kam ich im Sommer 2000 nach Tadschikistan. In Zusammenarbeit mit einheimischen Wissenschaftlern und Ärzten wollte ich Blutproben von mehreren ethnischen Gruppen entnehmen, die in den Gebirgsregionen des Landes zu Hause sind. Eine davon waren die Jagnob.

Von den Jagnob führt eine direkte Verbindung zurück bis in die Zeit der Seidenstraße. Ihre Sprache, Jagnobi genannt, stammt direkt vom Sogdischen ab, das einst die allgemein verbreitete Sprache an der Seidenstraße war und eine ganz ähnliche Rolle spielte wie heute das Englische in der Berufswelt. Mitte des ersten Jahrtausends n. Chr. wurde in den Handelszentren Mittelasiens von Persien bis nach China Sogdisch gesprochen. Nach den islamischen Eroberungen des siebten bis neunten Jahrhunderts schwand seine Bedeutung, und im 20. Jahrhundert waren alle seine Dialekte ausgestorben – außer einem. Die Jagnob, die in einigen isolierten Dörfern im abgelegen Tal des Flusses Zerafshan im Norden Tadschikistans zu Hause sind, sprechen noch heute diese Sprache, eine 1500 Jahre alte linguistische Hinterlassenschaft. Wir hatten vor, die Jagnob aufzusuchen und ihnen unser Anliegen zu erklären; dann, so hofften wir, würden sie an dem Forschungsprojekt mitwirken, mit dem wir ihre Geschichte anhand der Signale in ihrer DNA zurückverfolgen wollten.

Auf dem Weg von der tadschikischen Hauptstadt Duschanbe zu den Dörfern der Jagnob mussten wir einen Gebirgspass überqueren, den die Regierungstruppen in dem langen, blutigen Bürgerkrieg erst kurz zuvor zurückerobert hatten. Nachdem wir mehrere Kontrollstellen mit Kalaschnikow-schwenkenden Soldaten passiert hatten und zu der Reihe parallel verlaufender Täler auf der anderen Seite hinunterfuhren, stießen wir auf einen unbefestigten Fahrweg, der an dem Fluss Zerafshan entlangführte. Nachdem wir uns mit unserem alten sowjetischen Lieferwagen mehrere Stunden durch die

Schlaglöcher gequält hatten, kamen wir zu einem kleinen *kischlak*, einem Dorf. In freudiger Erwartung stiegen wir aus und fragten, ob wir mit dem »Dorfoberen« sprechen könnten. Wir erläuterten ihm unser Vorhaben und nippten an Teetassen, während der alte Mann über unsere Erklärungen nachgrübelte. Schließlich verkündete er, wir hätten die Reise vergeblich unternommen.

Wie er uns erklärte, lebten die Jagnob hier schon seit vielen Generationen – möglicherweise seit der Zeit der Seidenstraße. Aber in den sechziger Jahren des 20. Jahrhunderts habe eine Dürre dazu geführt, dass sie von den Sowjets ins Flachland umgesiedelt wurden. Außerdem habe es in den achtziger Jahren ein Erdbeben gegeben, und viele von denen, die zuvor noch geblieben waren, seien nach Duschanbe gezogen. Heute seien deshalb kaum noch Jagnob in ihrer alten Heimat zu finden. In der Hauptstadt gebe es zwar Taxifahrer oder Putzfrauen, die aus dieser Region stammten, aber aus ihrem alten Stammland seien die Jagnob im Wesentlichen verschwunden – mit Ausnahme eines abgelegenen Dorfes im Gebirge, zu dem man mehrere Tage wandern müsse. Enttäuscht bedankten wir uns und zogen ab. Nachdem wir mehrere Tage gesucht hatten, fanden wir in der Nähe doch noch ein Dorf der Jagnob, und die Bewohner halfen uns auch bereitwillig bei unserer Arbeit, aber am Ende stammten die meisten Blutproben, die wir von dieser alten Bevölkerungsgruppe sammelten, von unseren Streifzügen durch die Hauptstadt. Unser Versuch, einen isolierten Überrest der Seidenstraße ausfindig zu machen, war beinahe fehlgeschlagen.

Was der alte Mann in Tadschikistan uns erzählt hatte, geschieht in Wirklichkeit überall und jeden Tag. Die Jagnob sind kein Einzelfall – ganz im Gegenteil. Es gehört zum modernen Leben, dass Dörfer von wachsenden Städten geschluckt werden, dass ihre Bewohner zu einem Sprachengemisch beitragen und dass die ethnischen Verhältnisse mit der Erweiterung der

Stadt immer komplizierter werden. Manche Gesellschaften tolerieren zwar die Vielfalt, andere sehen darin aber auch eine Beeinträchtigung ihrer Einheit. Regierungen, die kulturelle Harmonie kultivieren wollen, versuchen sie häufig zu vermeiden, insbesondere in neu entstandenen Staaten, die nach eigener Identität streben. Um die Gründe zu verstehen, müssen wir uns mit dem Modell des Staatswesens beschäftigen, das sich im 19. Jahrhundert in Europa entwickelte.

Verblassende Sprachen

Wenn man heute nach Frankreich kommt, ist man automatisch beeindruckt davon, wie sehr diese Menschen ihre Sprache lieben. Die *Académie Française*, offizielle Hüterin der Staatssprache, wacht wie ein Falke über das gesprochene und geschriebene Französisch und trägt dazu bei, seine Gestalt trotz aller ausländischen Einflüsse zu bewahren. Aber noch vor 150 Jahren – ungefähr sechs Generationen – sprach nicht einmal die Hälfte aller in Frankreich lebenden Menschen tatsächlich Französisch. Die meisten bedienten sich ihrer lokalen Sprachen und Dialekte. In Italien sprachen zur gleichen Zeit nach Schätzungen weniger als zehn Prozent der Bevölkerung Italienisch. Von dem damaligen österreichischen Kanzler Clemens von Metternich ist der Ausspruch überliefert, Italien sei weniger eine Nation als vielmehr ein »geographischer Ausdruck« – was sicher stimmt, wenn die Sprache dafür von Bedeutung ist.

Europa war im 19. Jahrhundert ein Schmelztiegel neuer Ideen und geistiger Strömungen. Romantik, Idealismus, Industrialisierung, Kolonialismus – das alles trug beträchtlich zur Entwicklung unserer »modernen« Weltsicht bei. Zu den wichtigsten Ausdrucksformen der neuen Denkweise gehörte der aufblühenden Nationalismus, der die heutige politische

Landkarte Europas wesentlich prägte – und der auch auf die übrige Welt weit reichende Auswirkungen hatte.

Vor dem 19. Jahrhundert gliederte sich Europa in zahlreiche Herzogtümer, Königreiche und Grafschaften. Das ganze Leben war wesentlich stärker »lokal« orientiert als heute. Die Menschen empfanden eine Verbundenheit zu ihrem örtlichen Herrscher, und ihr Leben kreiste um regionale Ereignisse. Dies spiegelte sich auch in der Auswahl der Ehepartner wider, die in der Regel am Ort stattfand. Zwischen den Geburtsorten von Eheleuten lagen während des größten Teils der europäischen Geschichte im Durchschnitt nur wenige Kilometer, was zu einem hohem Maß von Blutsverwandtschaft und Eheschließungen innerhalb der Familien führte. Solche regionalen Besonderheiten galten auch für die Sprache. Während es beispielsweise im modernen Frankreich nur eine Amtssprache gibt, die von der *Académie* gewissenhaft gehütet wird, bediente man sich im 18. Jahrhundert zahlreicher Provinzsprachen, die sich Hunderte oder Tausende von Jahren zurückverfolgen lassen. Baskisch, Bretonisch, Okzitanisch, Korsisch, Elsässisch – das alles waren unterschiedliche Sprachgebilde. Das Bretonische beispielsweise, eine keltische Sprache, ist mit dem Irischen und dem schottischen Gälisch enger verwandt als mit dem Französischen, und das, obwohl es die Sprache der Bretagne in Nodwestfrankreich ist. Die Menschen, die sich solcher Regionalsprachen bedienten, besaßen nach eigener Einschätzung auch eine einzigartige Identität – eine ethnische Zugehörigkeit, wenn man so will –, die während der Entstehung des französischen Staates unterging.

Als der Nationalismus sich in Europa durchsetzte, diente die Sprache den neuen, vereinigten Staaten dazu, ein Gefühl der nationalen Identität zu schaffen. Die Regierungen strebten nach kultureller Einheit und bevorzugten zu diesem Zweck eine Sprache gegenüber den anderen. In Großbritannien war das Englische seit dem 18. Jahrhundert die wichtigste Literatur- und Amtssprache, obwohl viele Bewohner der britischen Inseln sich in Sprachen unterhielten, die mit dem Englischen nur entfernt verwandt waren. Dies führte dazu, dass die Zahl der englischen Muttersprachler auf Kosten derer mit keltischen Sprachen stark zunahm. Die keltische Sprache Manx (in ihrer Heimat Ghailckagh genannt), die auf der Isle of Man zu Hause ist, wurde 1874 noch von 12 000 Menschen als Muttersprache gesprochen, zu Beginn des 20. Jahrhunderts waren es nur noch 4000. Der letzte Manx-Muttersprachler starb 1974, und heute wird sie nur noch von mehreren hundert begeisterten Anhängern als eine Art lebendes Fossil gepflegt.

Im 19. Jahrhundert trugen die allgemeine Schulpflicht und der nationale Militärdienst zur Ausbreitung der jeweils bevorzugten Sprache bei, und schon nach wenigen Generationen war der Umschwung nahezu abgeschlossen. Man hatte das Nationalgefühl in sprachliche Einheitlichkeit umgemünzt. Eines der besten Beispiele für die Verflechtungen von Sprache und Nationalbewusstsein findet man in Deutschland. Die Gebrüder Jacob und Wilhelm Grimm wurden durch die Sammlung der Märchen berühmt, die den meisten europäischen Kindern vertraut sind. Vielleicht nicht ganz so bekannt ist, dass Jacob auch ein begeisterter Sprachforscher war. Er formulierte unter anderem die Regeln der Lautverschiebung, die sich während der Entwicklung der germanischen Sprachen abgespielt hat – ein *b* in einem Wort der indoeuropäischen Ursprache wird im Deutschen beispielsweise zu einem *p*, und so weiter. Die Gebrüder Grimm verfolgten mit ihren Arbeiten zumindest unter anderem auch das Ziel, unter den Deutsch sprechenden Volksgruppen ein Zusammengehörigkeitsgefühl herzustellen. In den linguistischen Untersuchungen ging es darum, die Einheitlichkeit und Geschichte der germanischen Sprachen zu definieren und festzuhalten, um damit zur Schaffung einer nationalen Standardsprache beizutragen. Mit den Märchen dagegen sollte die Volkskultur der Deutschen aufgezeichnet werden, um ihre nationale Identität zu erhalten und zu formen. Deutschland wurde »deutsch«, und die Gebrüder Grimm gehörten zu den geistigen Architekten der jungen Nation.

Die Gleichsetzung von Geschichte und Sprache entwickelte sich in dieser Phase des europäischen Nationalismus, aber sie war letztlich nur die formelle Feststellung, dass Kulturen in der Regel über die Sprache definiert sind und dass zwischen beiden eine enge Verbindung besteht. Das liegt an der langen Zeit, die zur »Schaffung« einer Sprache notwendig ist – erst in 500 bis 1000 Jahren entwickelt sich etwas, das sich von Schwestersprachen eindeutig unterscheidet. Die romanischen Sprachen zum Beispiel entwickeln sich seit rund 1500 Jahren auseinander; ihr Ursprung lässt sich auf eine Zeit zurückführen, als das Lateinische die Sprache des römischen Reiches war. Heute sind Französisch, Spanisch, Italienisch, Rumänisch, Katalanisch und Rätoromanisch (das im Schweizer Kanton Graubünden gesprochen wird) über ihre gemeinsame Abstammung vom Lateinischen verwandt. Andere Sprachen wie das Baskische unterscheiden sich schon seit wesentlich längerer Zeit von den Sprachen ihrer Umgebung. In allen Fällen stellt eine Sprache aber das Endprodukt vieler Jahre der kulturellen Isolation dar.

Wenn Sprachen verschwinden, verlieren wir Momentaufnahmen von einzelnen Teilen unserer Geschichte. Würde das Baskische aussterben, ginge die Verbindung zu den vor-indoeuropäischen Sprachen Europas verloren. Wenn die schätzungsweise 2000 Jagnobi-Muttersprachler in Tadschikistan vollständig in der Tadschikisch sprechenden Mehrheit aufgehen und wenn ihre Kinder dann kein Jagnobi mehr lernen, wird diese lebendige Verbindung zur Zeit der Seidenstraße abgeschnitten. Immer wenn eine Sprache stirbt, verschwindet ein Teil unserer Kulturgeschichte. Insbesondere wenn die fragliche Sprache noch nicht genauer untersucht und dokumentiert ist – was für die Mehrzahl aller Sprachen auf der Welt zutrifft – haben wir eine unwiederbringliche Momentaufnahme unserer Vergangenheit für immer verloren.

Heute spricht mehr als die Hälfte der Weltbevölkerung die fünfzehn Sprachen, die, gemessen an der Zahl ihrer Muttersprachler, am weitesten verbreitet sind. Manche davon, so das Englische, Spanische und Arabische, verbreiteten sich durch den Kolonialismus. Andere wuchsen mit der Bevölkerung – die beiden besten Beispiele sind Chinesisch und Hindi. Aber auch in diesen Fällen hat die Schaffung einer Nationalsprache zu ihrem Erfolg beigetragen. Klar ist, dass wenige Sprachen sich immer weiter ausbreiten. Die hundert häufigsten Sprachen werden von 90 Prozent aller Menschen auf der Welt gesprochen – und das, obwohl die Sprachforschung insgesamt über 6000 Sprachen unterscheidet! Die meisten davon werden ganz offensichtlich nur von wenigen Menschen benutzt.

Die Zukunft der meisten Sprachen ist bestenfalls zweifelhaft. Wegen der gleichen Mechanismen, durch die sich die Zahl der Jagnobi- oder Manx-sprechenden Personen vermindert hat, sind auch die meisten anderen Sprachen zum Aussterben verdammt. Sie werden vielfach nur von kleinen Bevölkerungsgruppen gesprochen, die in größeren Gruppen aufgehen oder von ihnen verdrängt werden. Die Yaghan-Sprache – sie wurde von Darwins Feuerländern benutzt, die uns im ersten Kapitel begegnet sind – ist wahrscheinlich bereits ausgestorben; sie fiel dem europäischen Kolonialismus zum Opfer. Nach Schätzungen der Linguisten Daniel Nettles und Suzanne Romaine könnte mehr als die Hälfte aller Sprachen auf der Erde bis zum Ende dieses Jahrhunderts verschwunden sein – eine Geschwindigkeit, die auf den Verlust einer Sprache alle zwei Wochen hinausläuft. Im Jahr 1500 wurden auf der Erde nach Schätzungen etwa 15 000 Sprachen gesprochen, das heißt, mehr als die Hälfte der früheren Sprachenvielfalt ist heute bereits nicht mehr vorhanden.

Nun könnte man einwenden: In diesem Buch ging es doch eigentlich um das, was unser Genom uns über unsere Vergangenheit verrät. Warum müssen wir uns dann mit dem Aufstieg des Nationalismus und dem Verlust von Sprachen befassen? Die Antwort: weil Sprachen, wie wir im vorangegangenen Kapitel erfahren haben, häufig im Zusammenhang mit genetischen Verteilungsmustern stehen. Was besagt der Verlust sprachlicher Vielfalt demnach über den heutigen Zustand unserer Genome – und über ihre Zukunft?

Der globale Schmelztiegel

Wie wir bereits zu Beginn erfahren haben, unterscheiden sich die einzelnen Populationen der menschlichen Spezies nur in einem winzigen Bruchteil ihrer genetischen Vielfalt – den größten Teil der Abweichungen findet man innerhalb der einzelnen Bevölkerungsgruppen. Das hat zwei Gründe. Zum einen sind wir eine relativ junge Spezies. Noch vor 50 000 Jahren – nur 2000 Generationen – lebten alle unsere Vorfahren ausschließlich in Afrika. Angesichts der Tatsache, dass Mutationen sich nur selten ereignen und dass es einige Zeit dauert, bis ihre Häufigkeit für den Nachweis in einer Stichprobe der Population ausreicht, kann man davon ausgehen, dass die heute beobachtete Vielfalt zum größten Teil bereits in dieser afrikanischen Population vorhanden war. Das gilt insbesondere für Polymorphismen, die sich nicht auf dem Y-Chromosom befinden. Die meisten dieser Polymorphismen auf anderen Chromosomen sind anscheinend sehr alt und kamen demnach wahrscheinlich schon vor der Auswanderung aus Afrika in der Ausgangspopulation vor.

Außerdem sind die Menschen»rassen« offenbar recht jungen Ursprungs. Die körperlichen Merkmale, durch die sich die geographischen Gruppen der Menschen heute unterscheiden, tauchen in ihrer Mehrzahl erst während der letzten 30 000 Jahre in den Fossilfunden auf. Davor waren die meisten fossilen Afrikaner, Asiaten und Afrikaner sich sehr ähnlich. Über Hautfarbe, Behaarung und andere äußere Merkmale unserer Vorfahren wissen wir zwar nichts, aber die Beobachtungen an den Knochen lassen darauf schließen, dass das, was wir unter Rassen verstehen, ein sehr junges Phänomen ist. Wahrscheinlich führte die Aufteilung der Menschen in einzelne Gruppen während der letzten Eiszeit zu den unterschiedlichen körperlichen Merkmalen, die wir bei heutigen Menschen beobachten – die vielen hunderttausend Jahre der getrennten Evolution, die Carleton Coon und andere unterstellt hatten, gab es nicht. Die Sinodontie zum Beispiel – das charakteristische Zahnbild, das sowohl in Nordostasien als auch in Amerika vorkommt – taucht erst vor noch nicht einmal 30 000 Jahren erstmals bei Fossilien auf. Vor dieser Zeit hatten die Asiaten ganz ähnliche Zähne wie alle anderen Menschen auf der Erde.

Der zweite Grund für die genetische Einheitlichkeit der Menschengruppen ist die hohe Mobilität: Die Menschen haben sich während ihrer gesamten Geschichte vermischt. Dabei verteilten sich die genetischen Variationen in der ganzen gemischten Population. Selbst wenn die Marker erst nach der Auswanderung der Jetztmenschen aus Afrika entstanden – wie die meisten Marker auf dem Y-Chromosom, deren Weg wir verfolgt haben –, konnten sie sich durch die spätere Vermischung weit verbreiten.

Die Dynamik des Sprachensterbens lässt darauf schließen, dass die Vermischung der Menschen sich heute noch beschleunigt. Sprachen verschwinden vor allem deshalb, weil kleine, zuvor isolierte Gruppen in größeren, dominanteren Populationen aufgehen – das Manx ging beispielsweise im Englisch sprechenden Großbritannien unter. Nur selten stirbt auch die Minderheit als solche aus – meist wird sie einfach in die Mehrheit integriert. Aber gibt es handfeste Befunde, die etwas über die Geschwindigkeit dieses Vorganges aussagen?

Die Antwort lautet: ja. In den meisten Industrieländern werden Volkszählungen durchgeführt, bei denen die Bewohner des Landes in demographische Einheiten eingeteilt werden. Das mag praktische Gründe haben – beispielsweise die Zuordnung von politischen Vertretungen oder die Verteilung staatlicher Mittel –, aber aus den Daten kann man auch tiefer gehende Erkenntnisse über die Gesellschaft ableiten. Die vielleicht bekannteste derartige Zählung findet alle zehn Jahre in den Vereinigten Staaten statt – den letzten *census* gab es dort im Jahr 2000. Dabei stellte sich nicht nur heraus, dass die USA 281,4 Millionen Einwohner haben, was gegenüber 1990 eine Steigerung um 13 Prozent bedeutet, sondern es machte auch deutlich, dass die ethnische Zusammensetzung sich wandelt. In der Zählung von 2000 konnten die Bürger erstmals genaue Angaben über ihre ethnische Zugehörigkeit machen. Die Zahl der gemischtrassigen Kategorien wurde von fünf auf 63 erweitert, und zum ersten Mal wurden Kombinationen verschiedener Minderheiten festgehalten.

Insgesamt bezeichneten sich 6,8 Millionen Menschen als Mischung zwischen »Weißen« und einer »Minderheit«. Dabei wird natürlich nicht berücksichtigt, dass auch die Kategorie »Weiße« eine Mischung darstellt – zu ihr gehören viele Gruppen, von den Iren über Libanesen bis zu Marokkanern. Wie wir in vorangegangenen Kapiteln erfahren haben, umfasst allein diese Mischung ein breites Spektrum von Populationen und Markern. Und was die offizielle Kategorie der »Mischlinge« angeht, so betrachten auch viele Menschen mit gemischter Abstammung sich als Angehörige einer ganz bestimmten Rasse; man kann also vermuten, dass die Zahl der Mischlinge in den USA viel größer ist, als es nach den amtlichen Angaben den Anschein hat. Wie sich beispielsweise in Untersuchungen des U. S. Census Bureau herausstellte, bezeichnen sich zwar nur 25 Prozent der schwarz/weißen Mischlinge als Weiße, aber 50 Prozent der weiß/asiatischen und weiß/hispanischen sowie 81 Prozent der weiß/indianischen Befragten gaben an, Weiße zu sein. Zu den Ergebnissen der Zählung im Jahr 2000 gehörte die Erkenntnis, dass Amerika ein viel größerer Schmelztiegel ist, als man sich jemals vorgestellt hatte.

Der Golfprofi Tiger Woods dürfte für das heutige Antlitz der Vereinigten Staaten weitaus typischer sein, als man sich meist klar macht. Er nimmt für sich eine afroamerikanische, europäische und südostasiatische Abstammung in Anspruch und gehört damit zu der wachsenden Gruppe von Menschen, die ihre ethnische Zugehörigkeit nicht ohne weiteres mit einfachen Begriffen benennen können. Selbst jene, die sich in eine einzige Kategorie wie die Afroamerikaner einordnen, besitzen häufig beträchtliche Anteile aus anderen Gruppen. Das war einer der Einwände, die 1987 gegen den ersten wissenschaftlichen Aufsatz über die Eva der Mitochondrien erhoben wurde. Cann, Stoneking und Wilson hatten eine Stichprobe von Afroamerikanern aus dem Gebiet von San Francisco als repräsentative »afrikanische« Population verwendet, und deshalb meinten die Kritiker, die ältesten Abstammungslinien in der Analyse – die auf einen afrikanischen Ursprung hinwiesen – könnten in Wirklichkeit nichtafrikanischen Ursprungs sein. Erst in dem zweiten, 1991 erschienenen Artikel wurde durch die Untersuchung von Menschen aus Afrika bestätigt, dass man in der ersten Veröffentlichung zu richtigen Schlussfolgerungen gelangt war.

Tiger Woods ist in vielerlei Hinsicht ein Mensch, wie er nur im 20. Jahrhundert geboren werden konnte. Seine so unterschiedlichen Vorfahren, die von entgegengesetzten Seiten des Globus stammen, konnten einander nur während der letzten hundert Jahre in den Vereinigten Staaten begegnen. Aber Woods ist nur ein besonders offenkundiges Beispiel für ein

Phänomen, das es schon seit einigen Jahrhunderten gibt: die Vermischung von Menschen, die sich in früheren Zeiten niemals kennen gelernt hätten. In Verbindung mit veränderten gesellschaftlichen Einstellungen gegenüber den Rassenunterschieden kommen Kinder mit gemischter ethnischer Abstammung heute viel häufiger zur Welt als früher. Gesellschaftlich betrachtet, ist das zu begrüßen, denn es führt zum Abbau von Rassenvorurteilen; es bedeutet aber auch, dass unsere genetische Identität immer verwickelter wird. Durch die Vermischung verschwinden die alten, regionalen Verteilungsmuster der genetischen Vielfalt, und an ihre Stelle tritt der kosmopolitische Schmelztiegel der Marker. Die Untersuchung von hundert Besuchern eines Nachtclubs im New Yorker East Village würde wahrscheinlich sämtliche in diesem Buch beschriebenen Marker zutage fördern – alle kommen schon in einer solchen kleinen, potenziell kreuzungsfähigen Population vor. Mit den Auswirkungen dieser Vermischung auf die Erforschung der genetischen Vergangenheit beschäftigen wir uns auf der letzten Station unserer Reise.

Ein Fenster, das sich schließt

Der dritte große Knall in der Menschheitsgeschichte hat uns in eine neue genetische Landschaft versetzt. Der Flickenteppich der genetischen Vielfalt, der uns charakterisiert, seit sich die ersten Populationen der Jetztmenschen vor 50 000 Jahren auseinander entwickelten, wird heute neu zusammengestellt: Jetzt finden Kombinationen zusammen, die früher niemals möglich gewesen wären. Die genetischen Marker selbst gehen nicht verloren, aber den Zusammenhang, aus dem sie entstanden sind, dürfte es schon bald nicht mehr geben. Und die genetische Verwandtschaft zwischen den Abstammungslinien in der Stichprobe aus unserem New Yorker Nachtclub können wir zwar ebenso leicht nachzeichnen wie bei isolierten Gruppen aus der ganzen Welt, aber das Ergebnis hat in diesem Fall kaum noch eine Bedeutung, weil wir die genetische Analyse nicht mit einer geographischen Region in Verbindung bringen können. Die Wanderung entlang der Küste nach Australien haben wir beispielsweise anhand der Chromosomen mit M130 nachgezeichnet, dem ältesten Marker, der nur im Süden Eurasiens vorkommt und im Nahen Osten fehlt. Nur durch die Untersuchung von Menschen, deren Vorfahren seit langer Zeit – in diesem Fall idealerweise seit 50 000 Jahren – in der gleichen Region leben, können wir Rückschlüsse auf die genetische Ausstattung der Vorfahren ziehen. Alte, lokal begrenzte Populationen sind von entscheidender Bedeutung, und je weniger sie sich mit anderen vermischt haben, desto besser ist es. Aber genau diese Gruppen verschwinden heute immer mehr. Nimmt man die Sprachen als Nagelprobe, so werden isolierte Gemeinschaften immer schneller von größeren Gruppen geschluckt. Und in der modernen Industriegesellschaft ziehen immer mehr Angehörige solcher Gemeinschaften in die Großstädte, wo ihre Marker in den großen, brodelnden Schmerztiegel der globalen Vielfalt einfließen. Wenn das geschieht, ist die einzigartige Geschichte, die sie erzählen können, verloren.

Manche Minderheiten entdecken heute ein neues Identitätsgefühl und bekämpfen die Welle der globalisierten Kultur. Gruppen wie die baskische ETA, französische Bauern, die Anschläge auf McDonald's-Restaurants verüben, und die demonstrierenden Globalisierungsgegner auf den Weltwirtschaftsgipfeln – sie alle sind ein Zeichen für die wachsende Erkenntnis, dass durch die Globalisierung auch kulturelle Identität in großem Umfang verloren geht. Letztlich bedienen sie sich zwar so extremer Methoden, dass ihnen eine breite Unterstützung versagt bleibt, und für die meisten alt eingesessenen Gruppen bringt das globale Dorf so viele Vorteile mit sich, dass man einfach nicht darüber hinwegsehen kann. Die Entscheidung, ein altes Dorf zu verlassen, fällt meist aus persönlichen Gründen – man hat einfach den Eindruck, dass die Aussichten anderswo besser sind. Und da die Aktivisten solche persönlichen Entscheidungen nicht einschränken können, ist ihr Kampf letztlich zum Scheitern verurteilt.

Die Geschichte in diesem Buch zu erzählen, war erst jetzt möglich. Sie ist aber nur die Skizze eines viel komplizierteren Ablaufes, den man erst in vielen weiteren Jahren der Forschung im Einzelnen aufklären wird. Heute wissen wir zwar ungefähr, wie der Wald aussieht, aber von den Bäumen haben wir noch kaum eine Ahnung. Und vor dem Hintergrund der Erkenntnis, dass die kulturelle Identität dahinschwindet, verweigern viele indigene Populationen die Mitwirkung an wissenschaftlichen Studien. Eine Vergangenheit der kolonialistischen Ausbeutung mit Vorgängen wie zum Beispiel den entsetzlichen medizinischen Experimenten, die Mitte des 20. Jahrhunderts an australischen Aborigines vorgenommen wurden, hat verständlicherweise bei vielen indigenen Völkern ein Misstrauen gegen alle Wissenschaftler geschürt. Aktivisten beharren auch auf alten Tabus, die beispielsweise das Exhumieren von Vorfahren verbieten, und verlangen die Rückgabe archäologischen Materials, um dieses ordnungsgemäß zu bestatten. Solche kulturellen Tabus erstrecken sich teilweise auch auf die Entnahme von Blutproben für genetische Untersuchungen. In gewisser Weise versuchen wir, die Vergangenheit aus dem Blut der heute lebenden Menschen auszugraben, eine Tätigkeit, die man als Voyeurismus (oder noch Schlimmeres) deuten kann. Der Wunsch nach kultureller Intimsphäre, vielleicht in Verbindung mit dem Verdacht, dass wissenschaftliche Erkenntnisse nicht mit den eigenen Glaubensgrundsätzen übereinstimmen, führt bei immer mehr indigenen Gruppen zu der Entscheidung, nicht an Untersuchungen mitzuwirken. Es liegt in der Verantwortung der Wissenschaftler, die Bedeutung ihrer Arbeit jenen Menschen zu erläutern, die ihr Untersuchungsobjekt bilden sollen, denn nur so ist das Ziel einer gemeinsamen Forschungsanstrengung zu erreichen. Es gelingt nur, wenn wir einen Teil des verlorenen Vertrauens zurückgewinnen.

Heute gleichen wir in vielerlei Hinsicht der Spezies, die im Paläolithikum, vor nur 2000 Generationen, aus Afrika auswanderte – wir haben immer noch ihre Wünsche und Launen. Es ist eine Ironie des Schicksals: Der gleiche große Knall der Menschheitsgeschichte, der uns die Hilfsmittel in die Hand gegeben hat, um im größten Geschichtsbuch aller Zeiten – das in unserer DNA verborgen liegt – zu »lesen«, hat auch den kulturellen Zusammenhang geschaffen, der eine solche Tätigkeit immer schwieriger macht. Die genetischen Befunde, von denen wir uns hier eine Vorstellung verschafft haben, lassen zweifelsfrei erkennen, dass unsere Spezies eine einzige, gemeinsame Geschichte hat. Jeder von uns trägt, eingeschlossen in seinem Genom, ein Kapitel davon mit sich herum, und wir sind es sowohl uns selbst als auch unseren Nachkommen schuldig, seinen Inhalt in Erfahrung zu bringen. Seit unsere Vorfahren von den Bäumen stiegen, haben wir unseren Geist eingesetzt, um unsere Umwelt zu erkunden und in die Zukunft hochzurechnen. In den letzten paar Jahrtausenden haben wir unsere Welt – und unseren Platz in ihr – ein für alle Mal verändert. Mit der Entwicklung der Landwirtschaft und der durch sie ausgelösten kulturellen Kettenreaktion haben wir die Fähigkeit erworben, selbst über unseren weiteren Evolutionsweg zu entscheiden. Mit dieser Fähigkeit wuchs aber auch unsere Verantwortung. Und eine Verantwortung, die wir zu unserem eigenen Nachteil nicht übernehmen, ist die der Selbsterkenntnis. Wenn die Niederschrift unserer Reise verloren geht, ist sie wie die Fußspuren unserer Vorfahren, die Afrika verließen und den Erdball besiedelten, ein für alle Mal entschwunden.

Weiterführende Literatur

Die beste zusammenfassende Beschreibung der genetischen Verteilungsmuster beim Menschen und ihrer Zusammenhänge mit der Vorgeschichte ist *The History and Geography of Human Genes* von Luca Cavalli-Sforza, Paolo Menozzi und Alberto Piazza (Princeton University Press, 1994). Dieses ausgezeichnete Werk fasst die Ergebnisse dreißigjähriger Forschungsarbeiten zusammen, die sich mit den klassischen Polymorphismen in den Bevölkerungsgruppen der Menschen befassen, und ist das beste einbändige Nachschlagewerk über die eher fachlichen Aspekte der Gedanken, die in diesem Buch dargelegt werden. In leichter verständlicher Form beschrieb Cavalli-Sforza Teile seiner bahnbrechenden Arbeiten in *Gene, Völker und Sprachen* (München: Hanser, 1999).

Auch drei weitere Bücher sind unentbehrliche Einführungen in die Frühgeschichte der Menschheit, die hier mehr unter dem Gesichtspunkt von Steinen und Knochen anstelle der DNA beschrieben wird: Richard Klein, *The Human Career* (2. Aufl., University of Chicago Press, 1999), Brian Fagan, *People of the Earth* (New York: HarperCollins, 1995), und Chris Stringer und Robin McKie, *Afrika – Wiege der Menschheit* (München: Heyne, 2002). Alle drei behandeln die Frühgeschichte der Menschen in einem sehr breiten Rahmen; insbesondere Klein vertritt in seinem Buch (genau wie ich in dem vorliegenden Band) durchgängig die Argumentation, dass erst der große geistige Sprung vorwärts, der sich vor 50 000 Jahren in Afrika ereignete, unserer Spezies die Besiedelung der gesamten übrigen Erde ermöglichte.

Kapitel 1: Der vielgestaltige Affe

Die beste englische Übersetzung von Herodots *Geschichte* ist in meinen Augen die von David Greene (University of Chicago Press, 1987). Mit ihrer einfachen Umgangssprache vermittelt sie auf neue Weise, wie spannend die Welt des griechischen Historikers war – und das fast 2500 Jahre nachdem der Bericht verfasst wurde. (Eine deutsche Übersetzung ist *Das Geschichtswerk des Herodot von Halikarnassos*, übersetzt von Theodor Braun; Frankfurt: Insel, 2001.)

Darwins Reisetagebuch von der *Beagle* wurde vielfach neu aufgelegt und nachgedruckt. Ich habe hier die Version *The Voyage of the Beagle* (New York: Modern Library, 2001) verwendet, die eine interessante Einführung von Steve Jones enthält. Viele biographische Einzelheiten über Darwin stammen aus dem großartigen Buch von Janet Browne, *Charles Darwin: Voyaging* (New York: Alfred A. Knopf, 1995), dem ersten Band einer auf zwei Bände angelegten Biographie. Darwins *Entstehung der Arten* (Darmstadt: Wissenschaftliche Buchgesellschaft, 1992) und *Die Abstammung des Menschen* (Wiesbaden: Fourier, 1966) sind so bekannt, dass sie keiner näheren Erläuterung bedürfen.

Carleton Coons Arbeiten sind in seinen beiden einflussreichsten Büchern zusammengefasst: *The Origin of Races* (New York: Alfred A. Knopf, 1962) und *The Living Races of Man* (New York: Alfred A. Knopf, 1965). Eine ausgezeichnete Zusammenfassung über Perversion eines naiven Ideals ist Daniel Kevles, *In the Name of Eugenics* (New York: Alfred A. Knopf, 1985); weitere Informationen finden sich in Stephen Jay Gould, *Der falsch vermessene Mensch* (Frankfurt: Suhrkamp, 1994) und in Jonathan Marks, *Human Biodiversity* (New York: Aldine de Gruyter, 1995).

Kapitel 2: E Pluribus Unum

Der Titel dieses Kapitels – die lateinischen Worte bedeuten »aus vielen eines« – bilden die Inschrift des großen Siegels der Vereinigten Staaten von Amerika, das sich auf allen US-Münzen findet.

Die Geschichte der Blutgruppenforschung und ihre Anwendung in der Populationsgenetik sind zusammenfassend dargestellt in dem grundlegenden Werk von Arthur Mourant, *The Distribution of the Human Blood Groups* (Oxford: Blackwell, 1954). Mit meinem Bericht über die Arbeiten von Richard Lewontin stütze ich mich auf viele ausführliche Gespräche, die ich mit ihm über Genetik und die Vielfalt der Menschen geführt habe. Viele seiner Gedanken erläutert er in *The Genetic Basis of Evolutionary Change* (New York: Columbia Press, 1974) und in *Menschen – genetisch, kulturelle und soziale Gemeinsamkeiten* (Heidelberg: Spektrum der Wissenschaft, 1986). Sein ursprünglicher Aufsatz, in dem er die genetische Variationsbreite der Menschen analysierte, erschien im *Journal of Evolutionary Biology* (6: 381–398, 1972); er war eine der wichtigsten Veröffentlichungen der 20. Jahrhunderts auf dem Gebiet der Humangenetik.

Theodosius Dobzhansky, *Genetics and the Origin of Species* (New York: Columbia Press, 1982) und Motoo Kimura, *Die Neutralitätstheorie der molekularen Evolution* (Berlin: Parey, 1987) sind gute zusammenfassende Darstellungen der Beiträge, die diese Wissenschaftler zur Populationsgenetik geleistet haben.

Die Arbeiten von Cavalli-Sforza sind zusammengefasst in *The History and Geography of Human Genes* und *Gene, Völker und Sprachen* (siehe oben). Die Originalaufsätze, in denen der Stammbaum der menschlichen Bevölkerungsgruppen beschrieben wird, sind: Edwards und Cavalli-Sforza in V. E. Heywood und J. McNeill (Hrsg.), *Phenetic and Phylogenetic Classification* London: The Systematics Association, 1964, S. 67–76), Cavalli-Sforza und Edwards in *Proceedings of the 11th International Congress of Genetics* (2: 923–933, 1964) und Cavalli-Sforza, Barrai und Edwards in *Cold Spring Harbor Symposium on Quantitative Biology* (29: 9–20, 1964). Ein klassisches Lehrbuch ist Cavalli-Sforza und Bodmer, *The Genetics of Human Populations* (New York: W. H. Freeman, 1971); es war jahrelang vergriffen, wurde aber glücklicherweise kürzlich bei Dover wieder aufgelegt.

Das Sparsamkeitsprinzip wird sehr ausführlich erörtert bei Elliot Sober (Hrsg.), *Conceptual Issues in Evolutionary Biology* (Cambridge, MA: MIT Press, 1984) und in dem Beitrag von Arnold Kluge in T. Duncan und T. F. Stuessy (Hrsg.), *Cladistics: Perspectives on the Reconstruction of Evolutionary History* (New York: Columbia Press, 1984, S. 24–38).

Die Arbeiten von Zuckerkandl und Pauling über Ableitung der Evolutionsgeschichte anhand von Molekülen wurden Anfang der sechziger Jahre in mehreren Fachaufsätzen veröffentlicht; die vielleicht besten Zusammenfassungen finden sich in M. Kasha und B. Pullman (Hrsg.), *Horizons in Biochemistry* (New York: Academic Press, 1962, S. 189–225) und im *Journal of Theoretical Biology* (8: 357–366, 1965). Die Arbeiten von Rebecca Cann, Mark Stoneking und Allan Wilson über die Eva der Mitochindrien erschienen in *Nature* (325: 31–36, 1987), gefolgt von Vigilant et al. In *Science* (253: 1503–1507, 1991). Die Analyse der vollständigen Sequenzen der mtDNA (in der ein afrikanischer Ursprung für alle Abstammungslinien der mtDNA auf der ganzen Welt eindeutig nachgewiesen wurde) veröffentlichten Ingman et al. in *Nature* (408: 708–713, 2000).

Eine ausgezeichnete historische Zusammenfassung über die frühen Befunde der Paläoanthropologie ist Erik Trinkaus und Pat Shipman, *Die Neandertaler: Spiegel der Menschheit* (München: Bertelsmann, 1993). Weitere Informationen finden sich in den zuvor genannten Büchern von Brian Fagan und Richard Klein sowie in Garniss Curtis, Carl Swisher und Roger Lewin, *Java Man* (London: Little, Brown, 2000) und in Robin McKie, *Ape Man* (London: BBC, 2000).

Kapitel 3: Evas Mann

Weitere DNA-Analysen, die ebenfalls für einen afrikanischen Ursprung der Jetztmenschen sprechen, wurden veröffentlicht von Wainscoat et al. (*Nature* 319: 491–493, 1986), Tishkoff et al. (*Science* 271: 1380–1387, 1996) und Jin et al. (*Proceedings of the National Academy of Sciences, USA* 96: 3796–3800, 1999). Darüber hinaus werden in weiteren Arbeiten andere Genomabschnitte untersucht, im Wesentlichen zeigt sich aber bei allen das gleiche Prinzip: Die genetische Vielfalt ist innerhalb Afrikas am größten.

Zwei gute zusammenfassende Fachartikel über Struktur und Funktion des Y-Chromosoms sind Jobling und Tyler-Smith, *Trends in Genetics* (11: 449–456, 1995) und Lahn et al. In *Nature Reviews Genetics* (2: 207–216, 2001). Erste Berichte über Abweichungen auf dem Y-Chromosom stammen von Casanova et al. (*Science* 230: 1403–1406, 1985), Lucotte und Ngo (*Nucleic Acids Research* 13: 82–85, 1985), Dorit et al. (*Science* 268: 1183–1185, 1995) und Hammer (*Nature*) 378: 376–378, 1995). Die DHPLC und ihre Anwendung auf die Populationsgenetik des Y-Chromosoms werden erörtert bei Underhill et al. (*Genome Research* 7: 996–1005, 1997). Der Aufsatz von Underhill et al., in dem Adam auf die Zeit vor 59 000 Jahren datiert wurde, erschien in *Nature Genetics* (26: 358–361, 2000).

Kapitel 4: An der Küste auf und davon

Eine gute allgemeine Einführung in die Kultur der australischen Ureinwohner ist *Traumpfade* von Bruce Chatwin (München: Hanser, 1990). Weitere gute Quellen zur Vorgeschichte Australiens sind A. W. Reed, *Aboriginal Myths, Legends & Fables* (Sydney: Reed New Holland, 1993), Kleinert und Neale, *Oxford Companion to Aboriginal Art and*

Culture (Oxford University Press, 2000) und Tim Flannery, *The Future Eaters* (Sydney: Reed New Holland, 1994). Archäologie und Geologie des Lake Mungo werden erörtert in Allan Fox, *Mungo National Park* (Yarralumla: Beaten Track Press, 1997). Die Datierung der menschlichen Überreste vom Lake Mungo wird derzeit überarbeitet; viele Informationen erhielt ich durch Gespräche mit dem Archäologen Doug Williams, Executive Officer des Willandra Lakes World Heritage Area in Buronga, New South Wales.

Eine gute Einführung über die klimatischen und geographischen Verhältnisse in Afrika ist Lewis und Berry, *African Environments and Resources* (Boston: Unwin Hyman, 1988). Über ihre Untersuchungen zu den afrikanischen Küstenbewohnern berichteten Robert Walter und Kollegen in *Nature* (405: 65–99, 2000). Die mtDNA-Analysen, die für eine Auswanderung aus Afrika entlang der Küste sprechen, wurden veröffentlicht von Lluis Quintana-Murci in *Nature Genetics* (23: 437–41, 1999). Die Daten über das Y-Chromosom und die Verteilung des Markers M130 (auch RPS4YT genannt) stammen aus drei Veröffentlichungen: Kayser et al. (*American Journal of Human Genetics* 68: 1173–1190, 2001), Underhill et al. (*Annals of Human Genetics* 65: 43–62, 2001) und Wells et al. (*Proceedings of the National Academy of Sciences* USA 98: 1044–1049, 2001). Die archäologischen Belege (oder ihr Fehlen) für eine Wanderung entlang der Küste im oberen Paläolithikum werden erörtert in Peter Bellwood, *Prehistory of the Indo-Malaysian Archipelago* (Honolulu: University of Hawaii Press, 1997) und in den Artikeln von Gregory Possehl und Charles Higham über süd- bzw. südostasiatische Frühgeschichte in *The Oxford Companion to Archaeology* (Oxford University Press, 1996, S. 52–57).

Das in diesem Kapitel aufgezeigte Szenario mit Populationen, die entlang der Küsten bis nach Australien vordringen, ähnelt dem von Jonathan Kingdon in *Und der Mensch schuf sich selbst* (Frankfurt: Insel, 1997).

Kapitel 5: Sprünge und Grenzen

Den Begriff »großer Sprung vorwärts« im Zusammenhang mit der Frühgeschichte der Menschen verwendete erstmals Jared Diamond in *Der dritte Schimpanse* (Frankfurt: S. Fischer, 1994), einer fesselnden Darstellung der Evolution des Menschen. Gute Quellen zur Entstehung der Sprachfähigkeit sind Steven Mithen, *The Prehistory of the*

Mind (London: Phoenix, 1996), Steven Pinker, *Der Sprachinstinkt* (München: Kindler, 1996) sowie Parker und McKinney, *Origins of Intelligence* (Baltimore: Johns Hopkins University Press, 1999). Die Auswirkungen von Klimaveränderungen auf die Evolution des menschlichen Gehirns erörtert William Calvin in *A Brain for All Seasons* (University of Chicago Press, 2002). Eine gute allgemeine Einführung in das verwickelte Thema ist Thomas Keenan, *An Introduction to Child Development* (London: Sage, 2002).

Henry Harpending und seine Kollegen veröffentlichten ihre Arbeiten über die Ableitung der Bevölkerungszunahme aus Analysen der mtDNA in einem Artikel in *Human Biology* (66: 761–775, 1994). Die Informationen über Klimaveränderungen in Afrika und die Fossilfunde im Nahen Osten stammen zum größten Teil aus den Büchern von Richard Klein, Stringer und McKie (siehe oben) sowie aus John Gowlett, *Auf Adams Spuren: die Archäologie des frühen Menschen* (Freiburg: Herder, 1985).

Kapitel 6: Die Hauptroute

Die in diesem Kapitel beschriebene Anordnung der Marker auf dem Y-Chromosom und ihre Bedeutung für die Wanderungsbewegungen der Menschen stammen aus den Artikeln von Underhill et al., die 2000 in *Nature Genetics* und den *Annals of Human Genetics* erschienen (siehe oben). Die Ausbreitung der Abstammungslinien des Y-Chromosoms in der eurasischen Steppe ist beschrieben in dem Artikel von Wells et al. in *Proceedings of the National Academy of Sciences.* Einen guten Überblick über Fossilfunde aus Zentralasien bietet Dani und Masson, *History of the Civilizations of Central Asia*, Band 1 (Paris: UNESCO, 1992). Die Arbeiten von Lewis Binford über die Bedeutung der Aasverwertung für die Ernährung der Menschen wurden in vielen Veröffentlichungen beschrieben; ein gutes Beispiel findet sich im *Journal of Anthropological Archaeology* (4: 292–327, 1985). Cavalli-Sforzas Arbeiten über die Bevölkerungsgruppen Chinas werden erörtert in *The History and Geography of Human Genes* (siehe oben).

Kapitel 7: Blut aus dem Stein

Eine hervorragende Einführung in die Legenden der sibirischen Ureinwohner ist James Riordan, *The Sun Maiden and the Crescent Moon: Siberian Folk Tales* (New York: Interlink Books, 1989). Ein guter Überblick über die Höhlenkunst des oberen Paläolithikums ist Paul Bahn, *Journey Through the Ice Age* (London: Seven Dials, 1997); das Buch ist mit den ausgezeichneten Fotos von Jean Vertut illustriert.

Die erste Sequenz eines Neandertalers veröffentlichten Matthias Krings und seine Kollegen in *Cell* (90: 19–30, 1997); der Aufsatz war ein Meilenstein in der Erforschung der Ursprünge des Menschen. Die Datierung von M173, der wichtigsten westeuropäischen Abstammungslinie des Y-Chromosoms, stammt von Semino et al. (*Science* 290: 1155–1159, 2000). Die demographische Entwicklung der Neandertaler rekonstruierte Ezra Zubrow in Stringer und Mellars (Hrsg.), *The Human Revolution* (Edinburgh University Press, 1989, S. 212–231). Die Theorie von Kristen Hawkes über die Großmütter und ihre Auswirkungen auf die Populationen der Menschen wird erörtert in *Proceedings of the National Academy of Sciences USA* (95: 1336–1339, 1998).

Eine faszinierende – mittlerweile allerdings leider vergriffene – zusammenfassende Darstellung über die anthropologische Entwicklung in Sibirien ist Levin und Potapov, *The Peoples of Siberia* (University of Chicago Press, 1964). Das einzige veröffentlichte Buch von Thomas Jefferson, *Notes on the State of Virginia* (New York: W. W. Norton, 1972) trägt vorwiegend Tatsachen und Zahlen über diesen US-Bundesstaat zusammen, die Abschnitte über Anthropologie lohnen aber die Lektüre. Einen Überblick über viele Erkenntnisse der Archäologie in Amerika gibt Richard Klein in *The Human Career* (siehe oben). Der spannende archäologische Fund des Kennewick-Menschen wird beschrieben in James Chatters, *Ancient Encounters: Kennewick Man and the First Americans* (New York: Simon and Schuster, 2001).

Wallace und Torroni fassten ihre Arbeiten über Mitochondrien-DNA und Einwanderungswellen der amerikanischen Ureinwohner zusammen in *Human Biology* (64: 271–279, 1992); eine weitere Zusammenfassung stammt von Emoke Szathmary, *American Journal of Human Genetics* (53: 793–799, 1993). Der Aufsatz von Underhill et al. über den Marker M3 auf dem Y-Chromosom erschien in *Proceedings of the National Academy of Sciences USA* (93: 196–200, 1996). Santos et al. und Karafet et al. veröffentlichten ihre Arbeiten über 92R7 und die Herkunft der amerikanischen Ureinwohner im *American Journal of Hu-*

man Genetics (64: 619–628 und 64: 817–831). Die Arbeiten von Joseph Greenberg über die Sprachen der amerikanischen Ureinwohner sind zusammenfassend dargestellt bei Merritt Ruhlen, *A Guide to the World's Languages*, Band 1, *Classification* (Stanford University Press, 1987).

Kapitel 8: Kultur und warum sie so wichtig ist

Das Motto dieses Kapitels stammt in leicht abgewandelter Form aus einem Schöpfungsbericht in Arthur Cotterell, *Encyclopedia of World Mythology* (Bath: Paragon, 1999).

Eine zusammengefasste Version der Tagebücher von James Cook auf der *Resolution* findet sich in *The Journals of Captain Cook* (London: Penguin, 1999).

Dame Kathleen Kenyo berichtete in *Digging up Jericho* (London: Ernest Benn, 1957) über ihre Entdeckungen zur Entstehung des Neolithikums im Nahen Osten. Brian Fagan berichtet über die Entstehung des Neolithikums in *People of the Earth* (siehe oben). Die Arbeiten von Cavalli-Sforza und Kollegen über die Welle des Fortschritts sind zusammenfassend dargestellt in Ammerman und Cavalli-Sforza, *Neolithic Transition and the Genetics of Populations in Europe* (Princeton University Press, 1984) und in dem zuvor genannten Buch von Cavalli-Sforza. Die Arbeiten von Martin Richards et al. zur Analyse von mtDNA und den Nachweis der Ausbreitung im Neolithikum wurden veröffentlicht im *American Journal of Human Genetics* (68: 432–443, 2001). Die Beschreibung der negativen Aspekte des Überganges im Neolithikum stützt sich auf mehrere Quellen, darunter Fagan (siehe oben), William McNeill, *Seuchen machen Geschichte* (München: Pfriemer, 1978) und *The Cambridge Encyclopedia of Human Evolution* (Cambridge University Press, 1992).

Allgemeine Darstellungen zur Sprachklassifikation und der Geschichte der Sprachforschung finden sich in Merritt Ruhlen, *A Guide to the World's Languages* (siehe oben) und *The Origin of Language* (New York: Wiley, 1994) sowie in Charles Barber, *The English Language* (Cambridge University Press, 1993). Ein ausgezeichnetes Nachschlagewerk ist die von David Crystal herausgegebene *Cambridge Encyclopedia of Language* (Cambridge University Press, 1997). Die Arbeiten von Cavalli-Sforza zu Genetik und Sprache sind zusammenfassend dargestellt in seinem bereits genannten Werk *The History and Geography of Hu-*

man Genes; eingehender erörtert wird der Zusammenhang zwischen kultureller und biologischer Evolution in Cavalli-Sforza und Feldman, *Cultural Transmission and Evolution: A Quantitative Approach* (Princeton University Press, 1981). Die Suche nach der Heimat der Indoeuropäer ist zusammenfassend beschrieben in Colin Renfrew, *Archaeology and Language* (Cambridge University Press, 1987) und in Jim Mallory, *In Search of the Indo-Europeans* (London: Thames and Hudson, 1989) – beides wirklich mitreißende Bücher.

Die Arbeiten von Mark Seielstad und seinen Kollegen über patrilokales Verhalten und Y-Chromosomen erschienen in *Nature Genetics* (200: 278–280, 1998); ebenso erschienen dort die Arbeiten von Stoneking und Kollegen über matrilokale Stämme (*Nature Genetics* 29: 20–21, 2001).

Kapitel 9: Der letzte große Knall

Nationalismus und der Aufstieg der Einsprachigkeit werden kurz zusammengefasst in Timothy Baycroft, *Nationalism in Europe, 1798–1945* (Cambridge University Press, 1998). Das Sprachensterben auf der Erde erörtern David Nettle und Suzanne Romaine in *Vanishing Voices* (Oxford University Press, 2000). Zahlen zum US-Census werden auf einer Webseite der US-Regierung veröffentlicht (http://www.census. gov/). Die statistischen Angaben über die Rassenzugehörigkeit stammen aus einem Artikel von Steven Holmes über die Volkszählung (*The New York Times*, 3. Juni 2001).